21世纪高等教育计算机规划教材

COMPUTER

C语言程序设计

C Programming Language

肖晓霞 罗铁清 彭荧荧 主编

人民邮电出版社
北京

图书在版编目（CIP）数据

C语言程序设计 / 肖晓霞，罗铁清，彭荧荧主编. --
北京 : 人民邮电出版社，2014.7
21世纪高等教育计算机规划教材
ISBN 978-7-115-35053-4

Ⅰ. ①C… Ⅱ. ①肖… ②罗… ③彭… Ⅲ. ①C语言－程序设计－高等学校－教材 Ⅳ. ①TP312

中国版本图书馆CIP数据核字(2014)第076000号

内容提要

本书以学生成绩管理系统为主线，以简单实例和生活实例为导向，深入浅出地讲解了C语言程序设计的各个基本知识点和程序设计的基本方法，旨在强调对实际问题应用计算机处理能力的培养。

本书立足于对计算思维的培养，通过生活实例和中医药实例的程序设计引导学生对信息化进行思考，以此强化学生信息化意识，培养其信息思维。本书对C语言中的概念和要点阐述透彻，对容易混淆的知识点有特别提示。全书分为两个部分，共10章。内容包括算法简介、数据类型、结构化编程的三个基本结构语句、函数、数组、指针、构造数据类型和文件等，涵盖了C语言的基本内容。

本书内容全面，阐述精简、深入浅出，文字流畅、通俗易懂，概念清晰，难易有度，既有适合一般性学习的简单实例，又有适合深入实践和学习的软件系统实例。本书是C语言初学者的理想教材，可作为高等学校各专业的正式教材，也是一本适合自学的教材。本书还配套有辅助教材《C语言程序设计实验指导与习题解答》。

◆ 主　　编　肖晓霞　罗铁清　彭荧荧
　责任编辑　邹文波
　执行编辑　吴　婷
　责任印制　彭志环　杨林杰

◆ 人民邮电出版社出版发行　　北京市丰台区成寿寺路11号
　邮编　100164　　电子邮件　315@ptpress.com.cn
　网址　http://www.ptpress.com.cn
　北京鑫正大印刷有限公司印刷

◆ 开本：787×1092　1/16
　印张：17.75　　　　2014年7月第1版
　字数：462千字　　　2014年7月北京第1次印刷

定价：39.00元

读者服务热线：(010)81055256　印装质量热线：(010)81055316
反盗版热线：(010)81055315

本 书 编 委 会

主　编：肖晓霞　罗铁清　彭荧荧

副主编：杨连初　杨　平　陈兴华

编　委：（按姓氏拼音排列）

陈兴华　刘东波　罗铁清　穆　珺

彭荧荧　瞿昊宇　任学刚　肖晓霞

杨连初　杨　平

前 言

“C 语言程序设计”是计算机相关专业和非计算机专业的基础课程之一，也是全国计算机等级考试科目之一，同时更是培养学生计算思维的课程。本书正是基于培养计算思维的目的，结合编者多年教学改革和前期编写过 C 语言程序设计教材的经验，汲取国内外同类教材的特色，以学生成绩管理小系统为主线，以丰富的程序设计实例、部分生活实例以及中医药实例为辅助，阐述了 C 语言程序设计基本方法和技巧，同时简要地讲述了应用计算机解决实际问题的方法，以此加深读者对信息化的理解。本书主要特点如下。

◆ 以软件系统为主线，激发学习兴趣

以一个学生非常熟悉的“学生成绩管理小系统”为主线，逐渐深入阐述各相关知识点，培养学生的计算思维。从第 2 章开始，最后都有一节应用提高篇围绕成绩管理系统根据该章难度进行实例讲解。独立成节有利于教师根据课时和授课对象水平进行选择，也有利于学生自学过程的循序渐进，学完所有知识点后可以自主开发一个小系统，增强学生学习成就感。

◆ 以简单实例导入，培养探究式学习习惯

每一章节都采用含有 1~2 个新知识点的简单实例引入，这类例题给学生的第一印象是自己会做，但又有小部分问题无法求解，以此引导学生对未知知识点的探索，培养学生探索式学习能力。

◆ 精心设计中医药实例，引导中医药信息化思考

本书精心设计了通俗易懂的中医药相关问题的例题和练习题，目的是通过这类例题和练习题培养学生的计算思维能力，同时也是引导学生对中医药信息化的思考，无论是计算机相关专业的学生还是非计算机专业的学生都可以通过对这类问题的求解引发更深的思考，本书所做的工作也只是抛砖引玉的作用，期待更多的同仁关注和改进。

◆ 增加变量跟踪图，深入理解程序运行规律

大多数章节有 1~2 个例题会有变量跟踪图，展现程序运行过程，方便学生自学，以此引导学生理解程序运行的过程和规律。

◆ 强调程序后期测试，培养严谨科研习惯

本书非常强调程序编写的后期测试，以此培养学生自主检查程序的能力，旨在培养学生严谨的科研习惯。

◆ 紧扣学习心理，简化知识表达

新知识点的阐述紧扣初学者心理，对容易出错和误解的知识点采用多个简单实例逐一展示，并以容易理解的方式阐述，知识点阐述到位而不啰嗦，让学生迅速理解新知识。

本书整体结构和内容编排由肖晓霞老师设计，“学生成绩管理系统”由软件工程专业老师罗铁清副教授分章完成，每一章节都是由教授 C 语言多年的一线老师

完成，每一章节都融入了各位老师多年的教学经验。本书共有两个部分，第一部分的第 1、9 章由肖晓霞编写，第 2、6 章由穆珺编写，第 3 章由杨平编写，第 4 章由彭荧荧编写，第 5 章由罗铁清编写，第 7 章由杨连初编写，第 8 章由陈兴华，第 10 章由任学刚编写，瞿昊宇、刘东波参与教材的修订；第二部分为附录，由肖晓霞整理。

本书可作为高等院校各学科非计算机专业或计算机应用专业的教材，也可作为高职院校或专科学校的教材，全国计算机等级考试（NCRE）或其他培训机构的培训教材。

全书内容深入浅出，知识点覆盖面广，力求使初学者全面理解 C 语言程序设计基础知识。程序设计是一门实践性很强的课程，既要掌握概念，又要多动手编程，还要上机调试运行。各章后附有大量的习题，以帮助读者理解基本概念，希望读者一定要重视实践环节，完成各章后的习题，进一步熟练掌握 C 语言的语法结构和应用，提高程序设计能力。与本书配套的《C 语言程序设计实验指导与习题解答》给出了本书中习题的全部参考答案和学生上机实验的内容，两本书结合使用效果更好。

本书力求为大家提供一个有启发、有帮助的、清晰的 C 语言入门指导，使初学者能愉快有效地学习 C 语言。若有更好建议，恳请广大读者不吝赐教。邮箱地址为 amily_x@126.com，在此我们表示真诚的谢意。

本书及《C 语言程序设计实验指导与习题解答》中所有的源文件均在 Microsoft visual C++ 6.0 环境下调试通过。本书的源代码及其他相关资料可从人民邮电出版社教学服务与资源网（www.ptpedu.com.cn）下载，也可直接联系本书作者，联系方式同上。

编　者

2013 年 12 月

目 录

第1章 概述

C 语言是一种强大的专业化编程语言，应用广泛且深受业余和专业编程人员的喜爱。本章就是为学习和使用C语言编写程序做准备，同时还介绍了使用 Microsoft Visual C++ 6.0 编写程序的过程。

1.1 计算机程序

程序是一系列计算机能识别和执行的指令。计算机技术的发展使很多人认为计算机非常强大，以至于有些初学程序设计者会想当然地认为计算机具有像人一样的思维。例如，初学者容易犯的一个错误就是没有输出指令但认为会有输出结果。而实际上，计算机都是按事先编写好的程序，逐条执行指令，最后得到最终结果的。

计算机语言是用于人与计算机之间通信的语言，能使计算机理解人的指令。C 语言是一种被广泛使用的高级程序设计语言，使用 C 语言编写的程序不能直接被计算机识别，必须通过 C 编译程序编译成机器代码才可以被计算机识别。一个用 C 语言或其他语言编写的程序都是利用计算机解决现实问题的抽象描述，是有头有尾有顺序的；并且程序必须严格按照计算机语言规定的拼写、语法、标点符号规则和字母大小写要求来编写；程序作为一个整体是一个能正确表达实际意义的指令集合。

总之，利用计算机解决实际问题，需要将实际问题抽象为一系列有序的指令集合，由程序控制计算机解决问题的每一个步骤，以达到让计算机自动按程序解决实际问题的目的。

1.2 C 语言的发展过程

C 语言的发展要追溯到 ALGOL 60 语言。1963 年，为了使 ALGOL 60 语言更接近硬件，英国剑桥大学将 ALGOL 60 语言发展成为 CPL（Combined Programming Language）语言。1967 年，剑桥大学的 Matin Richards 对 CPL 语言进行了简化，于是产生了 BCPL（Basic Combined Programming Language）语言。1970 年，美国贝尔实验室的 Ken Thompson 将 BCPL 进行了简化，推出了 B 语言，并且他用 B 语言写了第一个 UNIX 操作系统。1973 年，美国贝尔实验室的 D.M.Ritchie 在 B 语言的基础上最终设计出了一种新的语言，他取了 BCPL 的第二个字母作为这种语言的名字，这就是 C 语言。1973 年，K.Thompson 和 D.M.Ritchie 合作将用汇编语言编写的

UNIX 的 90%的代码用 C 语言改写，也就是 UNIX 第 5 版。

为了使 UNIX 操作系统得到推广，1977 年，Dennis M.Ritchie 发表了不依赖于具体机器系统的 C 语言编译文本《可移植的 C 语言编译程序》。1978 年，Brian W.Kernighian 和 Dennis M.Ritchie 合著了非常有影响力的名著《The C Programming Language》(通常简称为《K&R》)，这本书中介绍的 C 语言被称为标准 C。随着 C 的发展和更加广泛地应用于更多种类的系统上，程序员们意识到它需要一个更加全面、新颖和严格的标准。为了满足这一要求，美国国家标准化组织（ANSI）于 1983 年为 C 语言制定了 ANSI C 标准，此标准于 1989 年正式采用。ANSI C 标准定义了语言和一个标准 C 库。国际标准化组织于 1990 年采用了一个 C 标准——ISO C。ISO C 和 ANSI C 都可以称为标准 C。

1.3 C 语言的特点

1. 简洁紧凑、运算符丰富

C 语言一共有 32 个关键字（见表 1-1），9 种控制语句，程序书写自由。它把高级语言的基本结构和语句与低级语言的实用性结合起来。C 的运算符包含的范围很广泛，共有 34 个运算符。C 语言把括号、赋值、强制类型转换等都作为运算符处理。从而使 C 的运算类型极其丰富，表达式类型多样化。灵活使用各种运算符可以实现在其他高级语言中难以实现的运算。

表 1-1 C 语言的保留关键字

auto	char	const	double	enum	extern	float	int
long	register	short	signed	static	struct	union	unsigned
volatile	void	break	case	continue	default	do	else
for	goto	if	switch	while	return	sizeof	typedef

2. 数据结构丰富

C 具有丰富的数据类型：整型、实型、字符型、数组类型、指针类型、结构体类型、共用体类型等。C 语言能用来实现各种复杂的数据类型的运算，并引入了指针概念，使程序效率更高。另外 C 语言具有强大的图形处理功能，支持多种显示器和驱动器，且计算功能、逻辑判断功能强大。

3. C 是结构化程序设计语言

结构化程序设计语言的显著特点是代码及数据的分离化，即程序的各个部分除了必要的信息交流外彼此独立。这种结构化方式可使用户采用自顶向下的规划、结构的编程以及模块化的设计，它使程序层次清晰，便于使用、维护以及调试。C 的结构化编程特点使编写出的程序更可靠、更易懂，且容易维护。

4. 可直接访问物理地址、直接对硬件进行操作

C 语言通常被称为中级语言，它既具有高级语言的全部功能，又具有低级语言的许多功能。它能够像汇编语言一样对位、字节和地址进行操作，而这三者是计算机最基本的工作单元，可以用来写系统软件。UNIX 操作系统 90%的代码就是用 C 语言编写，而且很多语言的编译器和解释器都是用 C 语言编写的，如 Logo、PASCAL 和 BASIC 等。

5. 生成代码质量高，执行效率高

C 程序紧凑、运行速度快，而且，C 可以表现出只有汇编语言才具有的精细控制能力，它可以被细调以获得最大速度或占用最小内存。一般只比汇编程序生成的目标代码效率低 10%~20%。

6. 可移植性好

C 语言有一个突出的优点就是适合于多种操作系统，如 DOS、UNIX，也适用于多种机型。C 是一种可移植性语言，即在一个系统上编写的 C 程序经过很少的改动或不经修改就可以在其他系统上运行，而且通常需要修改的也只是伴随主程序的一个头文件的几项内容。但 C 程序中为访问特定硬件设备或操作系统的特殊功能而专门编写的部分，通常是不可移植的。

7. 灵活、设计自由度大

C 编译器对语法的检查并不严格，如，C 语言不对数组元素的下标做语法检测。对变量类型的使用非常灵活，如，整型数据、字符型数据和逻辑型数据可以通用，因此程序员编写程序时具有较大的自由度。C 语言可以使用自由度非常高的跳转语句 goto，此语句几乎可以使程序跳转到任意地方。C 在表达方面的自由可以凸显程序员的编程技巧，同时也增加了程序设计中不必要的麻烦和风险。如，goto 语言的过多的使用会使程序难以理解，指针不恰当地使用很可能造成难以追踪的编程错误，这些都要求程序员提高警惕，养成良好的编程习惯，避免出错。

1.4 编 写 程 序

用 C 语言编写程序就必须了解计算机的工作原理，计算机在运行时，先从内存中取出第一条指令，通过控制器的译码，按指令的要求，从存储器中取出数据进行指定的运算和逻辑操作等加工，然后再按地址把结果送到内存中去。接下来，再取出第二条指令，在控制器的指挥下完成规定操作，依次进行直至遇到停止指令。编写程序实际上就是将具体的现实问题抽象为数学模型后利用计算机进行处理，所以编写程序需要如下所示步骤。

1.4.1 问题说明和分析

对于实际问题的求解，必须完全了解问题是什么，例如求 1!+2!+3!+…+n!的值，其中 n<21。从这个问题可以看出是求阶乘之和，那么什么是阶乘？如何求解呢？这就需对实际问题进行分析，得到解决问题的算法。算法的具体内容会在第 2 章进行简述，若对算法感兴趣可以参考更专业的资料。下面就求阶乘之和的问题，简单介绍问题说明和分析包含的重要几点。

（1）定义程序实现的功能

开始编写程序时，总是需要清晰地知道程序可以做什么，在这一步无需计算机语言，只需明确程序的功能就可以。例如上例中要实现的功能就是求 20 以内阶乘之和。

（2）定义算法适用范围

从问题中我们发现，求和的每一项都是阶乘，求 n 阶乘的算法很简单，就是 1×2×3×…×n 即可。在问题求解中可以发现，n!的值随着 n 的增长而迅速增长。那么程序求解过程中是否能表示这一整数呢？在实际应用中恰当地处理极大的数字或避免出现极大的数字是相当复杂的。

（3）定义输入和输出

针对实际问题，需要明确是否有输入。输入的数据的类型、数值范围是什么，由此来确定数据的具体类型。根据例中求解目标——求 20 以内的阶乘之和，可以判断输入项是一个小整数，而大整数的阶乘之和是无法简单采用步骤（2）中的方法来直接求解的。

此外还得考虑输出内容，首先得考虑能正确输出结果的类型、范围和精度，如从例中可以看到 20！将是一个非常大的数，要选择一个可以表示的类型来存储输出结果，对精度的考虑要涉及到 C 语言数据表示的范围以及多次反复使用一个非精确值计算所带来的精度问题；其次还得考虑输出内容能明确表达该结果属于哪一个输入集等，例如上例输出内容可以为“1!+2!+…+6!=873”。

（4）定义常量和变量以及相关公式

很多应用程序是需要使用一个或多个公式和一些物理常量的，这些信息也是问题说明的一部分。

1.4.2 编写和编译程序

在对问题进行分析后有了清晰的说明，得到一个确定的算法后，就可以开始编写程序了。编写程序时可以根据需要和程序规模选择合适的计算机语言，在此不做赘述。

程序编写好后，就可以进行编译，如果没有任何错误就可以生成目标文件。编译程序往往可以检查出拼写、语法和标点符号等错误，用户可以根据编译结果提示修改程序。在 C 语言中，有的错误消息可能会误导程序员，程序员可以根据错误提示对应程序行上下几行检查是否有误。并且编译程序不能检查出逻辑错误，逻辑错误往往需要通过运行和测试程序来检测。

1.4.3 执行和测试程序

程序通过编译后就可以链接，编译和链接都可以发现很多错误。编译链接成功后生成可执行文件，程序便可执行，此时就是查找逻辑错误的开始。监测逻辑错误的主要方法是使用不同的输入数据测试程序，然后观察输出结果是否正确。输入集的不同可以导致不同的结果，有时程序在一些数据集上得到正确结果，而另一些却得到错误结果，有时一个异常的条件可能导致程序崩溃或死循环，所以在任何情况下都必须验证答案的正确性。

通常测试和验证程序之前，要考虑程序可能的输入集，对所有输入集进行监测。在错误修改中需要调试，定位错误并修改，有时甚至需要重新编写程序。

总而言之，编程是一个“编辑—编译—链接—检测”不断反复的过程，直到没有任何错误为止。

1.5 简单的 C 语言程序及其结构

为了说明 C 程序的结构，在此介绍一个简单程序。

【例 1.1】 求两个数的和。

```
/* p1_1.c */
/*以下两个语句称为函数头*/
#include<stdio.h>
void main()
/*以下{}中的语句称为函数体*/
{                                    /*函数体以"{"开头，以"}"结尾*/
    int x,y,s;                       /*说明部分，定义了三个整型变量 x,y,z*/
```

```
    printf("\n请输入两个整数: ");
    scanf("%d%d",&x,&y);                 //输入两个整数
    s=sum(x,y);                          //调用函数 sum, 并将函数返回值赋给 s
    printf("两个整数之和为: %d\n",s);    //输出和 s
}

int sum(int x,int y)                     //定义 sum 函数, 函数值为整型, x、y 为两整型形参
{
    return x+y;                          //将 x+y 的值返回, 由函数 sum 带回调用处
}
```

运行结果如下。

```
请输入两个整数: 5 6
两个整数之和为: 11
```

程序说明如下。

（1）main 表示“主函数”，C 程序都有一个主函数，并且程序的执行从 main 开始，在 main 中结束。

（2）适当使用注释可增强 C 程序的可读性。在 VC6.0 中，有两种注释，一种是将注释内容用/*和*/括起，另一种是用“//”引导一行注释，如例 1.1 中所示。注释不参与程序的编译，只是对程序进行解释说明，以便用户更好地理解程序。

（3）函数体的内容必须由“{”和“}”括起来。

（4）C 程序一般包括一个主函数 main 和多个自定义函数，在这些函数中通常还会调用库函数。典型 C 程序结构如图 1-1 所示。例如例 1.1 程序中有两个函数：一个主函数 main 和一个被调用函数 sum。sum 函数的作用是求两个整数的和，return 语句将和返回给主函数 main。返回值是通过函数名带回到函数调用处的，本题中返回的函数值被赋给了变量 s。

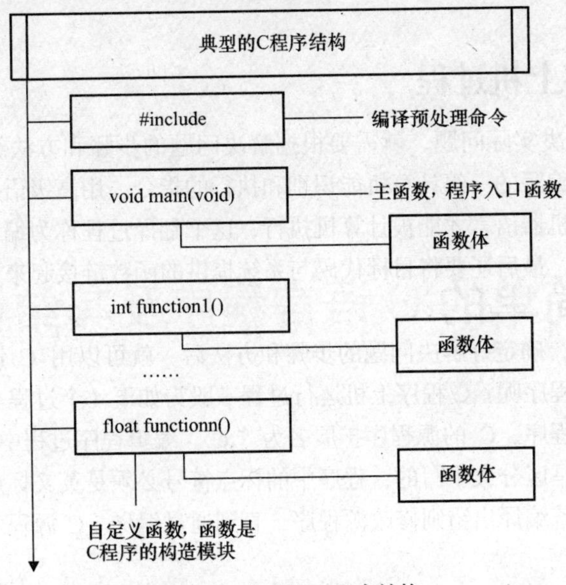

图 1-1 典型的 C 程序结构

（5）main 函数中使用了两个库函数：格式输出函数 printf 和格式输入 scanf。为了程序的简洁性和可移植性，C 不提供输入输出语句，输入输出功能由函数来完成。printf 和 scanf 两个函数

是包含在头文件 stdio.h 中的，所以程序开头部分有一个预处理命令"#include<stdio.h>"。本例中函数 scanf 的功能是输入两个整数 x 和 y，&x 和&y 中的&是取址运算符，scanf 的作用就是将两个整数输入到&x 和&y 指定的存储单元中，即将两个整数输入到变量 x 和 y 中。

（6）函数一般包括函数头（预处理命令和函数名）和函数体（如图 1-2 所示），函数体内开头部分为说明部分，用于变量和函数的说明，本例中说明部分只定义了 3 个整型变量。说明部分之后的语句为执行部分，用于描述函数的功能。

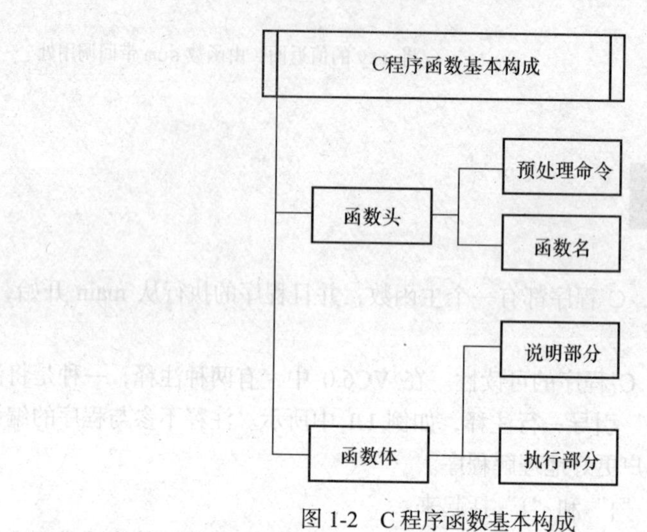

图 1-2　C 程序函数基本构成

1.6　VC6.0 简介

1.6.1　C 程序上机过程

为了利用计算机解决实际问题，就需要根据解决问题的步骤和方法编写程序。所谓程序就是按照解决问题的要求编写的一组计算机能识别和执行的指令，用高级语言编写的程序称为源程序。源程序必须翻译成机器语言才能被计算机执行，这个翻译过程称为编译，编译的结果就是将源程序翻译成目标代码，最后还要将目标代码与系统提供的函数链接起来形成可执行文件，程序才可以被执行。

对于一个实际问题，确定好解决问题的步骤和方法后，就可以用 C 语言编写程序，编写好程序后又如何上机运行程序呢？C 程序上机运行过程一般为如下 4 个过程。

（1）输入和编辑源程序，C 的源程序扩展名为".c"。编辑程序过程中，初学者必须记住：C 语言程序中的英文字母是区分大小写的，程序中的标点符号必须是英文标点符号。

（2）编译源程序，若编译出错则修改源程序，直到通过编译。C 源程序编译后生成的目标程序的扩展名为".obj"。

（3）与库函数链接形成可执行文件，C 程序的可执行文件扩展名为".exe"。

（4）运行可执行文件，分析运行结果。结果正确则完成上机过程，否则就得检查程序是否有逻辑错误，分析解决问题的步骤和方法是否正确，甚至需要重新设计程序。

分析运行结果的过程非常重要，初学者通常认为程序运行有结果，程序就是正确的，其实不然。不同类型的程序结果分析的方法是不同的，此问题有专门的论述，感兴趣的读者可以在学完编程的基本内容后深入学习。

C 程序的上机过程看似简单，实际上是个非常艰辛的过程。程序是否能上机通过不仅依赖程序员本身的知识面，还要求程序员养成良好的编程习惯，并且多上机练习。读者朋友们不防从现在开始加强上机练习，从简单程序开始逐步加深练习。

1.6.2　在 VC6.0 上运行 C 程序的步骤

程序的集成开发环境就是将编辑器、编译器、链接器和其他软件单元集成在一起，在这种环境里，程序员可以方便地编辑、编译、链接和运行程序，无需多个软件间切换。适合开发 C 程序的集成开发环境非常丰富，常用的有 Microsoft Visual C++ 6.0（VC6.0），Borland C++，Watcom C++，Borland C++，Borland C++ Builder，TurboC2.0（TC2.0），TurboC3.0，Win-Tc 等，本书所述内容未做特别说明的都是指在 VC6.0 开发环境下。不同的集成开发环境的程序编辑、编译、链接和运行过程是有差异的，数据存储单元的大小也是略有不同，如 TC2.0 下 int 类型的数据占 2 个字节的存储单元，而在 VC6.0 则占 4 个字节的存储单元。为了便于大家熟悉不同开发环境，我们在本书配套实验教材里简单介绍了 TC2.0 开发环境的使用。下面我们简单介绍在 VC6.0 上运行 C 程序的步骤。

（1）编辑程序

打开 VC6.0 后，单击“文件”—“新建”打开新建对话框，在对话框中单击“文件”选项卡后选择“c++ Source File”，在图 1-3 所示中输入文件名（如 p1_1.c）后，单击“确定”按钮就可以打开如图 1-4 所示编辑窗口，在编辑窗口中编辑程序。

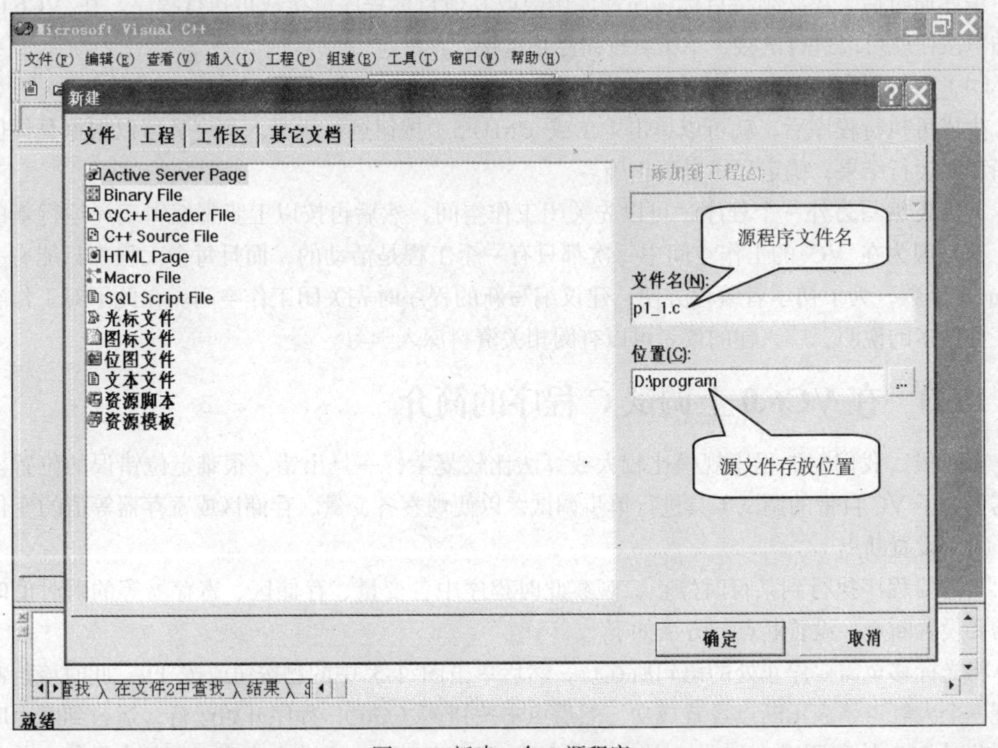

图 1-3　新建一个 C 源程序

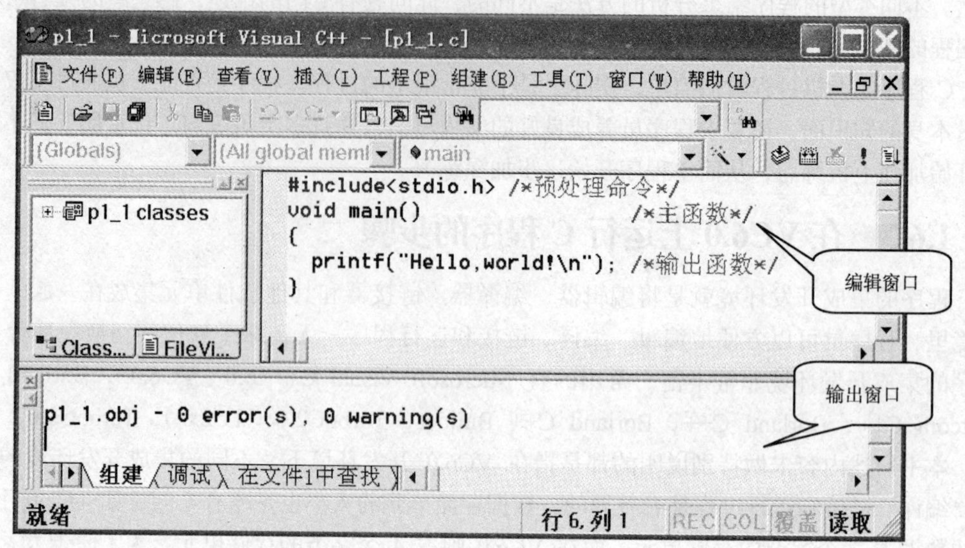

图 1-4　编辑程序

（2）编译程序

编写好程序后，就可以单击按钮（或 Ctrl+F7）进行编译，编译结果会显示在 VC6.0 窗口下方的输出窗口中，若编译通过则显示图 1-4 中输出窗口中的提示信息。若有语法错误，程序员可以根据提示信息修改程序。

（3）链接程序

编译通过后，还必须将目标程序和库函数或其他目标程序链接成可执行程序。在 VC6.0 中单击按钮就可以进行链接，单击按钮停止链接。

（4）运行程序

生成可执行程序后，就可以单击!（或 Ctrl+F5）按钮运行程序。程序员可以根据具体问题分析程序运行结果，确定程序是否正确。

若需要编写另外一个程序，可以先关闭工作空间，然后再按以上步骤编辑编译运行新的程序。这是因为在 VC 的工作空间中每次都只有一个工程是活动的，而且每个工程都只能有一个 main 主函数，为了初学者编程方便，建议编写新的程序时先关闭工作空间。在此不对工作空间和工程做多的说明，感兴趣的读者可以查阅相关资料深入学习。

1.6.3　在 VC6.0 上调试 C 程序的简介

有时候，我们编的程序规模比较大或算法比较复杂，一旦出错，很难定位错误的位置。这就需借助于 VC 自带的调试工具进行单步调试，以便观察各变量、存储区或寄存器等值的变化。

（1）设置断点

当需要程序执行到某行时停止，观察此时程序中各变量、存储区、寄存器等的瞬时值时，就需要设置断点。设置断点的方法如下。

将光标移至需要停止处的语句所在行，然后单击图 1-5 中的按钮或按 F9，此时该行左边出现一个大红点，表示断点设置成功。然后点击按钮（Go），程序开始运行，运行到断点时停止，此时 VC 处于调试（debug）状态，并且在 VC 窗口下方自动会出现观察各变量值变化的窗口，如图 1-5 所示。

从图 1-5 可见，此时程序执行到 for 循环时停止，变量 i 的值为一随机数，说明此时循环并没有执行。我们可以通过单步调试观察程序每执行一步各变量的变化。

若调试的程序中变量特别多，调试过程中只需对其中几个关键变量进行观察，就可以在图 1-5 所示的 watch 窗口中名称栏内输入变量名。一个 watch 窗口可以输入多个变量名，这样方便程序员实时检测程序。

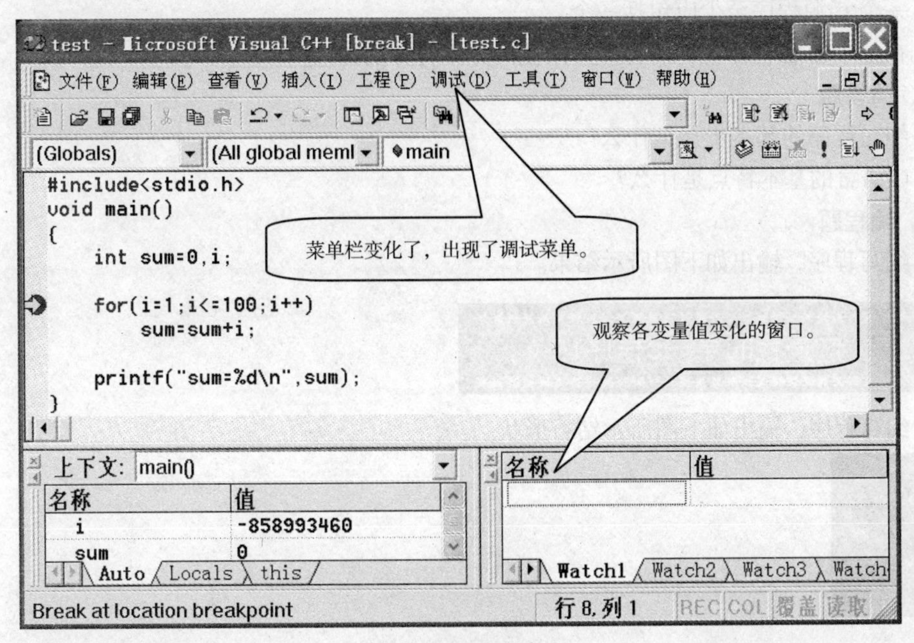

图 1-5　调试程序

（2）单步调试

当程序运行到断点停下后，就可以进行单步调试了。选择菜单“调试/Step Over（或按 F10）”（单步执行）后，程序执行下一条语句后停止。每按一下 F10 就执行一步，此时就可以很清楚地观察各变量值的变化。

若在调试过程中还想查看存储区、寄存器中的值，堆栈中的情况，可打开相应窗口进行观察。若要退出调试状态，可选择菜单“调试/Stop Dubugging”。

程序的调试是非常重要的，尤其在编写的程序非常复杂时更为重要。由于篇幅问题，在此只是介绍了最为简单的调试，感兴趣的读者可以查阅相关资料深入学习。

1.7　本章小结

C 是一种强大、简洁的编程语言，它应用范围非常广泛，而且长盛不衰，在目前的智能产品市场占有一席地。刚开始学习 C 语言时，往往会觉得很容易，上机操作过程也很快上手；在后续课程中，也能听懂老师讲解程序，但就是觉得程序编写越来越难，甚至无法动笔，这是很正常的。只要注意把握细节、不断练习、反复测试，不因为程序简单而不仔细，也不因为程序难而不动笔，一定会熟练掌握 C 语言。

习 题 一

一、填空题

1. C源程序的基本单位是________。
2. 一个C源程序至少应包括一个________。
3. 在一个C源程序中，注释部分两侧的分界符分别为________和________。

二、简答题

1. 编写程序的基本步骤是什么？
2. C语言的基本特点是什么？

三、编程题

1. 编写程序，输出如下图所示结果。

```
******************************
       这是我的第一C程序!
******************************
```

2. 编写程序，输出如下图所示钻石形状。

第 2 章 简单算法引导

存储程序和程序控制是现代数字电子计算机自动工作的基本原理。著名计算机科学家沃思（Nikiklaus Wirth）提出了一个公式对程序进行描述。

程序 = 数据结构 + 算法

从公式可见，程序主要包括两个方面：一个是对数据的描述，包括数据的类型、数据的组织形式及其对数据的操作方法，也就是数据结构；另一个就是描述求解问题所采取的确定的有限的解决步骤，即算法。

算法是程序设计的灵魂，是解决“做什么”和“怎么做”的问题。不了解算法，就无所谓程序设计。本章将讨论一些简单算法以及算法的描述，以期对程序设计带来帮助。

2.1 算法设计简介

正如引言中所说，算法是“为求解问题所采取的确定的有限的解题步骤”。可见，从广义上说，只要是为了解决特定的问题而采取的步骤都可以视为解决该问题的算法。例如，假设某位居住在长沙的学者希望参加一个在北京举行的讨论会。为了解决这个问题，他可以采取下面一系列步骤：首先去买从长沙到北京的火车票，乘火车到北京火车站，再乘坐公交车到达会议地点。这一系列步骤，就是为了解决“参加北京的讨论会”这个问题的一个算法。对于同一个问题，也可以有不同的解决方法和步骤。例如，在“参加北京的讨论会”这个问题上，既可以采取前面所说的步骤，也可以采取“订购飞机票、坐飞机到北京、到达会议现场参加会议”的步骤。而本书所讨论的算法主要是计算机算法，即计算机能执行的算法。

利用计算机求解实际问题中，求得解决该问题的算法的过程即为算法设计。具体问题能利用计算机求解的条件是：这个问题可以抽象为能用数学的符号和语言描述的模型，并且可以用有限的解题步骤求解。因此对于实际问题，算法设计一般包括以下步骤：首先必须对问题分析、抽象建立数学模型；然后确定解决问题的方法和步骤，再分析和证明算法的正确性；最后使用具体的计算机语言实现算法，即编写程序。

2.1.1 问题分析、抽象和建模

设计具体问题的算法，首先必须了解问题是什么？确定问题的目标和限制条件，例如：判断任意整数 n 是否为偶数，是则输出该数为偶数，否则输出该数为奇数。分析该问题可知求解目标是输出 n 的奇偶性；问题的限制条件是 n 必须为整数。根据偶数的定义，该问题可以抽象转化

为判断 *n* 除以 2 的余数是否为 0 的问题，因此可以轻松得到一个判别式：n%2==0（这是 C 语言中的两个运算符，‘%’为求余运算符，‘==’为等于号），根据判别式值的真假就可以得出 *n* 的奇偶性。上述问题是非常简单的，很多实际问题都是非常复杂的。复杂问题也可以通过问题的分析，将复杂问题转化为多个简单的子问题，再对每个简单子问题抽象构建其数学模型而获得解决问题的方法。

2.1.2 确定解决问题的方法和步骤

在完成问题分析、抽象和建模后，可以根据问题的限制条件等因素，设计具体的方法和步骤，例如，整数奇偶性判断问题的算法就可以用如下步骤来描述。

Step1：输入一个整数给 *n*。

Step2：判断 *n* 是否整除 2，若整除 2 则执行 Step3，否则执行 Step4。

Step3：输出"*n* 是偶数"，算法结束。

Step4：输出"*n* 是奇数"，算法结束。

2.1.3 算法正确性证明和分析

完成算法设计后必须证明算法的正确性。一般来讲，若对每一个合法输入，算法都能在有限的时间内输出满足要求的正确结果，则可以证明该算法是正确的，否则就证明该算法是错误的，需要重新设计算法。除了上述验证性证明外还有很多算法正确性证明方法，完成算法正确性证明后，往往还会对算法的时间和空间效率分析，以评价算法的优劣。算法正确性证明、算法时间/空间效率的分析不是本书的重点，在此不做赘述，感兴趣的同学可以参考相关专业书籍自学。

2.1.4 算法实现

本章的内容主要是关注计算机算法，即计算机能够执行和实现的算法。因此算法实现就是根据具体问题的求解步骤，用计算机语言编写程序的过程。

下面看一个简单的算法的实现。

【例 2.1】 判断任意数 *n* 是否为偶数，是则输出该数为偶数，否则输出该数为奇数。

该算法用 C 语言实现如下：

```
/* p2_1.c */
#include<stdio.h>
main()
{
 int n;
 printf("\n请输入任意一个整数：");
 scanf("%d",&n);
 if(n%2==0)
      printf("%d是偶数! \n",n);
 else
      printf("%d是奇数! \n",n);
}
```

2.2　算法的特征

一般意义上讲，算法就是一个由有限的指令集组成的指令序列。算法有如下 5 个特性。

（1）有穷性。算法的执行指令数是有限的，算法每条指令的执行时间也是有限的。例如一个需要执行 1 万年的算法虽然有穷，但往往被认为是无效的。

（2）确定性。算法中操作步骤都应该是确定的、无二义的，也就是没有歧义，也就是说给定同一个输入，算法无论执行多少次，其输出结果都应该是相同的。

（3）有 0 个或多个输入。输入是指算法通过外界所获得的信息，可以是数值，也可以是操作，如单击鼠标。算法也可以没有输入，如打印"Hello，world!"的算法。

（4）有一个或多个输出。算法的输出是算法对输入数据加工处理结果的反映，相同输入的输出结果也相同，没有输出的算法是没有意义的。

（5）有效性。算法必须是正确的，它的每一步骤都必须有效地执行，并能得到预期的结果。

2.3　结构化程序的算法描述

早期的非结构化语言允许程序从一个地方直接跳转到另一个地方去。这样做的好处是程序设计十分方便灵活，减少了编写程序的复杂度，但其缺点也十分突出，即一大堆跳转语句使得程序的流程十分复杂混乱，难以看懂也难以验证程序的正确性，如果有错，查错更是十分困难。

为了提高算法的质量，使算法的设计和阅读方便，人们提出了结构化程序设计的思想，规定了 3 种基本结构，采用结构化程序设计思想的算法是将各个基本结构由上而下顺序排列。

结构化程序有 3 种基本结构。

（1）顺序结构：就是指程序中的各个模块是按照它们出现的先后顺序执行的。顺序结构是最简单的一种结构。

（2）选择结构：先对选择条件进行判断，根据判断的结果，确定执行其中的某一个模块。

（3）循环结构：就是在满足循环条件下，重复执行循环体所包含的程序块，直到循环条件不满足才终止循环。循环结构一般分为当型循环和直到型循环。当型循环是指先对循环条件进行判断，循环条件为真则重复执行循环体；直到型循环是指先执行循环体，再对循环条件进行判断，若条件为假则继续执行循环体，直到循环条件为真则结束循环。

1966 年，Bohra 和 Jacopini 提出了这三种基本结构，他们证明了"任何程序逻辑都可用顺序结构、选择结构、循环结构三种基本结构来表示"。事实上，在解决实际问题时，通常要同时用到这三种结构。

这三种基本控制结构的共同特点是有一个入口和一个出口；结构内每条语句都会有机会被执行到；结构内部不存在无终止的循环（死循环）。

结构化程序设计强调程序结构的规范化，它采用自顶向下、逐步细化和模块化的分析方法，可以使复杂的程序分成许多功能模块。结构化程序的结构清晰，易于编制和维护，其设计核心是分层结构和模块结构。

结构化程序的算法描述形式有自然语言描述、流程图、伪代码、N - S 图、PAD 图等，下面主要介绍使用自然语言、流程图、伪代码描述结构化程序算法的方法。

2.3.1 自然语言

自然语言就是人们日常使用的语言，如汉语、法语、英语等。例 2.1 中介绍的算法就是用自然语言描述的。虽然用自然语言描述算法通俗易懂，但是有以下几个缺点。

（1）比较繁琐冗长：往往要用一段冗长文字才能说清楚所要进行的操作。

（2）容易出现歧义：自然语言往往要根据上下文才能正确地判断出其含义，不太严格。例如，“张三要李四把他的笔记本拿来”，究竟指的是谁的笔记本，就有歧义。

（3）虽然自然语言描述顺序执行的步骤易懂，但是如果算法中包含判断和转移，用自然语言就不那么直观清晰了。

因此，除了对那些很简单的问题之外，一般不用自然语言表示算法。

2.3.2 流程图

程序流程图是用规定的图形、指向线和文字说明来表示算法的一种图形。程序流程图的基本符号如下。

▭：终端框表示算法的开始与结束。

□：处理框表示算法的各种处理功能。

◇：判断框表示算法的条件转移操作。

▱：输入输出框表示算法的输入/输出操作。

○：连接点表示流程图的延续。

⟶：流程线指引流程的方向。

—[：注释框，用于流程图中作批注的。

用流程图可以非常清晰地描述三种基本结构，掌握了三种基本结构的画法就可以画出算法的流程图了。

（1）顺序结构

顺序结构就是指程序中的各个模块是按照它们出现的先后顺序执行的。顺序结构是最简单的一种结构。顺序结构如图 2-1 所示，A 和 B 按流程线的方向执行。

（2）选择结构

选择结构先对选择条件进行判断，根据判断的结果，确定执行其中的某一个模块。选择结构如图 2-2 和图 2-3 所示，前者表示当条件为真时执行 A，当条件为假时直接执行分支结构之后的语句；后者表示当条件为真时执行 A，条件为假时执行 B。

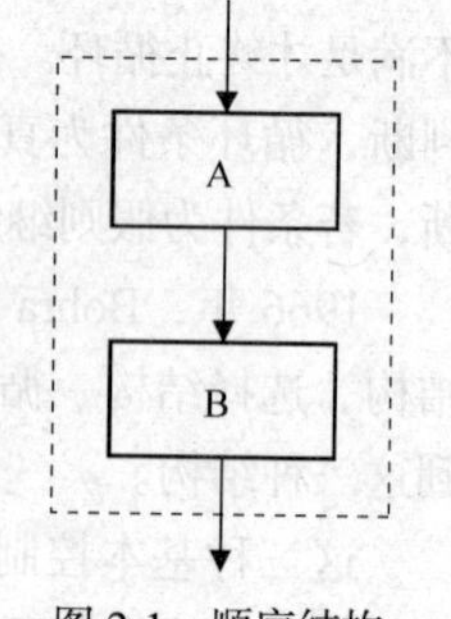

图 2-1 顺序结构

（3）循环结构

采用流程图描述循环结构如图 2-4 和图 2-5 所示，图 2-4 是当型循环，当条件为真时执行循环体 A，然后转而判断条件是否为真，若仍为真，继续执行循环体 A，当条件为假时循环结束。对应于 C 的控制语句就是“while(条件) 循环体;”。图 2-5 表示直到型循环，直到型循环是先执行循环体，然后再对条件进行判断，若为假则继续执行循环体，直到条件为真时循环才结束。对应于 C 的控制语句是“do 循环体; while(条件);”。

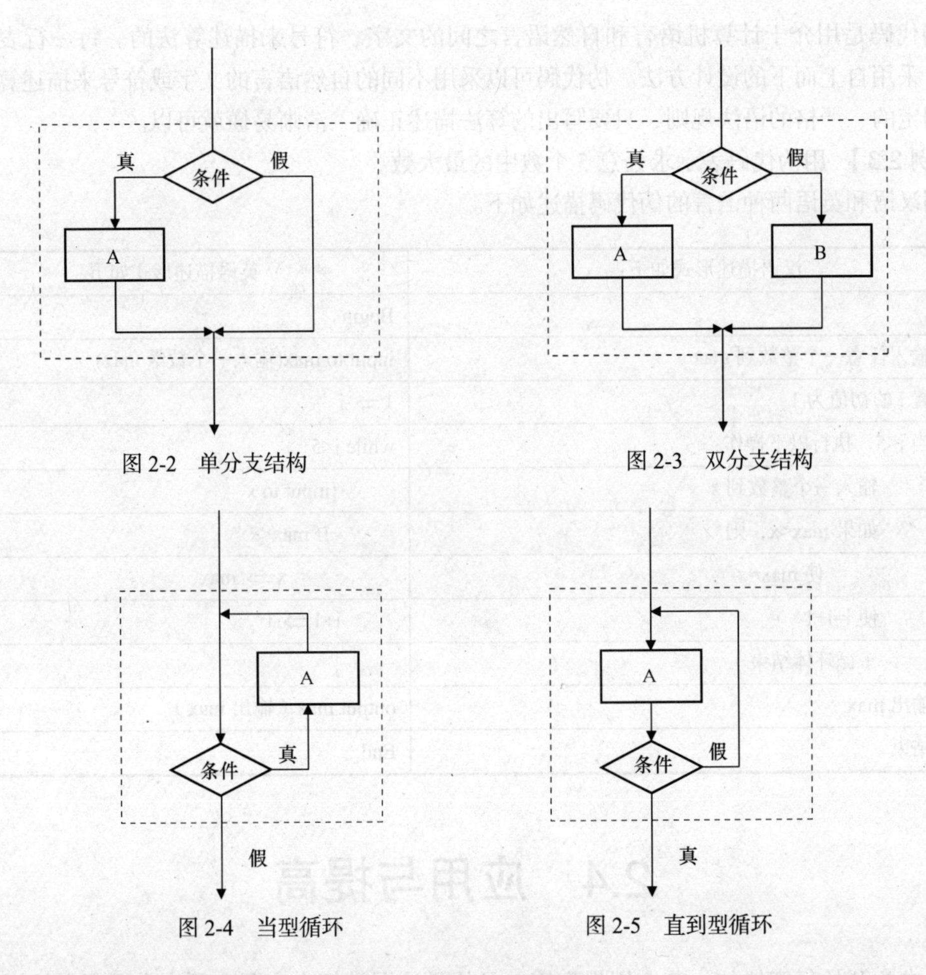

图 2-2　单分支结构

图 2-3　双分支结构

图 2-4　当型循环

图 2-5　直到型循环

【例 2.2】 用流程图表示例 2.1 的算法。算法如图 2-6 所示。

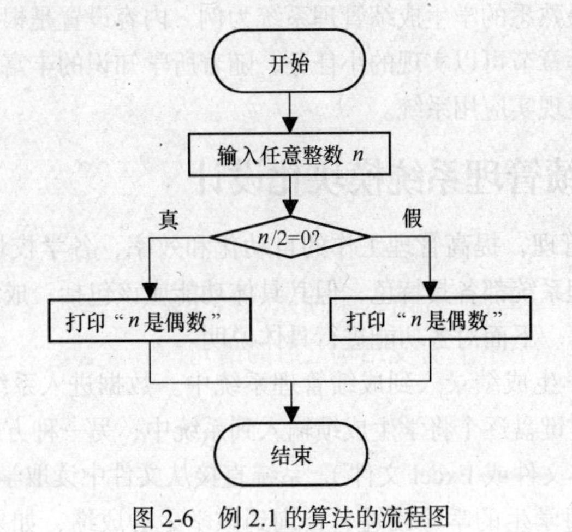

图 2-6　例 2.1 的算法的流程图

2.3.3　伪代码

在实际应用中，对于一个复杂的程序，设计算法过程中需要反复修改，此时采用流程图来描述算法是比较麻烦的。为了便于设计和修改，通常采用伪代码（pseudo code）来描述算法。

伪代码是用介于计算机语言和自然语言之间的文字、符号来描述算法的。每一行表示一种操作，采用自上而下的设计方法。伪代码可以采用不同的自然语言的文字或符号来描述算法，它没有固定的、严格的语法规则，只要写出的算法描述正确、清晰易懂就可以。

【例 2.3】 用伪代码表示求任意 5 个数中的最大数。

用汉语和英语两种语言的伪代码描述如下。

汉语描述形式如下：	英语描述形式如下：
开始	Begin
输入任意一个整数到 max	input to max(输入一个数给 max)
置 i 的初值为 1	1 ⇒ i
当 i<5，执行以下操作：	while i<5
输入一个整数到 x	{input to x
如果 max<x，则	If max<x
使 max=x	x ⇒ max
使 i=i+1	i+1 ⇒ i
（循环体结束）	}
输出 max	output max（输出 max）
结束	End

2.4 应用与提高

自本章开始每章增加一节应用提高篇，目的是让同学们在实际应用中掌握所学知识。本书应用提高篇是以同学们最熟悉的学生成绩管理系统为例，内容设置是根据每章知识点的深度对系统进行分解，分解成所学章节可以实现的小任务，随着所学知识的丰富，系统中可以完成的小任务也逐渐复杂，逐渐接近现实应用系统。

2.4.1 学生成绩管理系统模块化设计

为了规范学生成绩管理，提高管理工作的自动化和效率，各学校均采用了成绩管理系统。每个学校使用的成绩管理系统都各具特色，但其具体功能应该包括：成绩录入、成绩查询、修改记录、管理统计、输出等。下面对各功能进行具体说明。

（1）成绩录入。将学生成绩录入到成绩管理系统中。数据进入系统的方式有两种，一种是直接从键盘上输入，通过键盘逐个将学生成绩输入到系统中；另一种方式是学生成绩已经保存在一个数据文件中（如文本文件或 Excel 文件），系统直接从文件中读取学生成绩。

（2）成绩查询。通过学生的学号或姓名查询到该学生的成绩，如果有该学生，则返回该学生的成绩，如果没有该学生，则提示“无该学生记录”。

（3）成绩维护。主要完成对学生成绩的维护工作。具体来说，实现对学生成绩记录的新增、修改、删除和排序操作。

（4）管理统计。完成对各门课程最高分和不及格人数的统计。

（5）输出。输出有两个主要任务，一是将各操作结果以表格的形式输出在屏幕上；二是将操作结果保存在数据文件中。

本书学生成绩管理系统根据上述功能可以划分为 5 个小模块，每个模块又可以细分成 2~4 个更小的功能模块，图 2-7 为具体功能模块结构图。

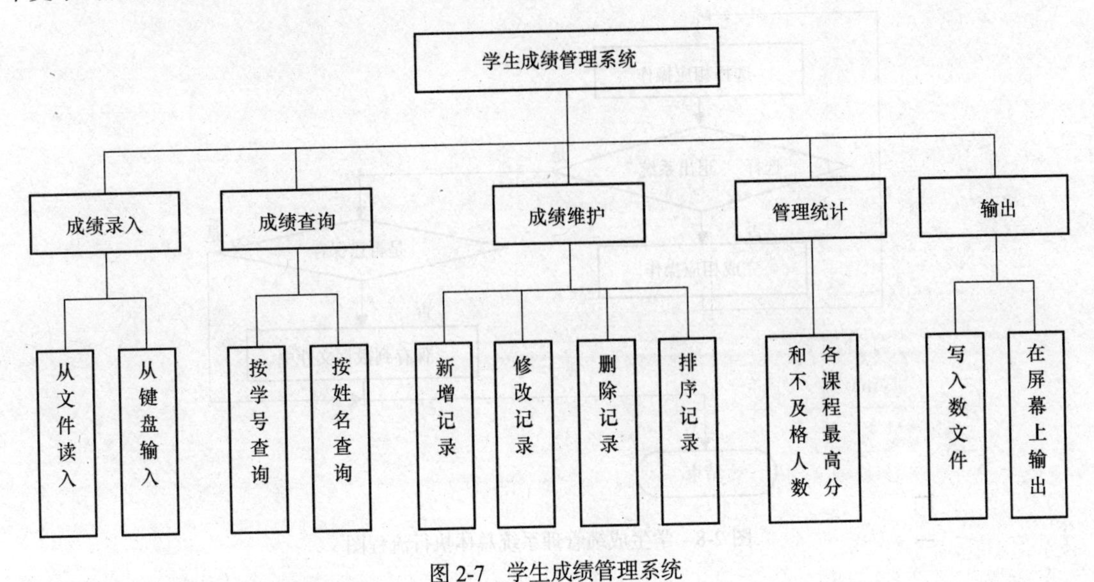

图 2-7　学生成绩管理系统

2.4.2　学生成绩管理系统算法设计

学生成绩管理系统中的成绩是以数据文件的形式长期保存的，系统每次启动，均需要将原有的数据文件打开，以便用户进行学生成绩的相关操作。

本成绩管理系统完成相应功能的主要过程如下。

（1）打开数据文件。

（2）用户选择相应的操作。

（3）判断是否选择“退出系统”，若没有选择退出系统，则执行第（4）步，否则执行第（5）步。

（4）根据用户所选择的功能要求，完成相应的操作，返回第（2）步。

（5）判断已处理的数据是否保存，若没有保存，则执行第（6）步，否则执行第（7）步。

（6）保存所有操作。

（7）关闭系统。

对于第（4）步，系统可提供的功能有：增加学生记录、删除学生记录、查询学生记录、修改学生记录、插入学生记录、统计学生成绩、学生成绩排序、保存所处理的数据、输出相关信息。

该系统的总体执行流程如图 2-8 所示。根据实际应用需要，图 2-8 中流程图还可以按图 2-7 中模块进行细化。同学们思考一下，你会如何细化呢？同学们可以通过使用本学校的成绩管理系统以及通过网络资源等方式尝试逐步细化，也可以参考我们的电子资料，并且本书后续章节中会陆续对模块中所涉及到的数据、结构进行更为详细的阐述，引导同学们从简入繁逐渐完成一个小的成绩管理系统。

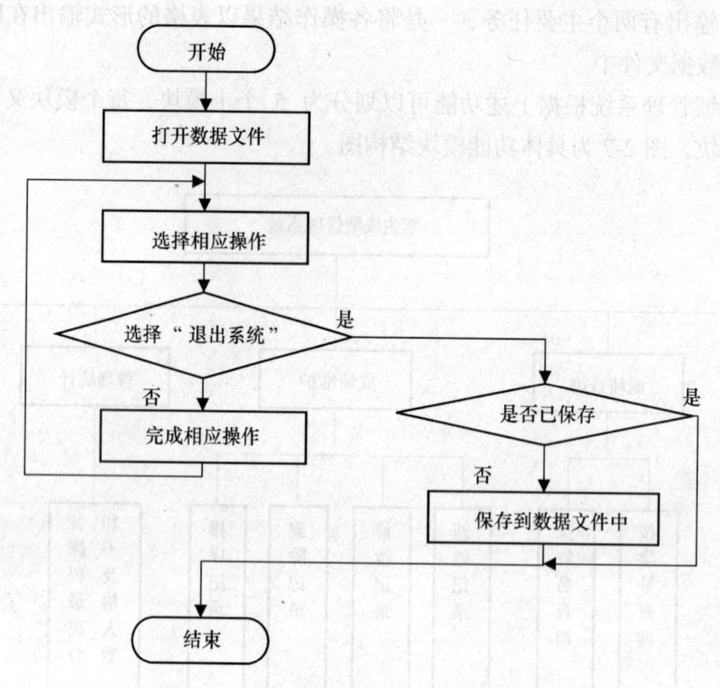

图 2-8　学生成绩管理系统总体执行流程图

2.5　本章小结

本章介绍了算法设计的一般步骤，说明了算法在程序设计中的重要地位。尤其对于初学者要掌握如何设计算法，并养成写程序之前写算法的习惯。本章还介绍了几种算法的描述方法：自然语言、流程图和伪代码。对于简单程序，流程图是比较好的描述算法的方法，但如果算法复杂，需要经常修改则选择伪代码比较方便。

习题二

一、简答题

什么是算法？算法设计的一般步骤包括哪些？

二、用流程图和伪代码分别写出下面各题的算法

1. 判断任意数 n 是否为素数。
2. 输入任意 3 个数，按从小到大的顺序输出。
3. 求 1~99 之间的奇数之和。
4. $s=1-\frac{1}{3}+\frac{1}{5}-\frac{1}{7}+\ldots+\frac{1}{n}$，求当 n=999 时 s 的值。
5. 乒乓球队进行比赛名单。

两个乒乓球队进行比赛，各出三人。甲队为 A、B、C 三人，乙队为 X、Y、Z 三人。已抽签决定比赛名单。有人向队员打听比赛的名单。A 说他不与 X 比，C 说他不和 X、Z 比。那么究竟谁与谁比赛呢？

算法提示如下。

A、B、C 用数字 1、2、3 表示，用“X=1”表示队员 X 和队员 A 比赛，如果队员 X 不和队员 A 比赛，那么写成 X!=1。用这种方法，根据队员的叙述得到如下的表达式：

X!=1，A 不与 X 比赛

X!=3，C 不与 X 比赛

Z!=3，C 不与 Z 比赛

题中还隐含着的一个条件是：同一队的三个队员不能相互比赛。则有：X!=Y 且 X!=Z 且 Y!=Z。用穷举法就可以得到结果。

6. 已知点 P（x_0，y_0）和直线 l：$Ax+By+C=0$，求点 P（x_0，y_0）到直线 l 的距离 d，写出其算法并画出流程图。

第3章 基本程序语句

C 语言中的数据必须先定义后使用，本章将学习基本数据类型中的整型、实型和字符型数据的定义，并学习如何获取和输出这些数据类型，以及这些数据类型的各种运算。

3.1 基本数据类型

3.1.1 C 语言数据类型

计算机中的程序和数据都是预先存储在存储器中，再读出来运行或处理。存储单元是连续的，存储器中的程序和数据怎么区分呢？一般来说，计算机中的程序和数据是分开存放的，程序的读取可参考其他资料，数据又是如何读取的呢？

示例问题：存储器中数据的读取。

某存储器中有一段数据，如图 3-1 所示，这个数据是 1234H（H 表示十六进制）和 5678H 还是 56781234H，又或者是其他呢？如果对数据类型进行定义，就能解决这个问题。

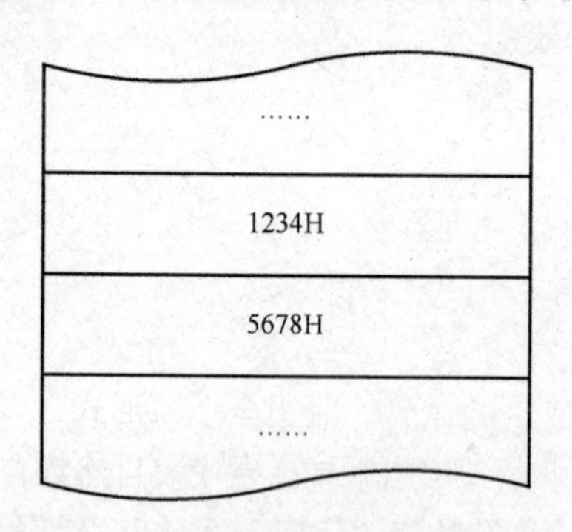

图 3-1 某存储器中的一段数据示意图

数据类型用来定义数据的逻辑结构（指数据中各元素之间的逻辑结构关系）和物理结构（即存储结构）。在 C 语言中，数据类型可分为基本数据类型、构造数据类型、指针类型和空类型四大类，如图 3-2 所示。基本数据类型又可分为字符型、整型、实型和枚举类型。本章只学习基本数据类型中的字符型、整型和实型，其他数据类型将在其他章节进行学习。

如果预先定义了图 3-1 中的数据是基本整型，那么这个数值是 56781234H；若是定义为无符号短整型数据，则这个数值是 1234H 和 5678H。由此可见，C 语言中，数据必须预先定义。

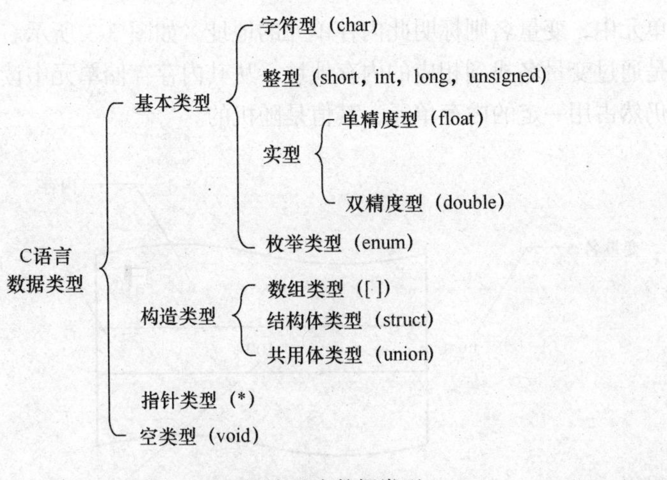

图 3-2　C 语言基本数据类型

基本数据类型可分为字符型、整型、实型和枚举类型；按照其取值是否可以改变，基本数据类型又可分为常量和变量。于是，便有了通常所说的整型常量、整型变量、字符型变量等。

3.1.2　常量

常量是指在程序运行过程中，其值不能被改变的量。

（1）直接常量

直接常量又叫做字面常量，是指直接引用的数据。各种数据类型常量（如整型常量、实型常量）将在后面章节介绍。

（2）符号常量

C 语言中，可以用一个标识符代表一个常量，这种常量叫做符号常量。符号常量的值是固定不变的，在程序中不能被重新赋值。

【例 3.1】 符号常量的使用。

```
#define E 2.718281828
#define GOLDPRICE 388
```

程序中用#define 命令定义 E 代表常量 2.718281828，定义 GOLDPRICE 代表常量 388。C 语言程序在运行前要先编译，编译预处理器先对 E 和 GOLDPRICE 进行处理，将程序中所有 E 置换成 2.718281828，所有 GOLDPRICE 置换成 388。因此，在程序运行过程中，符号常量 E 就是 2.718281828，符号常量 GOLDPRICE 就是 388，其值不能改变。

符号常量一般采用大写，变量的命名一般用全小写形式，以便于区分。在程序中对于有些数据使用符号常量有好处。例题中，从 E 就知道它代表自然数，从 GOLDPRICE 就知道代表金价，使用自然数时不用每次都输入其数值，计算金价时也可直接用 GOLDPRICE 代替，可避免出错；若金价有涨跌，可在定义符号常量的语句中做修改，不用在程序中查找所有出现了金价的地方进行修改，能做到一改全改。

3.1.3　变量

1. 变量的概念

变量以标识符为名，在内存中占据一定的存储单元，其值可以改变。在对程序编译连接时，由系统给每一个变量分配一定大小的内存单元，内存单元的大小由变量类型决定，变量的值保存在此内存单元中，变量名则标明此内存单元的地址，如图 3-3 所示。在程序中从变量取值或赋值，实际上是通过变量名找到相应的内存地址，从其内存存储单元中读取或写入数据。没有被赋值的变量，仍然占用一定的内存单元，其值是随机的。

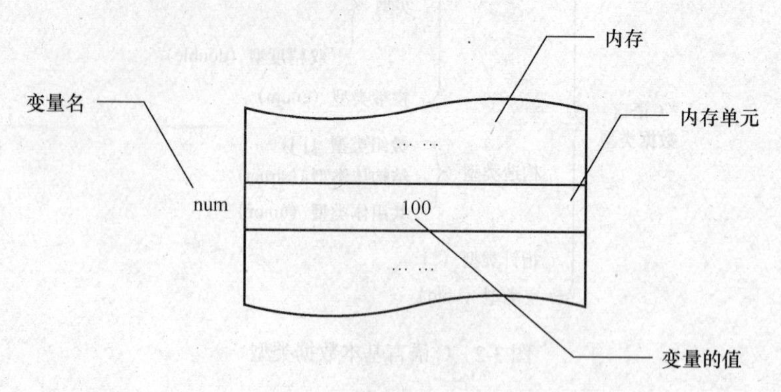

图 3-3　变量在内存中存放示意图

各个药店一般设有中药柜，如图 3-4 所示。如果把内存比作中药柜，每个放某种药材的小柜子就类似变量。小柜子在中药柜的第几排第几列类似变量的地址（如大茴香存放在第二排第四列），本章不关心变量的地址，对于变量的地址将在后面的章节介绍。每个小中药柜的柜面会用标签标明柜子里存放的中药名（如大茴香），这就类似变量名（num）。小中药柜中的中药类似变量的值。只要知道中药名，就能在中药柜中找到对应的中药；只要知道变量名也能在内存中找到相应的变量值。如果药店需要使用某味中药，必须在中药柜为其安排相应的小中药柜并设置标签；程序中需要使用某变量，必须先在内存中为其安排相应存储空间，即变量要先定义，后使用。有所不同的是，只设置了标签，还没有存放中药的小中药柜是空的，而没有被赋值的变量的值不是空的，是一个不确定的值。

图 3-4　中药柜示意图

2. 变量的定义

变量一定要先定义，后使用。变量的定义一般采用如下格式。

```
类型标识符    变量名1[,变量名2,变量名3, …];
```

方括号中的内容表示可以省略。类型标识符有整型、实型、字符型等，将在后面章节详细介绍。变量以标识符命名。

【例 3.2】 变量的定义。

```
int   i,j,q;        /*语句一，定义三个变量名为i、j、q的整型变量*/
float  x,y,z;       /*语句二，定义三个变量名为x、y、z的单精度实型变量*/
char  ch1,ch2;      /*语句三，定义两个变量名为ch1、ch2的字符型变量*/
int   a=1,b=2;      /*语句四，定义整型变量a和b，同时给a赋值为1，给b赋值为2*/
int   c,d=3;        /*语句五，定义整型变量c和d，同时给d赋值为3*/
int   renshen=9,baizhu=9,fuling=9, zhigancao=6; /*语句六，定义整型变量renshen、baizhu
和fuling，全部赋值为9，同时定义整型变量zhigancao赋值为6。此处为四君子汤的组成：人参、白术、茯苓各
9g，炙甘草6g*/
```

一个类型标识符可以定义几个变量，变量之间用逗号隔开。例如例 3.2 中的语句一，类型标识符 int 后面定义了三个变量。

定义变量的同时，可以给变量赋初值，例如例 3.2 中的语句四、语句五和语句六。在给几个变量赋相同值时，不能使用连续的等号，例如：

```
int   renshen = baizhu = fuling =9;          /*错误的语句*/
```

在一个程序块中，相同的变量不能被重复定义，例如：

```
int   renshen =9;        /*定义整型变量renshen，且给其赋值为9*/
float  renshen;          /*定义实型变量renshen，错误的语句，因前一条语句已经定义renshen为整型
变量*/
```

程序中出现的所有变量，必须被先定义。

【例 3.3】 变量必须先定义后使用。

```
#include <stdio.h>       /*错误的程序*/
main( )
{
    float  st=100;       /*语句一，定义实型变量st并给其赋初值*/
    float  r1=1.2;       /*语句二，定义实型变量r1并给其赋初值*/
    sum=st*r1;           /*语句三，变量sum没有被定义，出错*/
    float  sum;          /*语句四，定义变量sum在其使用后，错误的做法*/
}
```

例 3.3 中变量 sum 定义在其使用后，程序出错。即使语句三中没有出现变量 sum，程序也会出错，一般在一个程序块中，变量的定义应该放在其他语句之前。

3.2 整型数据

3.2.1 整型常量

整型常量即整常数。与日常生活不同，计算机中数据的存储和运算采用二进制形式。二进制不便于书写，二进制与八进制和十六进制的转换非常方便，C 语言便引入了八进制和十六进

制。在 C 语言中整型常量通常有三种表示形式。

（1）十进制形式整型常量

也就是数学上的十进制数。例如例 3.2 语句四中的数值 1 和数值 2。

（2）八进制形式整型常量

八进制整常数必须以 0（数字零）开头，即以 0 作为八进制数的前缀。数码取值为 0~7。八进制数通常是无符号数。

【例 3.4】 八进制数。

合法的八进制数：

015（八进制）$=1\times8^1+5\times8^0=13$（十进制）

0101（八进制）$=1\times8^2+0\times8^1+1\times8^0= 65$（十进制）

0177777（八进制）$=1\times8^5+7\times8^4+7\times8^3+7\times8^2+7\times8^1+7\times8^0 =65535$（十进制）

不合法的八进制数：

456（无前缀 0）

0389（包含了非八进制数码）

–0123（出现了负号）

（3）十六进制形式整型常量

十六进制整常数的前缀为 0X 或 0x。其数码取值为 0~9，A~F 或 a~f。

【例 3.5】 十六进制数。

合法的十六进制数：

0X2A（十六进制）$=2\times16^1+10\times16^0=42$（十进制）

0XA0（十六进制）$= 10\times16^1+0\times16^0=160$（十进制）

0XFFFF（十六进制）$= 15\times16^3+15\times16^2+15\times16^1+15\times16^0=65535$（十进制）

不合法的十六进制数：

5F （无前缀 0X）

0X1H（含有非十六进制数码）

（4）整型常量和数据类型

跟整型变量类似，整型常量分为短整型（short int）、基本型（int）、长整型（long int）和无符号型（unsigned）。在整常数后加字母 L（或者 l），如 12L，表示该数据为长整型常量；在整常数后加字母 U（或者 u），如 34U，表示该数据为无符号型常量。

【例 3.6】 带后缀的整型常量。

567L（十进制长整型常量）

067L（八进制长整型常量）

0X9ABL（十六进制长整型常量）

567LU（十进制无符号长整型常量）

一般情况下，各种数据类型表示的数值范围是不同的，长整型表示的数值范围较大（不同的编译环境是不同的，后面的章节将会介绍）。当某整型常量的数值超过了基本整型表示的数值范围时，可通过加 L，用长整型常数的形式表示。

3.2.2 整型变量

数据在内存中是以二进制形式存放的。整型数据以二进制补码的形式存放。

整型数据有正负之分。正数的补码就是此数的二进制形式；负数的补码是此数绝对值的二进制形式取反加一。

【例 3.7】 定义整型变量 i，并且赋初值为 9。

```
int   i=9;     /*定义 i 为整型变量，初值为 9*/
```

十进制数 9 的二进制形式为 1001，在 Visual C++ 6.0 中，整型变量占 4 个字节。变量 i 在内存中的实际存放如图 3-5 所示。

0000 0000	0000 0000	0000 0000	0000 1001

图 3-5　整型数据在内存中的存放示意图

【例 3.8】 定义整型变量 j，并且赋初值为–1。

```
int   j=-1;    /*定义 j 为整型变量，初值为-1*/
```

–1 的绝对值的二进制形式为 1，在 Visual C++ 6.0 中，整型变量占 4 个字节，故将其按位取反再加 1，求得其补码为 1111 1111 1111 1111 1111 1111 1111 1111，如图 3-6 所示。

–1 的绝对值的二进制形式：

0000 0000	0000 0000	0000 0000	0000 0001

按位取反：

1111 1111	1111 1111	1111 1111	1111 1110

加 1 后求得 –1 的补码：

1111 1111	1111 1111	1111 1111	1111 1111

图 3-6　求负数的补码

对于有些 C 语言程序，如果不理解其运算结果，可以尝试将数据转换成补码，或许会豁然开朗。不同的编译环境下，不同的数据类型占用的存储空间可能不同，若要扩充补码位数，一般遵循正数高位补 0，负数高位补 1 的原则。补码的最高位是符号位，正数最高位为 0，负数最高位为 1。

根据变量在内存中所占存储空间的大小，可将变量定义为基本整型（int）、短整型（short int）、长整型（long int）。整型变量在内存中表示时，最高位为符号位。而在实际中某些数据的值常常是正的（如学号、年龄等），为了充分利用内存中的存储单元，此时可将变量定义为无符号型数据（unsigned）。若加上修饰符 signed，则指定是有符号数，修饰符 signed 可省略。

根据以上的两种分类，可组合出 6 种整型变量。

（1）无符号基本型：类型说明符为 unsigned [int]。

（2）无符号短整型：类型说明符为 unsigned short [int]。

（3）无符号长整型：类型说明符为 unsigned long [int]。

（4）有符号基本型：类型说明符为[signed] int。

（5）有符号短整型：类型说明符为[signed] short [int]。

（6）有符号长整型：类型说明符为[signed] long [int]。

方括号内的说明符可省略。

在不同的计算机中不同的编译环境下，数据占用的存储空间有所不同，其数值范围也有所不同。在实际使用时，要注意不同类型数据的数值范围，防止溢出。

表 3-1 说明了 32 位微机 win7 操作系统下，Visual C++ 6.0 编译环境中各类整型数据的存储空间和数值范围。

表 3-1　　整型数据常见的存储空间和数值范围

类型名称	所占位数	数值范围
[signed] int	8*4	–2147483648~2147483647
[signed] short [int]	8*2	–32768~32767
[signed] long [int]	8*4	–2147483648~2147483647
unsigned [int]	8*4	0~4294967295
unsigned short [int]	8*2	0~65535
unsigned long [int]	8*4	0~4294967295

【例 3.9】 整型变量应用举例。

```
/*p3_1.c*/
#include <stdio.h>
main()
{
    int a=1,b=2,c=3,d=-4;
    unsigned  q,j;
    q=a+b;
    j=c+d;
    printf("q=%u,j=%u\n",q,j);/*输出无符号整型数据 q 和 j*/
}
```

运行结果如下。

```
q=3,j=4294967295
Press any key to continue
```

程序中“/*”和“*/”之间的部分为注释，编译系统将忽略掉这部分。写程序时多用注释可以让程序更易懂。

基本整型数据最高位为符号位，而无符号整型没有符号位。基本整型数据 c+d 的结果是 –1，–1 在内存中以补码形式存放，见例 3.8。在 Visual C++ 6.0 中，基本整型数据占用 4 个字节，即 c+d 的结果存放在内存中是 32 个 1。无符号基本整型数据 j 存放 c+d 的结果，即为 32 个 1，故转换成十进制输出为 4294967295。

格式输出函数 printf 中格式控制字符“%u”表示输出无符号整型数据。这些将在后面章节详细介绍。

本例题还用到了编译预处理命令#include <stdio.h>和主函数 main，后面的章节将会介绍这些知识，初学者暂时不必深究这些。

3.3 实型数据

3.3.1 实型常量

实数又称为浮点数，通常有两种表示方式。

（1）十进制小数形式

由数字和小数点组成，必须带有小数点且小数点至少一边有数字。

（2）指数形式

由十进制小数（或整数），e（或 E），十进制整数组成，小数部分和整数部分都不能省略。

【例 3.10】 实型常量举例。

十进制小数形式：

3.14　　合法的表达

3.　　合法的表达

.14　　合法的表达

0.　　合法的表达

.　　不合法的表达

指数形式：

3.14e3　　合法的表达，其值为 $3.14*10^3$

.14E3　　合法的表达，其值为 $0.14*10^3$

3.14e3.1　不合法的表达，指数部分不能为小数

e3　　不合法的表达，小数部分不能省略

3.14e　　不合法的表达，整数部分不能省略

3.3.2 实型变量

计算机系统中，一般为一个单精度实型数据（float）分配 4 个字节的存储单元，即 32 位。实型数据在内存中按照指数形式存放，即分成小数部分和整数部分分别存放，如图 3-7 所示。

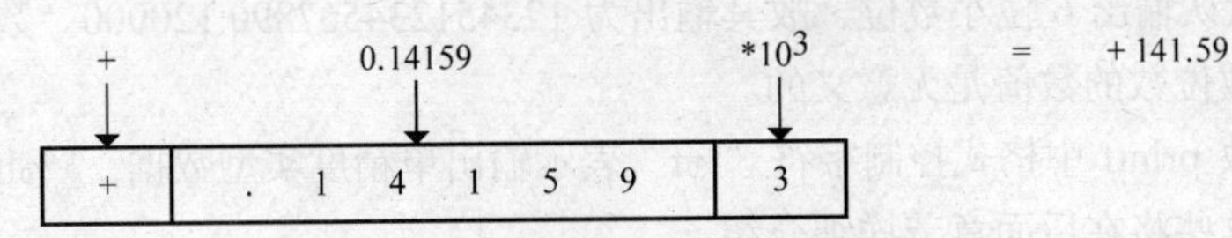

图 3-7　实型变量在内存中的存放示意图

图 3-7 所示为以十进制数示意实型数据的存放，实际上在内存中存放的是二进制数据，并且指数部分是以 2 的幂次方来表示的，指数部分一般采用移码。如果想深入了解这部分知识，可参阅计算机其他书籍。

标准 C 中，对于实型变量指数部分和小数部分所占位数并无具体规定，由编译系统自定。在 Visual C++ 6.0 中，单精度实型数据的数值范围在 10^{-38}~10^{38} 之间，并提供 7 位左右有效数字位。对于绝对值小于 10^{-38} 的数值，计算机系统将其处理为零值。数据在内存中以二进制形式存放，故用十进制表示的精度和数值范围只是大概值。

实型变量可分为 3 种类型：单精度（float）、双精度（double）和长双精度（long double）。各类实型数据在 32 位微机 win7 操作系统，Visual C++ 6.0 中的精度和数值范围如表 3-2 所示。

表 3-2　　Visual C++ 6.0 所支持的实型数据

类 型 名称	所 占 位 数	精度（位）	数值范围（绝对值）
单精度（float）	8*4	7	10^{-38}~10^{38}
双精度（double）	8*8	17	10^{-308}~10^{308}
长双精度（long double）	8*8	17	10^{-308}~10^{308}

【例 3.11】实型变量举例。

```
/*p3_2.c*/
#include <stdio.h>
main()
{
        float a;
        double b;
        long double c;
        a=1234567890.123456789;
        b=12345123456789 0.123456789;
        c=123451234567890.123456789;
        printf("a=%f\n",a);
        printf("b=%lf\n",b);
        printf("c=%lf\n",c);
}
```

运行结果如下。

```
a=1234567936.000000
b=123451234567890.120000
c=123451234567890.120000
Press any key to continue
```

单精度实型数据 a 被赋值的数据精度有 19 位，而单精度实型数据有效位只有 7 位，格式输出函数 printf 默认输出 6 位小数位，故其输出为 1234567936.000000，超过有效位的数据是随机显示的，其数值是无意义的。

双精度和长双精度变量 b 和 c 被赋值的数据精度有 24 位，而其数据有效位只有 17 位，格式输出函数 printf 默认输出 6 位小数位，故其输出为 123451234567890.120000。数据的有效位数是有限的，超过有效位数的数值是无意义的。

格式输出函数 printf 中格式控制字符“%f”表示输出单精度实型数据，“%lf”表示输出长双精度实型数据。这些将在后面章节详细介绍。

3.4 字符型数据

3.4.1 字符型常量

C 语言字符型数据包括了 ASCII 码字符表中所有字符（见表 3-3），并不是所有日常用到的字符都包含其中。

表 3-3 ASCII 码字符表

高 低	000	001	010	011	100	101	110	111
0000	NUL	DLE	SP	0	@	P	'	p
0001	SOH	DC1	!	1	A	Q	a	q
0010	STX	DC2	“	2	B	R	b	r
0011	EXT	DC3	#	3	C	S	c	s

续表

低＼高	000	001	010	011	100	101	110	111
0100	EOT	DC4	$	4	D	T	d	t
0101	ENQ	NAE	%	5	E	U	e	u
0110	ACK	SYN	&	6	F	V	f	v
0111	BEL	ETB	‘	7	G	W	g	w
1000	BS	CAN	(	8	H	X	h	x
1001	HT	EM	)	9	I	Y	i	y
1010	LF	SUB	*	:	J	Z	j	z
1011	VT	ESC	+	;	K	[	k	{
1100	PP	FS	,	<	L	\	l	|
1101	CR	GS	-	=	M	]	m	}
1110	SO	RS	.	>	N	^	n	~
1111	SI	US	/	?	O	_	o	DEL

字符型常量一般分为两种：用单引号括起来的一个字符和转义字符。字符型常量在内存中存放的是其对应的 ASCII 码，占用一个字节。

（1）用单引号括起来的一个字符

例如‘a’，‘b’，‘c’，‘$’，‘>’等都是字符常量。在 C 语言中，大小写是区分的，‘a’和‘A’是两个不同的字符常量。

（2）转义字符

用单引号括起来的反斜杠引导的转义字符也属于字符型常量。例如在例 3.9 和例 3.11 的输出函数中都用到了转义字符‘\n’，它代表一个换行符。转义字符还可以是反斜杠加字符对应的 ASCII 码形式。例如字符 a 的 ASCII 码为 61（十六进制）=141（八进制），‘\x61’和‘\141’都表示字符常量‘a’。其中，反斜杠后面的 x 表示字符的 ASCII 码用十六进制表示。关于转义字符的说明如表 3-4 所示。

表 3-4　　转义字符功能说明表

字 符 形 式	功 能 说 明
\n	回车换行，将当前位置移到下一行开头
\t	横向跳到下一制表位置
\b	退格，将当前位置移到前一列
\r	回车，将当前位置移到本行开头
\f	走纸换页
\\	反斜线符“\”
\'	单引号字符
\"	双引号字符
\v	竖向跳格
\ddd	1~3 位八进制数表示的 ASCII 码对应的字符
\xhh	1~2 位十六进制数表示的 ASCII 码对应的字符

【例 3.12】 字符型常量应用举例。

```
/*p3_3.c*/
#include <stdio.h>
main()
{
    putchar('0');      /*输出数字 0。函数 putchar 用来输出单个字符*/
    putchar('?');      /*输出问号*/
    putchar('\n');     /*输出转义字符回车*/
    putchar('1');      /*输出数字 1*/
    putchar('\\');     /*输出转义字符斜杠*/
    putchar('\n');     /*输出转义字符回车*/
    putchar('2');      /*输出数字 2*/
    putchar('\'');     /*输出转义字符单引号*/
    putchar('\n');     /*输出转义字符回车*/
    putchar('3');      /*输出数字 3*/
    putchar('\"');     /*输出转义字符双引号*/
    putchar('\n');     /*输出转义字符回车*/
    putchar('4');      /*输出数字 4*/
    putchar('a');      /*输出字符常量字母 a*/
    putchar('\n');     /*输出转义字符回车*/
    putchar('5');      /*输出数字 5*/
    putchar('\141');   /*输出八进制表示的转义字符，其 ASCII 码值为八进制 141*/
    putchar('\n');     /*输出转义字符回车*/
    putchar('6');      /*输出数字 6*/
    putchar('\x61');   /*输出十六进制表示的转义字符，其 ASCII 码值为十六进制 61*/
    putchar('\n');     /*输出转义字符回车*/
    putchar('7');      /*输出数字 7*/
    putchar('$');      /*输出字符常量美元符号*/
    putchar('\n');     /*输出转义字符回车*/
    putchar('8');      /*输出数字 8*/
    putchar('>');      /*输出字符常量大于符号*/
    putchar('\n');     /*输出转义字符回车*/
    putchar('\x39');   /*输出十六进制表示的转义字符，其 ASCII 码值为十六进制 39*/
    putchar('\n');     /*输出转义字符回车*/
}
```

运行结果如下。

```
0?
1\
2'
3"
4a
5a
6a
7$
8>
9
Press any key to continue
```

函数 putchar 表示输出单个字符，函数的具体用法将在后面章节介绍。本程序输出数字表明其输出结果在第几行，用转义字符‘\n’换行。

有些字符常量可以直接输出，如程序运行结果中的第 0 行、第 7 行和第 8 行，分别输出问号、美元符号和大于符号。有些字符如单引号、双引号和反斜杠等不能直接输出，须用其转义字符的形式输出，如程序运行结果中的第 1 行、第 2 行和第 3 行。输出字符常量有多种方式，可直接输出，如程序运行结果中的第 4 行，直接输出字符‘a’。程序运行结果中第 5 行和第 6 行是用转义字符的形式输出字符‘a’。字符常量输出方式不同，但输出结果相同。单个数字的 ASCII 码值不是其本身，而是其加上 30（十六进制），如程序运行结果中第 9 行，用转义字符形式输出数字 9。

3.4.2 字符串常量

字符串常量是一对双引号括起来的字符序列。例如"CHINA"，"How are you?"，"$12.3"，"a"，"A"都是字符串常量。C 语言中，单个字符用双引号括起来是字符串，单个字符用单引号括起来是字符，字符串用单引号括起来就出错了。

字符串中的每个字符均以其 ASCII 码存放。在字符串最后通常加上一个空字符（ASCII 码为 0，记为‘\0’或者 NULL），作为字符串结束标志，故字符串常量在内存中占用的字节数为该字符串中字符个数加 1。

【例 3.13】 字符串常量在内存中的存放，如图 3-8 所示。

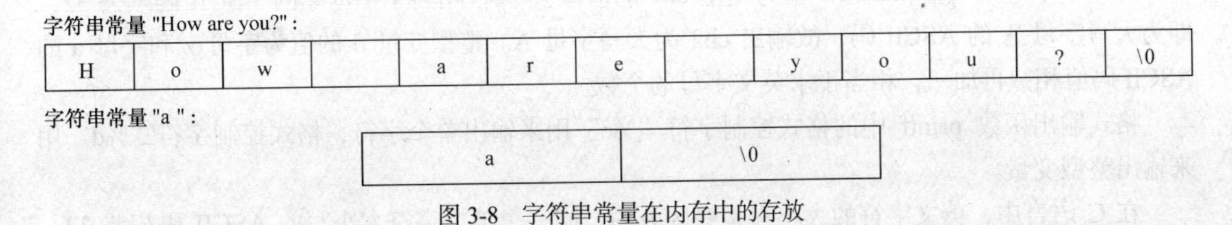

图 3-8 字符串常量在内存中的存放

例 3.13 第一个字符串在内存中存放占用 13 个字节存储空间：字母在内存中以其 ASCII 码值存放，每个 ASCII 码占用一个字节，共 9 个字节；空格对应的 ASCII 码为十进制 32，问号对应的 ASCII 码为十进制 63，两个空格和一个问号占用 3 个字节；字符串结束标记占用 1 个字节。

例 3.13 第二个字符串中只有一个字母，加上字符串结束标记，这个字符串在内存中占用 2 个字节存储空间。字符常量‘a’在内存中只占用一个字节，这是字符常量和字符串常量不同的地方。

3.4.3 字符型变量

字符型变量用来存放一个字符。字符型变量不能用来存放字符串。在 C 语言中，没有字符串变量，如果要存储字符串，只能用字符型数组，这将在后续章节中学习。

当一个字符型变量被赋值某个字符时，字符型变量存放的是该字符的 ASCII 码。所以字符型变量可以作为整型变量来处理，并且能参与整型变量能参与的运算。

【例 3.14】 字符型变量应用举例。

```
/*p3_4.c*/
#include <stdio.h>
```

```
main()
{
    char ch1,ch2,ch3;              /*定义三个字符型变量*/
    int d;                         /*定义一个整型变量*/
    ch1='a';                       /*给字符型变量赋值*/
    ch2=ch1-32;                    /*字符型变量参与运算*/
    ch3='z';                       /*给字符型变量赋值*/
    d=ch3-ch1+1;                   /*字符型变量参与运算，求得英文字母个数*/
    printf("ch1=%c\n",ch1);        /*输出字符型变量的值*/
    printf("ch2=%c\n",ch2);        /*输出字符型变量的值*/
    printf("ch3=%c\n",ch3);        /*输出字符型变量的值*/
    printf("d=%d\n",d);            /*输出整型变量的值*/
}
```

运行结果如下。

```
ch1=a
ch2=A
ch3=z
d=26
Press any key to continue
```

程序中字符型变量 ch2 被赋值为变量 ch1 的值减去 32，相当于字母 a 的 ASCII 码减去 32，即为大写字母 A 的 ASCII 码，故输出 ch2 为大写字母 A。整型变量 d 的值为字母 z 和字母 a 的 ASCII 码值相减再加一，相当于求英文字母的个数。

格式输出函数 printf 中的格式控制字符“%c”用来输出单个字符，格式控制字符“%d”用来输出整型变量。

在 C 语言中，英文字符的大小写是有区分的。同一个英文字符大小写的 ASCII 码相差 32，而字符在内存中存放的是其 ASCII 码，故可用此特征实现大小写字符的转换。

3.5 运算符与表达式

C 语言的运算符一般可分为以下几类：

（1）算术运算符：加（+）、减（-）、乘（*）、除（/）、求余（或称模运算，%）、自增（++）、自减（--）。

（2）关系运算符：大于（>）、小于（<）、等于（==）、大于等于（>=）、小于等于（<=）、不等于（!=）。

（3）逻辑运算符：与（&&）、或（||）、非（!）。

（4）位操作运算符：位与（&）、位或（|）、位非（~）、位异或（^）、左移（<<）、右移（>>）。

（5）赋值运算符：简单赋值（=）、复合算术赋值（+=，-=，*=，/=，%=）、复合位运算赋值（&=，|=，^=，>>=，<<=）。

（6）条件运算符：这是一个三目运算符，用于条件求值（?:）。

（7）逗号运算符：把若干表达式组合成一个表达式（,）。

（8）指针运算符：取内容（*）、取地址（&）。

（9）求字节数运算符：计算数据类型所占的字节数（sizeof）。

（10）强制类型转换运算符：（类型）。

（11）分量运算符：• →。

（12）下标运算符：[]。

（13）其他运算符号：函数调用运算符()。

本章将介绍几种常用的运算符。

3.5.1 算术运算符与算术表达式

（1）基本的算术运算符

C语言有以下几种基本算术运算符：

① +：加法运算符，双目运算符，即应有两个量参与加法运算，如 a+b，1+2 等。具有从左到右结合性。

② -：减法运算符，双目运算符。但“-”也可作负值运算符，此时为单目运算，如-x,-5 等具有从右到左结合性。

③ *：乘法运算符，双目运算，具有左结合性。

④ /：除法运算符，双目运算，具有左结合性。参与运算量均为整型时，结果也为整型，舍去小数。如果运算量中有一个是实型，则结果为双精度实型。

⑤ %：求余运算符，或称作模运算符，%两侧均应为整型数据。

结合性是指运算符在同级运算中的运算顺序，后面部分会详细介绍运算符的优先级和结合性。

C语言算术运算符的含义跟数学上对应的算术运算符相同，但也有区别。在加减运算中，若涉及到溢出、不同数据类型运算时，可能结果跟数学上不同。除法运算中，若参与运算的数都是整型，则得到的商将被舍弃小数部分，这是非常容易被忽略的。求余运算中，参与运算的两个数只能是整型数据，否则编译出错。负数求模后，结果为负，故求余运算中，不管%右侧的数是正数还是负数，结果的正负与%左侧的数据相同。C 语言中没有求幂运算，求幂运算只能通过函数或编写相应程序实现。

【例 3.15】 算术运算符应用举例。

```
/*p3_5.c*/
#include <stdio.h>
main()
{
    float a,b,c,d,e,f;
    a=8/3;
    b=-8.0/3;
    c=8%3;
    d=-8%3;
    e=6%3;
    f=-8%-3;
    printf("a=%f\n b=%f\n c==%f\n d=%f\n e=%f\n f=%f\n ",a,b,c,d,e,f);
}
```

运行结果如下。

```
a=2.000000
b=-2.666667
c==2.000000
d=-2.000000
e=0.000000
f=-2.000000
Press any key to continue
```

除法运算中，参与运算的数据为整型，则结果也为整型，例如 a=8/3，虽然 a 被定义为实型数据，但其结果仍然只取整数部分。而 b=–8.0/3 中，由于被除数为实型数据，故结果为实型。负数求模后，结果为负，故实型变量 d 和 f 取值都为负数。

格式输出函数 printf 中的格式控制字符“%f”用来输出实型变量。

（2）算术表达式和运算符的优先级与结合性

算术表达式是指用算术运算符和括号将操作数（也叫运算对象）连接起来的，符合 C 语言语法规则的式子。操作数包括常量、变量、函数等。

算术运算符的优先级是指先计算 ( )，再求*、/、%，然后计算+、–。若级别相同则按照结合性来处理。算术运算符的结合性一般遵循从左到右的原则。在求算术表达式的值时，如果遇到一个表达式中数据类型不同，则先进行类型转换，再计算。转换规则如图 3-9 所示。

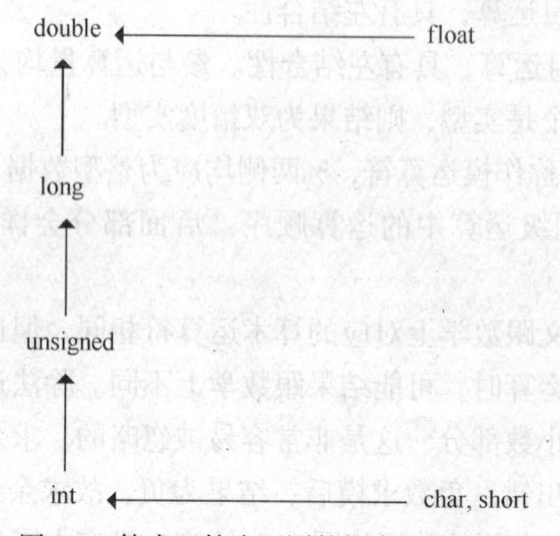

图 3-9 算术运算中不同数据类型转换规则

【例 3.16】算术表达式应用举例。

```
/*p3_6.c*/
#include <stdio.h>
main()
{
     float f0=2.0,f,f1,f2,f3,f4;
     int a=-9,b=5,c=4,d=-2;
     char ch='a';
     f1= f0*b ;
     f2= f1/c ;
     f3- a %d/b;
     f4= ch-'b';
     f=f0*b/c+a %d/b+(ch-'b');
     printf("f=%f\n",f);
     printf("f1=%f\n",f1);
     printf("f2=%f\n",f2);
```

```
    printf("f3=%f\n",f3);
    printf("f4=%f\n",f4);
}
```

运行结果如下。

```
f=1.500000
f1=10.000000
f2=2.500000
f3=0.000000
f4=-1.000000
Press any key to continue
```

算术表达式 f0*b/c+a %d/b+(ch-'b')的运算过程如图 3-10 所示。

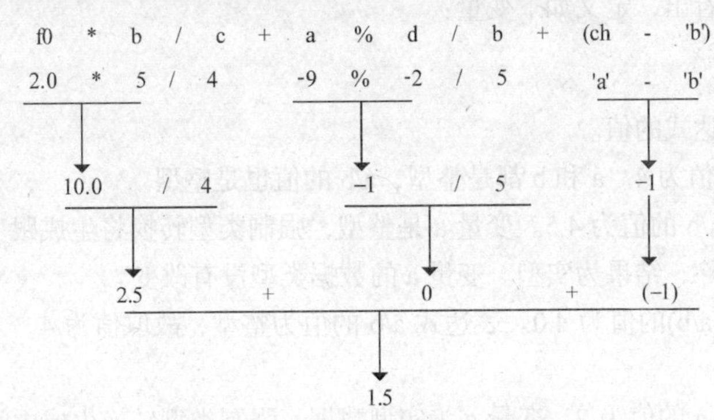

图 3-10　算术表达式运算过程示意图

根据运算符的优先级，表达式 f0*b/c+a %d/b+(ch-'b')先计算括号中的部分。字符变量 ch 的值是小写字母 a 的 ASCII 码，字符 a 与字符 b 相减，相当于其 ASCII 码相减。相邻字符 ASCII 码相差 1，故(ch-'b')的值为–1。表达式 f0*b/c 中，乘除优先级相同，根据其从左到右结合性，先计算表达式 f0*b。f0 为实型数据，b 为整型数据，根据类型转换规则，f0*b 结果为实型。表达式 f0*b 除以整型变量 c 结果也为实型。加法优先级较低，故计算表达式 a %d/b 的值。求余与除法优先级相同，根据其从左到右结合性，表达式 a %d/b 先计算 a %d。a 为–9，d 为–2，求余得–1，且为整型。表达式 a %d 除以整型变量 b，结果也为整型，也就是-1 除以 5 直接取整数部分，为 0，表达式 a %d/b 的值为 0。整个表达式 f0*b/c+a %d/b+(ch-'b')最后计算加法，可得到结果为 1.5。

（3）强制类型转换运算符

强制类型转换是指将表达式的类型强制转换为指定的类型。表达形式为：

（类型名）（表达式）

强制类型转换的优先级高于算术运算符的优先级。表达式是单个变量时，括号可以省略。强制类型转换并不会改变表达式中变量的类型。

【例 3.17】 强制类型转换应用举例。

```
/*p3_7.c*/
#include <stdio.h>
main()
{
    int a=9,b=2;
    float c=2.2;
    printf("a/b=%d\n",a/b);
    printf("(float)a/b=%f\n",(float)a/b);
```

```
    printf("(float)(a/b)=%f\n",(float)(a/b));
    printf("(int)c%%a=%d\n",(int)c%a);
    printf("(int)c%%a+c=%f\n",(int)c%a+c);
}
```

运行结果如下。

```
a/b=4
(float)a/b=4.500000
(float)(a/b)=4.000000
(int)c%a=2
(int)c%a+c=4.200000
Press any key to continue
```

从程序结果可以看出，定义如下变量：

```
    int a=9,b=2;
    float c=2.2;
```

则可得到以下表达式的值。

① 表达式 a/b 的值为 4。a 和 b 都是整型，a/b 的值也是整型。

② 表达式(float)a/b 的值为 4.5。变量 a 是整型，强制类型转换将生成跟变量 a 的值相同的实型值与整型变量 b 相除，结果为实型。变量 a 的数据类型没有改变。

③ 表达式(float)(a/b)的值为 4.0。表达式 a/b 的值为整型，故取值为 4，之后被强制转换成实型输出。

④ 表达式(int)c%a 的值为 2。变量 c 为实型数据，强制类型转换生成中间值，这个值取实型变量 c 的整数部分，再与实型变量 a 求余。c 的值没有发生改变。

⑤ 表达式(int)c%a+c 的值为 4.2。表达式(int)c%a 的值是整型，与实型变量 c 相加后，整个表达式的值为实型。

（4）自增和自减运算符

++　自增运算符，单目运算符，使变量的值增 1

--　自减运算符，单目运算符，使变量的值减 1

自增和自减运算符的运算对象可以是整型或者实型变量，但不能是常量或者表达式，因为常量或者表达式不能被赋值。自增和自减运算符的结合性是从右到左。

自增和自减运算符有如下两种使用形式。

① 运算符在运算对象之前。例如++i，表示变量 i 的值先增加 1，再参与表达式运算。若 i 的初值为 1，则++i 的运算过程为：i 的值增加 1，即 i=2，再计算“++i”表达式的值为 2。

② 运算符在运算对象之后。例如 i--，表示变量 i 先参与到表达式运算，再减少 1。若 i 的初值为 1，则 i--的运算过程为：先计算“i--”表达式，得“i--”表达式的值为1；再计算 i 的值为 0。

【例 3.18】 自增和自减运算符应用举例。

```
 /*p3_8.c*/
#include <stdio.h>
main()
{
    int i=1,j=1,q=1,k=1;
    int a,b,c;
    a=1+i++;
    b=++j+1;
    c=q+++k;
```

```
    printf("i=%d\n",i);
    printf("j=%d\n",j);
    printf("q=%d\n",q);
    printf("k=%d\n",k);
    printf("a=%d\n",a);
    printf("b=%d\n",b);
    printf("c=%d\n",c);
}
```

运行结果如下。

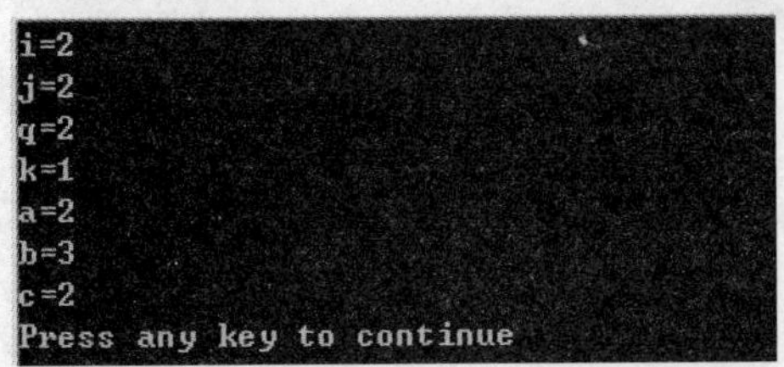

① 变量 i 在语句 a=1+i++;中执行了一次自增 1 操作，其值由 1 变为 2，而在其执行自增 1 操作之前就已求得 a 的值为 1+1=2。

② 变量 j 在语句 b=++j+1;中先执行一次自增 1 操作(++j)，其值由 1 变为 2，然后求得 b 的值为 2+1=3。

③ 语句 c=q+++k;等价于 c=(q++)+k;。q 先参与运算再自增 1，故 c=1+1=2，而 q 的值由 1 变为 2。

在写程序时，应当尽量避免出现例 3.18 中的语句，那样容易出错。通常自增和自减操作没有放在复杂的表达式中使用。

3.5.2　赋值运算符与赋值表达式

（1）赋值运算符

赋值运算符“=”是将一个数据赋值给一个变量，变量写在赋值运算符的左边。赋值运算符的优先级低于算术运算符。在 C 语言中，赋值运算符的优先级低于大部分运算符，高于逗号运算符。赋值运算符的结合性是从右到左。用赋值运算符将变量和表达式连接起来的式子称为赋值表达式，赋值符号右边表达式的值为赋值表达式的值。其一般形式为：

变量=表达式

在前面的例题中，已经大量使用了赋值运算符。C 语言中，赋值运算符跟数学上“等于”有所不同。

【例 3.19】 赋值表达式应用举例。

```
/*p3_9.c*/
#include <stdio.h>
main()
{
    int a-2,b=4,c=6;
    int x,y,z;
    x=(b=8)/a;
    y=z=b/c;
    printf("x=%d\n",x);
    printf("y=%d\n",y);
    printf("z=%d\n",z);
    printf("a=%d\n",a);
    printf("b=%d\n",b);
```

```
    printf("c=%d\n",c);
}
```

运行结果如下。

```
x=4
y=1
z=1
a=2
b=8
c=6
Press any key to continue
```

① 语句 x=(b=8)/a;中，先执行赋值运算 b=8，使得变量 b 的值变为 8。表达式 b=8 的值为 8，故表达式(b=8)/a 的值为 8/2=4，从而求得 x 的值为 4。

② 语句 y=z=b/c;中，先求得表达式 b/c 的值为 8/6=1，将其赋值给变量 z。表达式 z=b/c 的值也为 1，将其赋值给变量 y，y 的值为 1。在定义变量的语句中，不能使用这样的“连等”。

（2）赋值时的类型转换

赋值运算符两侧数据类型不一致，且都是数值型或者字符型时，在赋值时要进行类型转换。一般存在下列几种情况。

①实型数据赋值给整型（或者字符型）变量。舍弃实数的小数部分，将整数部分赋值给整型（或者字符型）变量。

② 整型（或者字符型）数据赋值给实型变量。只要补足有效位即可。

③ 双精度实型数据赋值给单精度实型变量。截取前面 7 位有效数字即可，但要注意数值是否溢出。

④ 字符型数据赋值给整型变量。由于字符型数据占用一个字节，在 Visual C++ 6.0 中，整型变量占用 4 个字节，故赋值过程中，将字符型数据放到整型数据的低八位后，要进行扩展。一般分两种情况如图 3-11 所示。

- 所用系统将字符型数据处理为无符号的量，则字符的 8 位放到整型变量的低 8 位，高位补零。例如，将字符常量‘\376’赋值给整型变量 b，则变量 b 的低 8 位为 11 11 11 10，高位全部补零。
- 所用系统将字符型数据处理为带符号的量。如果字符最高位为 0，则高位补 0；如果字符最高位为 1，则高位补 1。Visual C++ 6.0 将字符型数据处理为带符号的量。

字符常量‘\376’在内存中的存放为：

1111 1110

系统将字符常量处理为无符号的量时，整型变量 b 在内存中的存放为：

0000 0000	0000 0000	0000 0000	1111 1110

系统将字符常量处理为带符号的量时，整型变量 b 在内存中的存放为：

1111 1111	1111 1111	1111 1111	1111 1110

图 3-11 字符常量‘\376’赋值给整型变量 b 的示意图

⑤ 3 种整型数据赋值给字符型变量。将整型数据的低 8 位原封不动地赋值给字符型变量。

⑥ 整型数据赋值给无符号整型变量。内存情况不变，如果整型数据是负数，则符号位也作为数值赋值给无符号型变量。

【例 3.20】 赋值表达式应用举例。

```
/*p3_10.c*/
```

```
#include <stdio.h>
main()
{
    int a,b,c,d;
    float u;
    unsigned int v;
    char ch;
    a=1234.56;
    u=78;
    b='\376';
    c=289;
    ch=c;
    d=-1;
    v=d;
    printf("a=%d, b=%d, c=%d, d=%d\n u=%f, v=%u, ch=%c\n",a,b,c,d,u,v,ch);
}
```

运行结果如下。

```
a=1234, b=-2, c=289, d=-1
 u=78.000000, v=4294967295, ch=!
Press any key to continue
```

语句 a=1234.56;将一个实型数据赋值给一个整型变量，直接取整数部分 1234 赋值给变量 a。

语句 u=78;将一个整型数据赋值给一个实型变量，补足有效位即可。

语句 b='\376';将一个字符型数据赋值给整型数据，由于 Visual C++ 6.0 将字符型数据处理为带符号的量，而字符'\376'的最高位为 1，故整型变量 b 的高位填充为 1，整型变量 b 的值输出为负数。

语句 ch=c;将整型数据赋值给字符型变量，截取低 8 位赋值给字符型变量 ch。整型变量 c 的低 8 位为 0010 0001，故字符型变量 ch 的值为 33，对应字符‘!’的 ASCII 码。

语句 v=d;将整型数据赋值给无符号整型变量。d 的值为–1，补码形式为 32 个 1，也就是整型变量 d 在内存中存放的是 32 个 1。无符号整型变量 v 将符号位也当作数值位，故 v 的值为 $2^{32}-1$=4294967295。

（3）复合赋值运算符

在赋值符号前加上其他运算符可构成复合的运算符，称为复合赋值运算符。C 语言采用这种复合运算符可以简化程序，还可以提高编译效率。有关算术运算符的复合赋值运算符有+=、–=、*=、/=、%=。复合赋值运算符的优先级与赋值运算符优先级相同，结合性也是从右到左。

很多初学者对于复合赋值运算符不容易理解。复合赋值表达式可以转换成容易理解的赋值表达式。其过程如下：将原式中赋值符左边的变量写下来；赋值符照抄；将原式中赋值符左边的部分抄到赋值符右边；最后将原式中赋值符右边的表达式照抄，表达式最好用括号括起来，如图 3-12 所示。

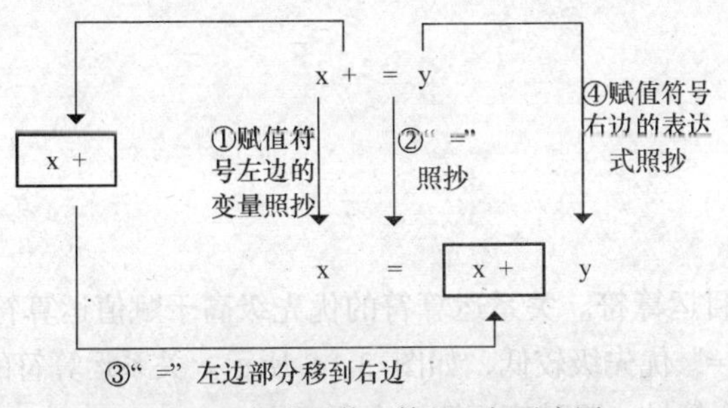

图 3-12　复合赋值运算的理解示意图

【例 3.21】 复合赋值运算符举例。

① a+=b　　<=>　　a=a+b

② a*=b　　<=>　　a=a*b

③ a%=b　　<=>　　a=a%b

④ a/=b+c　　<=>　　a=a/(b+c)

复合赋值运算符右边的表达式要加括号。

⑤ a%= a*= a+= (a=6)

复合赋值运算符具有从右到左结合性，先运算表达式 a=6，使得 a 的值为 6，且此表达式的值为 6。表达式 a+= (a=6)即 a+=6，相当于 a=a+6，a 的值变为 12，表达式 a+= (a=6)的值为 12。表达式 a*= a+= (a=6)即 a*=12，相当于 a=a*12，a 的值变为 144，表达式 a*= a+= (a=6)的值为 144。表达式 a%= a*= a+= (a=6)即 a%=144，相当于 a=a%144，a 的值变为 0，整个表达式的值为 0。运算过程如图 3-13 所示。

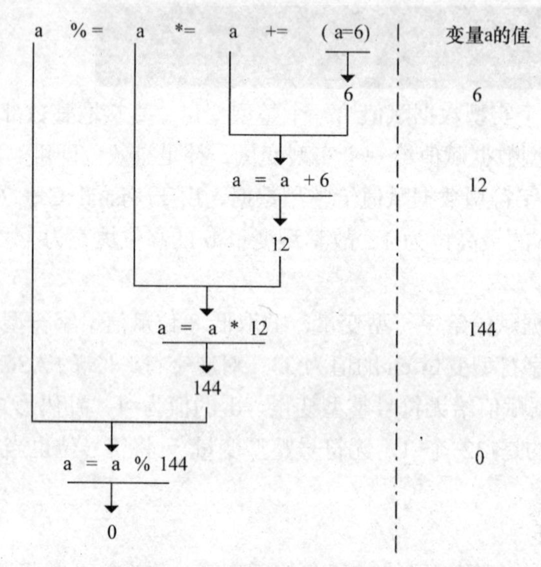

图 3-13　复合赋值运算示例图

3.5.3　关系运算符与关系表达式

关系运算在选择结构程序设计中经常用到。关系运算就是比较运算。

C 语言提供如下 6 种关系运算符。

<　　小于

<=　　小于或者等于

>　　大于

>=　　大于或者等于

==　　等于

!=　　不等于

关系运算符都是双目运算符。关系运算符的优先级高于赋值运算符，低于算术运算符。关系运算符中“==”和“!=”优先级较低，如图 3-14 所示。关系运算符的结合性为从左到右。关系运算符“等于”是两个等号，跟赋值运算符有所区别。

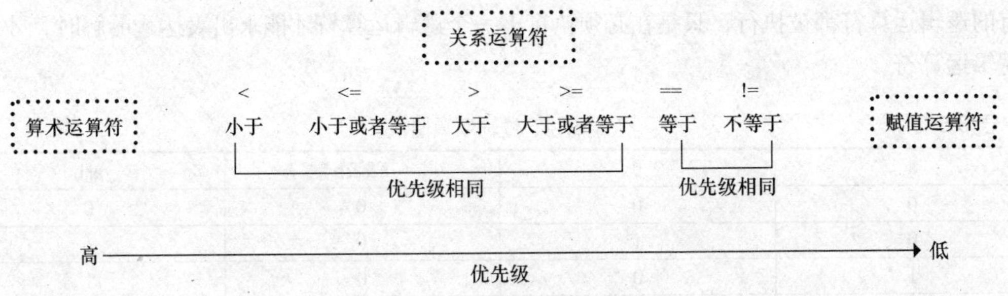

图 3-14　关系运算符优先级示意图

由关系运算符将表达式连接起来的式子称为关系表达式。被连接的式子可以是算术表达式、关系表达式、逻辑表达式、赋值表达式、字符表达式。关系表达式的值只有两种：1 或者 0。若关系表达式的值为真，则关系表达式的值为 1；若关系表达式的值为假，则关系表达式的值为 0。任意表达式若其值为 0，则为假；其值为非 0（例如表达式值为–1），则为真。在使用连续的几个关系运算符时，要注意与数学上关系运算符的区别，例如例 3.22 中的表达式 7<9<2。

【例 3.22】 关系表达式举例。

（1）'a'>='A'

比较字符 a 和字符 A 的 ASCII 码。小写字母 ASCII 码大于大写字母 ASCII 码，故表达式的值为 1。

（2）(a=12+1)>90

表达式 a=12+1 的值为 13，而 13 小于 90，整个表达式的值为 0。

（3）7<9<2

按照从左到右的结合性，先计算表达式 7<9 的值为 1，1 小于 2，整个表达式的值为 1。

3.5.4　逻辑运算符和逻辑表达式

逻辑运算符有三类：

!（ 逻辑非）　　　&&（逻辑与）　　　||（逻辑或）

!（ 逻辑非）为单目运算符，即参与运算的操作数只有一个。操作数的类型可以是整型、字符型或者实型。当操作数的值为非 0（逻辑真）时，逻辑非的结果为 0（逻辑假）；当操作数的值为 0（逻辑假）时，逻辑非的结果为 1（逻辑真），如图 3-15 所示。

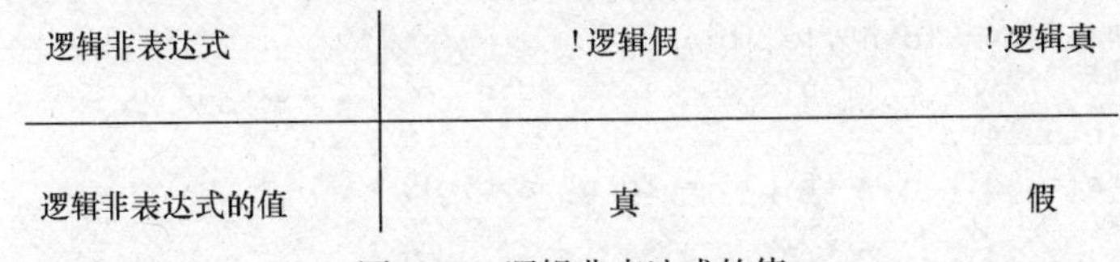

图 3-15　逻辑非表达式的值

&&（逻辑与）和||（逻辑或）都是双目运算符，即参与运算的操作数必须有两个。操作数的类型可以是整型、字符型或者实型。仅当两个操作数的值都为非 0（逻辑真）时，逻辑与的结果为 1（逻辑真）；否则，逻辑与的结果为 0（逻辑假）。仅当两个操作数的值都为 0（逻辑假），逻辑或的结果为 0（逻辑假）；两个操作数中只要一个的值为非 0（逻辑真），逻辑或的结果为 1（逻辑真），如表 3-5 所示。

用逻辑运算符将表达式连接起来的式子称为逻辑表达式。在逻辑表达式的求解中，并不是所有的逻辑运算符都被执行，只是在必须执行下一个逻辑运算符才能求出表达式的解时，才执行该逻辑运算符。

表 3-5　逻辑与、逻辑或真值表

a	b	a&&b	a||b
0	0	0	0
0	1	0	1
1	0	0	1
1	1	1	1

对于表达式 a&&b，若求得表达式 a 为逻辑假，则系统不计算表达式 b 的部分。因为逻辑与操作中，只要一个操作数为假，则整个表达式为假。同样对于表达式 a||b，若求得表达式 a 为逻辑真，则系统不计算表达式 b 的部分。因为逻辑或操作中，只要一个操作数为真，则整个表达式为真。

逻辑运算符中，逻辑非的优先级最高，逻辑与次之，逻辑或最低。逻辑非的优先级比算术运算符高，逻辑与和逻辑或的优先级比关系运算符低，比赋值运算符高，如图 3-16 所示。逻辑运算符具有从左到右结合性。

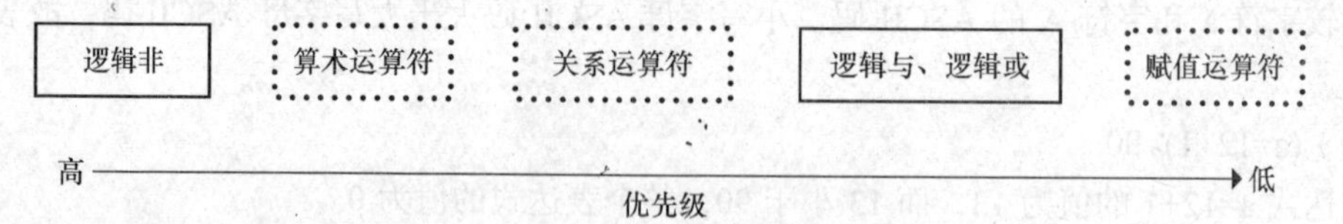

图 3-16　逻辑运算符优先级示意图

【例 3.23】 逻辑表达式举例。

```
/*p3_11.c*/
#include <stdio.h>
main()
{
    int a=-1,c;
    float b=34.56;
    printf("!a = %d\n",!a);
    printf("(a < b) && (a < 0) = %d\n",(a < b) && (a < 0));
    printf("!a&&!b = %d\n",!a&&!b);
    printf("!(a&&b) = %d\n",!(a&&b));
    printf("!a||b = %d\n",!a||b);
    printf("5 > 2 && 2 || b < 4 - !a = %d\n",5 > 2 && 2 || b < 4 - !a);
    c=a--||(b=3.14);
    printf("a = %d\t b = %f\t c = %d\n",a,b,c);
}
```

运行结果如下。

```
!a = 0
(a < b) && (a < 0) = 1
!a&&!b = 0
!(a&&b) = 0
!a||b = 1
5 > 2 && 2 || b < 4 - !a = 1
a = -2    b = 34.560001    c = 1
Press any key to continue
```

a 为实型变量–1，是一个非 0 的值，故!a 为假。

表达式（a<b）即–1<34.56 为真，且表达式（a<0）即–1<0 为真，故（a<b）&&（a<0）为真。

表达式!a 为假，故表达式!a&&!b 为假。

表达式 a 和表达式 b 为非 0，即为真，表达式 a&&b 为真，故表达式!(a&&b)为假。

表达式!a 为假，表达式 b 为非 0，故表达式!a||b 为真。

表达式 5 > 2 为真，且 2 为非 0，故表达式 5 > 2 && 2 为真。表达式 5 > 2 && 2 || b < 4 - !a 根据运算优先级可看成（5 > 2 && 2）||（b < 4 - !a），不需要计算表达式 b < 4 - !a，可以得到整个表达式 5 > 2 && 2 || b < 4 - !a 为真。

语句 c=a--||(b=3.14);中，a 先参与运算再自减 1，a 参与运算的值为–1，为非 0，参与逻辑或运算的表达式只要有一个非 0，则表达式的值为 1，故不需要计算表达式的值（b=3.14）就可得到 c 的值为 1。因此表达式（b=3.14）没有被计算，即 b 的值没有发生改变。而 a 的值由–1 变为–2。

变量 b 的值输出为 34.560001 是因为实型变量的输出中，超过有效位的数是无意义的。

3.5.5　条件运算符与条件表达式

条件运算符是 C 语言中唯一的一个三目运算符，它要求有 3 个运算对象，每个运算对象的类型可以是任意类型的表达式。条件运算符的一般形式如下：

表达式 1　？　表达式 2　：　表达式 3

条件运算符的计算过程是：计算表达式 1 的值，如果为非 0（逻辑真），则计算表达式 2 的值，并将表达式 2 的值作为整个条件表达式的结果值；如果表达式 1 的值为 0（逻辑假），则计算表达式 3 的值，并将表达式 3 的值作为整个条件表达式的结果值，如图 3-17 所示。根据条件假或者真，只能选择一个表达式的值作为整个表达式的结果。

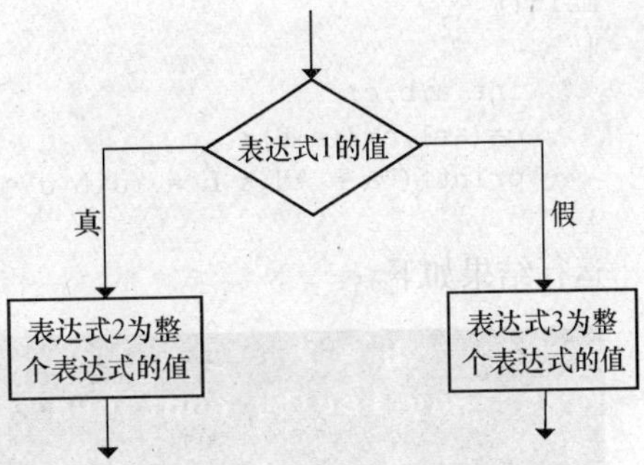

条件运算符的优先级高于赋值运算符，低于逻辑运算符。条件运算符的结合性是从右向左。由条件运算符连接它的 3 个运算对象构成的表达式称为条件表达式。

图 3-17　条件表达式的取值

【例 3.24】 条件表达式举例。

```
/*p3_12.c*/
#include <stdio.h>
main()
{
    int a=6,b=7,c,min;
    min=a<b?a:b;
    c=a++==--b?a++:b++;
    printf("a = %d\t b = %d\t c = %d\t min = %d\n",a,b,c,min);
}
```

运行结果如下。

```
a = 8    b = 6   c = 7   min = 6
Press any key to continue
```

（1）语句 min=a<b?a:b;相当于取 a 和 b 中较小的数，赋值给变量 min。

（2）语句 c=a++==--b?a++:b++;的运算过程如下。

① 判断表达式 a++==--b 的值，其中 a 先参与运算再自增 1，b 先自减 1 再参与运算，故该表达式的值为 1（逻辑真），并且 a 的值变为 7，b 的值变为 6。

② 由于条件成立，所以关系表达式的值取表达式 a++的值，a 先参与运算再自增 1，故将 a 的值 7 赋值给变量 c，然后 a 的值变为 8。

③ 条件表达式中，表达式 b++不需要进行计算，故 b 的值仍然是 6。

3.5.6 逗号运算符和逗号表达式

在 C 语言中，逗号“,”有两种用法：一种是用作分隔符，另一种是用作运算符。

在变量声明语句、函数调用语句等场合，逗号是作为分隔符使用的。

逗号表达式是由逗号运算符“,”与两个或者两个以上的表达式连接而成，其结果是最后一个表达式的结果值。

逗号运算符的一般形式如下：

表达式 1，表达式 2……表达式 n

逗号运算符的计算过程：依次计算表达式 1 的值，表达式 2 的值……表达式 n 的值，最后将表达式 n 的值作为整个表达式的结果值。逗号表达式又称为“顺序求值运算”。

逗号运算符的优先级在所有运算符中级别最低。逗号运算符的结合性为从左向右。

【例 3.25】逗号表达式举例。

```
/*p3_13.c*/
#include <stdio.h>
main()
{
    int a,b,c;
    c=(a=1,b=2,a+b);
    printf("a = %d\t b = %d\t c = %d\n",a,b,(a,b,c));
}
```

运行结果如下。

```
a = 1    b = 2    c = 3
Press any key to continue
```

（1）语句 c=(a=1,b=2,a+b);中，先计算 a=1，再计算 b=2，然后将表达式 a+b 的值赋值给变量 c，故 c 的值为 3。

（2）输出函数 printf 中的参数(a,b,c)为逗号表达式，取最后一个变量 c 的值。

3.6 标准输入输出函数

前面的例题中都涉及到数据的输出，本节将介绍几种输入输出函数。这里的输出是指将计算机中的数据在显示器上显示，输入则是从键盘将数据输入计算机中。输入输出是计算机中最基本的操作。

C 语言中数据的输入输出由 C 标准函数库中的函数实现，C 语言并没有专门的输入输出语句。本节介绍的输入输出函数包含在 stdio.h 标准库函数中，因此在调用此类函数时，需在文件开头有以下预处理命令。

```
#include <stdio.h>
```

或者

```
# include "stdio.h"
```

编译预处理命令以及 C 语言函数将在后面章节详细介绍。

3.6.1　字符输出函数

函数 putchar 是字符输出函数，其功能是向标准输出设备（一般指显示器）输出单个字符，并返回该字符的 ASCII 码值。此函数的返回值很少使用，初学者此时不用深究其含义，在后面章节中将会详细介绍函数。字符输出函数一般形式如下：

```
putchar(字符变量或者字符常量);
```

字符输出函数的函数原型为：int putchar(int)。

函数 putchar 是一个标准库函数，它的函数原型在头文件“stdio.h”中。putchar 不是 C 语言关键字，putchar 构成的输出语句也不是 C 语言基本输出语句。

字符输出函数括号内的参数只能是单个字符变量、单个字符常量或者字符的 ASCII 码值。若输出控制字符则执行控制功能，不在屏幕上显示。

【例 3.26】 字符输出函数举例。

```
/*p3_14.c*/
#include <stdio.h>
main()
{
    char ch='a',a='b';
    putchar('a');            /*语句一 输出字母 a*/
    putchar('\n');           /*语句二 回车，换行*/
    putchar(a);              /*语句三 输出变量 a*/
    putchar(ch);             /*语句四 输出字符变量 ch 的值*/
    putchar('\101');         /*语句五 输出字符 A*/
    putchar(65);             /*语句六 输出字符 A*/
    putchar('\n');           /*语句七 回车，换行*/
}
```

运行结果如下。

```
a
baAA
Press any key to continue
```

语句一直接输出字母，此时单引号不能丢，否则函数会把 a 当做变量处理。语句三中，字母 a 没有加单引号，函数认为 a 是变量，变量 a 已经被定义为字符型，且赋值为小写字母 b，故输出字母 b。语句五输出转义字符，单引号不能丢。语句六用到了大写字母 A 的 ASCII 码，不加单引号。

函数 putchar 只能输出单个字符，若要输出多个字符或者数字，需要用到函数 printf。

3.6.2 格式化输出函数

函数 printf 是格式输出函数，其功能是按用户指定的格式，向标准输出设备（一般指显示器）输出若干个各种类型的数据，并返回输出的字符数。格式输出函数调用的一般形式如下：

```
printf("格式控制字符串",输出项表);
```

格式控制串可由格式字符串和非格式字符串组成。非格式字符串按照原样输出，格式控制字符串用于指定输出格式。格式字符串是以%开头的字符串，在%后面跟有各种格式字符，以说明输出数据的类型、形式、长度、小数位数等。输出项表可以是 0 个、1 个或者多个输出项。每个输出项之间用逗号隔开，输出项可以是常量、变量或者表达式。

格式输出函数的函数原型为：

```
int printf(char*format [,argument,…])
```

函数 printf 是一个标准库函数，它的函数原型在头文件“stdio.h”中。printf 不是 C 语言关键字，printf 构成的输出语句也不是 C 语言基本输出语句。

格式控制字符串以%开头，以格式字符结束，中间可插入相应的长度说明、宽度说明、左对齐符号等。格式说明必须跟输出项按顺序对应，一般要求输出项的数据类型与格式说明相符。

下面介绍几种常用的格式字符。

（1）d 格式字符：输出十进制整数。有以下几种用法。

① %d：按照整型数据的实际长度输出。

② %md（%-md）：按照指定宽度 m 输出整型数据。如果整型数据位数小于 m，则在数据左（右）边补空格；否则按照数据实际长度输出。

（2）o 格式字符：以八进制形式输出整数，将内存单元中的所有二进制数值（包括符号位）转换成无符号的八进制形式输出。

（3）x（X）格式字符：以十六进制形式输出整数，将内存单元中的所有二进制数值（包括符号位）转换成无符号的十六进制形式输出。大写 X 表示输出数据中的 a，b，c，d，e，f 用大写形式。

（4）u 格式字符：以十进制形式输出无符号型数据，将内存单元中的所有二进制数值（包括符号位）转换成无符号的十进制形式输出。

（5）c 格式字符：输出一个字符。也有%mc 和%-mc 的形式，其含义与%md 相同。

（6）s 格式字符：输出一个字符串。有以下几种用法。

① %s：按照字符串的实际长度输出。

② %ms（%-ms）：按照指定宽度 m 输出字符串数据。如果字符串位数小于 m，则在数据左（右）边补空格；否则按照字符串实际长度输出。

③ %m.ns（%-m.ns）：截取字符串左端 n 个字符按照指定宽度 m 输出。如果 n>m，则直接输出截取的 n 个字符；如果 n<m，则输出截取的 n 个字符，且在字符左（右）边补空格，使得输出的字符串宽度为 m。若省略 m，则直接输出字符串左端 n 个字符。

（7）f 格式字符：以小数形式输出实数。有以下几种用法。

① %f：整数部分全部输出，小数部分输出 6 位。

② %m.nf（%-m.nf）：按照指定宽度 m（包括整数部分、小数点和小数部分）输出数据，小数部分为 n 位。如果数值宽度小于 m，则在左（右）边补空格；否则，整数部分全部输出，小数部分输出 n 位。如果省略 m，则整数部分全部输出，小数部分输出 n 位。

（8）e 格式字符：以指数形式输出实数。有以下几种用法。

① %e：输出数据宽度共占 13 位（Visual C++ 6.0 中），其中整数部分非零数字占 1 位，小数点占 1 位，小数部分占 6 位，e 占 1 位，指数符号占 1 位，指数占 3 位。

② %m.ne（%-m.ne）：m、n 和-的含义跟 f 格式字符中介绍的相同，只是这里的 n 是指输出数据尾数的小数部分位数（Visual C++ 6.0 中）。

（9）g 格式字符：根据数值的大小，自动选取 f 格式或者 e 格式中所占宽度较小的格式输出实数，且不输出无意义的 0。

上面介绍的几种格式字符可归纳如表 3-6 所示。

表 3-6　printf 格式字符说明表

格式字符	意　义
d	以十进制形式输出带符号整数（正数不输出符号）
o	以八进制形式输出无符号整数（不输出前缀 0）
x，X	以十六进制形式输出无符号整数（不输出前缀 Ox）
u	以十进制形式输出无符号整数
f	以小数形式输出单、双精度实数
e，E	以指数形式输出单、双精度实数
g，G	以%f 或%e 中较短的输出宽度输出单、双精度实数
c	输出单个字符
s	输出字符串

【例 3.27】 格式输出函数举例。

```
/*p3_15.c*/
#include <stdio.h>
main()
{
    int i,j,q;
    float f1,f2;
    char ch1;
    i=97;
    ch1='a';
    printf("0 i=%d,%c\t ch1=%d,%c,%4c\n",i,i,ch1,ch1,ch1);
    /*输出语句 0，分别用整型和字符型输出整型和字符型数据*/
    j=123456;
    printf("1 j=%d,%3d,%9d,%-9d,\n",j,j,j,j);
    /*输出语句 1，按照指定宽度输出数据*/
    q=-2;
    printf("2 q=%d,%o,%x,%X,%u\n",q,q,q,q,q);
    /*输出语句 2，以八进制、十六进制和无符号形式输出数据*/
    printf("3 %s,%7s,%-7s,%4.2s,%-4.2s,\n","VISUAL","VISUAL","VISUAL","VISUAL",
    "VISUAL","VISUAL");
    /*输出语句 3，输出字符串*/
    f1=1234.1234;
    printf("4 f1=%f,%12f,%-12f,%9.2f,%.2f\n",f1,f1,f1,f1,f1);
    /*输出语句 4，小数形式输出实数*/
    printf("5 f1=%e,%6e,%12.3e,%.3e\n",f1,f1,f1,f1);
```

```
    /*输出语句 5，指数形式输出实数*/
    f2=123456789.123456789;
    printf("6 f1=%f,%e,%g;\n7 f2=%f,%e,%g\n",f1,f1,f1,f2,f2,f2);
    /*输出语句 6，输出语句 7，指数形式输出实数*/
    printf("8 %d%%\t %%d\n",i,i);
    /*输出语句 8，百分符号的输出，格式控制串中用两个连续的百分符号表示输出一个百分符号*/
}
```

运行结果如下。

```
0 i=97,a        ch1=97,a,    a
1 j=123456,123456,   123456,123456   ,
2 q=-2,37777777776,fffffffe,FFFFFFFE,4294967294
3 VISUAL, VISUAL,VISUAL ,  VI,VI  ,
4 f1=1234.123413, 1234.123413,1234.123413 ,  1234.12,1234.12
5 f1=1.234123e+003,1.234123e+003,  1.234e+003,1.234e+003
6 f1=1234.123413,1.234123e+003,1234.12;
7 f2=123456792.000000,1.234568e+008,1.23457e+008
8 97%    %d
Press any key to continue
```

输出语句 0 中，整型变量 i 以整型数据输出为 97，i 以字符型数据输出为 ASCII 码值为 97 的字母‘a’。字符型变量 ch1 以整型数据输出为字母‘a’对应 ASCII 码值 97，字符型变量 ch1 以字符型数据输出为字母‘a’，字符型变量 ch1 以‘%4c’形式输出时，在输出字符‘a’前加 3 个空格。

输出语句 1 中，整型变量 j 有 6 位，以‘%3d’形式输出时，由于 3 小于 6，故按原样输出。j 以‘%9d’形式输出时，在前面补 3 个空格。j 以‘%-9d’形式输出时，在后面补 3 个空格。

输出语句 2 中，整型变量 q 以整型数据输出为–2，以八进制、十六进制和无符号形式输出时，将变量 q 处理为无符号型数据输出。整型数据–2 在内存中存放为 1111 1111 1111 1111 1111 1111 1111 1110 当做无符号数转换成八进制、十六进制和十进制时，分别为 37777777776、fffffffe、4294967294。

输出语句 3 中，字符串“VISUAL”以‘%7s’和‘%-7s’形式输出，分别在其前后各加 1（7–6）个空格。字符串“VISUAL”以‘%4.2s’形式输出时，取字符串中 2 位后，在其前面加 2 个空格输出。字符串“VISUAL”以‘%-4.2s’形式输出时，取字符串中 2 位后，在其后面加 2 个空格输出。

输出语句 4 中，实型变量 f1 以实型数据‘%f’形式输出时，由于 f1 小数部分为 4 位，‘%f’形式输出默认小数位为 6 位，故在其后随机添加 2 位数字再输出。实型变量 f1 以实型数据‘%12f’形式输出时，由于实型变量 f1 整数部分有 4 位，小数点占 1 位，小数部分随机添加 2 位数字后占 6 位，故在其前面加 1（12–4–1–6）个空格。类似的，实型变量 f1 以实型数据‘%-12f’形式输出时，在其小数部分随机添加 2 位数字后，在其后面补 1 个空格输出。实型变量 f1 以‘%9.2f’形式输出时，小数部分取 2 位，加上小数点占 1 位以及整数部分占 4 位，故在其前面补 2（9–4–1–2）个空格输出。实型变量 f1 以‘%.2f’形式输出时，小数部分取 2 位，整数部分原样输出，不添加空格。

输出语句 5 中，实型变量 f1 以‘%e’形式输出时，整数部分非零数字占 1 位，小数点占 1 位，小数部分占 6 位，e 占 1 位，指数符号占 1 位，指数占 3 位，数据宽度共占 13 位。实型变量 f1 以‘%6e’形式输出时，由于 6 小于 13，故与‘%e’形式输出相同。实型变量 f1 以‘%12.3e’形式输出时，整数部分占 1 位，小数部分取 3 位，小数点占 1 位，e 占 1 位，指数符号占 1 位，指数占 3 位，共 10 位，故在其前面补 2（12–10）个空格。类似的，实型变量 f1 以‘%.3e’形式输出时，整数部分占 1 位，小数部分取 3 位，小数点占 1 位，e 占 1 位，指数符号占 1 位，指数占 3 位，共 10 位，不需要补 0。

输出语句 6 和输出语句 7 中，实型变量 f1 和 f2 分别以 f、e 和 g 形式输出数据。

输出语句 8 中，格式控制字符串为 8 %d%%\t %%d\n。其中，8 原样输出，空格原样输出。%d 表示输出实型数据，其值为输出项表中第一项，即变量 i 的值 97。%%表示输出百分符号。转义字符‘\t’为制表符。%%d 表示输出一个百分符号和字母 d。转义字符‘\n’为回车。输出项表中的第二项变量 i 不会输出。

3.6.3 字符输入函数

函数 getchar 是字符输入函数，其功能是从输入设备（一般指键盘）输入一个字符到计算机，并返回该字符的 ASCII 码值。字符输入函数一般形式如下：

```
getchar();
```

字符输入函数的函数原型为：

```
int getchar(void)
```

通常把输入的字符赋值给一个字符变量，也可以赋值给一个整型变量。此时需要用到函数的返回值。

函数 getchar 是一个标准库函数，它的函数原型在头文件“stdio.h”中。getchar 不是 C 语言关键字，getchar 构成的输出语句也不是 C 语言基本输出语句。

【例 3.28】 字符输入函数举例。

```
/*p3_16.c*/
#include <stdio.h>
main()
{
    char ch1,ch2,ch3;
    printf("input:\n");
    ch1=getchar();
    ch2=getchar();
    ch3=getchar();
    printf("output:\n");
    putchar(ch1);
    putchar(ch2);
    putchar(ch3);
}
```

从键盘输入：a 回车 b 回车

运行结果如下。

```
input:
a
b
output:
a
bPress any key to continue
```

程序从键盘连续取 3 个字符，再从显示器输出 3 个字符。字母 a 被赋值给 ch1，回车被赋值给 ch2，字母 b 被赋值给 ch3。最后一个回车按下才会输出字符变量 ch1、ch2 和 ch3。

执行程序时，输入某个字符后，需继续按键才会继续执行函数 putchar 以后的语句。当语句 ch3=getchar();执行以后，需继续按键才会执行后面的输出语句。下面要学习的函数 scanf 执行后面的语句则不需要继续按键。

3.6.4 格式化输入函数

函数 scanf 是格式输入函数，其功能是将键盘输入的数据赋值给指定的单元，并返回输入的数据个数。此函数的返回值很少使用。格式输入函数调用的一般形式如下：

```
scanf ("格式控制字符串",地址列表);
```

地址列表用逗号隔开，是由若干个地址组成的列表，可以是变量的地址，也可以是字符串的首地址，或者是指针变量。本章只要学会在地址列表中使用变量的地址，字符串和指针将在后面的章节学习。格式控制字符串可以包括普通字符、转义字符和格式说明。为了避免出错，一般格式控制字符串中只要包含格式说明即可。

格式输出函数的函数原型为：

```
int scanf (char*format [,argument,…])
```

函数 scanf 是一个标准库函数，它的函数原型在头文件“stdio.h”中。scanf 不是 C 语言关键字，scanf 构成的输出语句也不是 C 语言基本输出语句。

格式控制字符串中的普通字符和转义字符是在程序执行过程中需要从键盘原样输入的内容，不建议使用。格式控制字符串中的格式说明是以%开头，以格式字符（见表 3-7）结束，中间可以插入长度说明、宽度说明等。格式字符表示输入的数据转换后的数据类型。

表 3-7 scanf 格式字符说明表

格　式	字 符 意 义
d	输入十进制整数
o	输入八进制整数
x	输入十六进制整数
u	输入无符号十进制整数
f 或 e	输入实型数（用小数形式或指数形式）
c	输入单个字符
s	输入字符串

（1）格式控制字符串中的字符不是用来输出的，是用来说明输入变量的数据类型的。例如，语句 scanf("a=%d，f=%f",&a,&f);编译时不会出错，在执行时，变量可能不会被正确赋值。若整型变量 a 和实型变量 f 要被正确赋值为 1 和 2.3，必须在输入 a 和 f 的数值时用 a=1，f=2.3 的形式（Visual C++ 6.0 中）。

（2）地址列表中的项只能是变地址，不能是变量或者表达式。例如，语句 scanf("%d%f",a,f1);在编译时会出现警告提示，在执行时，程序会出错而停止执行（Visual C++ 6.0 中）。

（3）格式说明与地址列表中的变量的数据类型要一一对应。例如，若 a 为整型变量，f1 为实型变量，语句 scanf("%f%d",&a, &f1); 在编译时不会出错，在执行时，整型变量 a 和实型变量 f 不会被正确赋值（Visual C++ 6.0 中）。

（4）输入数值型数据时，两个数据之间可以通过键入以下几个键隔开：空格，制表符（Tab），回车。输入字符型数据时，不需要使用分隔符，否则分隔符也将作为字符型数据被赋值给相应变量。见例 3.29 中字符数据的输入输出。

（5）格式控制字符串中格式说明与输入项的个数应对应。如果格式说明个数少于输入项个数，则多余的输入项得不到正确数据；如果格式说明个数多余输入项个数，则对于多余的格式，输入数据不使用。

（6）输入的实数不允许规定精度。

（7）若指定了输入数据所占宽度，则系统将自动截取所需数据。见例 3.29 中的语句 scanf("%2d%3d%4d",&b,&c,&d);的运行。如果在指定宽度时加入“*”，则该部分输入数据将被忽略。见例 3.29 中的语句 scanf("%2d%*2d%3d%4d",&b,&c,&d);的执行。

【例 3.29】 格式输入函数举例。

```
/*p3_17.c*/
#include <stdio.h>
main()
{
    int a,b,c,d;
    float f1;
    char ch1,ch2,ch3;
    scanf("%d%f",&a,&f1);
  /*语句 1，从键盘取值*/
    printf("a=%d,f1=%f\n",a,f1);
  /*语句 2，输出变量的值*/
    scanf("%2d%3d%4d",&b,&c,&d);
  /*语句 3，从键盘取值，并规定变量位数*/
    printf("b=%d,c=%d,d=%d\n",b,c,d);
  /*语句 4，输出变量的值*/
    scanf("%2d%*2d%3d%4d",&b,&c,&d);
  /*语句 5，从键盘取值，并规定变量位数*/
    printf("b=%d,c=%d,d=%d\n",b,c,d);
  /*语句 6，输出变量的值*/
    scanf("%c%c%c",&ch1,&ch2,&ch3);
  /*语句 7，从键盘取值*/
    printf("ch1=%c,ch2=%c,ch3=%cTHE END!\n",ch1,ch2,ch3);
  /*语句 8，输出变量的值*/
}
```

从键盘输入：

```
2 回车 1.2 回车
```

显示：

```
a=2,f1=1.200000
```

从键盘键入：

```
123456789 回车
```

显示：

```
b=12,c=345,d=6789
```

从键盘键入：

```
12345678901 空格 a 回车
```

显示：

```
b=12,c=567,d=8901
ch1= ,ch2=a,ch3=
THE END!
```

运行结果如下。

```
2
1.2
a=2,f1=1.200000
123456789
b=12,c=345,d=6789
12345678901 a
b=12,c=567,d=8901
ch1= ,ch2=a,ch3=
THE END!
Press any key to continue
```

语句 1 从键盘取整型变量 a 和实型变量 f1 的值。从键盘输入了 2 回车 1.2 回车，则整型变量 a 被赋值为 2，实型变量 f1 被赋值为 1.2。语句 2 输出变量 a 和 f1 的值。

语句 3 中，格式控制字符串为%2d%3d%4d，地址列表为&b,&c,&d，从键盘输入 123456789 回车，则 12 两位被赋值给变量 b，345 三位被赋值给变量 c，6789 四位被赋值给变量 d。语句 4 输出变量的值。

语句 5 中，格式控制字符串为%2d%*2d%3d%4d，地址列表为&b,&c,&d，从键盘输入 12345678901 空格 a 回车，则 12 两位被赋值给变量 b，34 两位被忽略，567 三位被赋值给变量 c，8901 四位被赋值给变量 d。空格 a 回车将用到输入语句 7 中。

语句 7 中，格式控制字符串为%c%c%c，地址列表为&ch1,&ch2,&ch3，空格 a 回车将分别被赋值给变量 ch1、ch2 和 ch3。

语句 6 输出变量 b、c 和 d 的值。语句 8 输出变量 ch1、ch2 和 ch3 的值，“THE END!”另起一行输出是因为变量 ch3 的值为回车换行。

3.7 应用与提高

目前我们只学习了常量、变量及输入、输出等基本知识，在成绩管理系统中，我们只能实现从键盘上输入学生的成绩，计算出各学生的平均成绩并输出。

功能要求：从键盘上输入三名学生的四门课程成绩，并输出三名学生的平均成绩，成绩保留一位小数。

设计：根据已学知识，要想实现对三名学生的四门课程成绩进行处理，必须定义 12 个变量来保存，因为学习成绩有可能有小数，所以，这 12 个变量的类型定义为 float 型。该功能还要计算出三名学生的平均成绩，所以，还要定义三个 float 类型的变量。

本章功能较为简单，完成该功能的过程可以用自然语言表示：①定义变量；②从键盘上输入三名学生的四门课程的成绩；③计算每名学生的平均成绩；④输出每名学生的平均成绩。

实现的代码如下。

```
#include<stdio.h>
main()
{
```

```
    /*第一步：定义变量*/
    float x1,x2,x3,x4,y1,y2,y3,y4,z1,z2,z3,z4,a1,a2,a3;
    /*第二步：从键盘上输入学生的成绩*/
    printf("请输入第一名学生的四门成绩：");
    scanf("%f%f%f%f",&x1,&x2,&x3,&x4);
    printf("请输入第二名学生的四门成绩：");
    scanf("%f%f%f%f",&y1,&y2,&y3,&y4);
    printf("请输入第三名学生的四门成绩：");
    scanf("%f%f%f%f",&z1,&z2,&z3,&z4);
    /*第三步：计算学生的平均成绩*/
    a1=(x1+x2+x3+x4)/4;
    a2=(y1+y2+y3+y4)/4;
    a3=(z1+z2+z3+z4)/4;
    /*第四步：输出平均成绩*/
    printf("第一名学生的平均成绩是：%.1f\n",a1);
    printf("第二名学生的平均成绩是：%.1f\n",a2);
    printf("第三名学生的平均成绩是：%.1f\n",a3);
}
```

运行结果如下。

```
请输入第一名学生的四门成绩：88 76 92 68
请输入第二名学生的四门成绩：67 79 76 80
请输入第三名学生的四门成绩：84 77 69 82
第一名学生的平均成绩是：81.0
第二名学生的平均成绩是：75.5
第三名学生的平均成绩是：78.0
Press any key to continue
```

3.8 本章小结

本章学习了基本数据类型的定义和各类运算，并学习了如何输入和输出这些类型的数据。C 语言中的数据必须先定义后使用，本章的知识是进行程序设计的基础。

习题三

一、选择题

1. 若有定义和语句：int a, b; scanf("%d,%d",&a,&b); 以下选项中的输入数据，不能把值 3 赋给变量 a、5 赋给变量 b 的是（　　）。（2012 年 9 月全国计算机等级考试二级 C 语言笔试试题）

A. 3,5,　　B. 3,5,4　　C. 3 空格,5　　D. 3,5

2. 以下选项中，可作为 C 语言合法常量的是（　　）。（2012 年 3 月全国计算机等级考试

二级 C 语言笔试试题）

A. -80　　B. -080　　C. -8c1.0　　D. -80.0e

3. 当变量 c 的值不为 2、4、6 时，值也为“真”的表达式是（　　）。（2012 年 3 月全国计算机等级考试二级 C 语言笔试试题）

A. (c==2)||(c==4)||(c==6)　　B. (c>=2&&c<=6)||(c!=3)||(c!=5)

C. (c>=2&&c<=6) &&!(c%2)　　D. (c>=2&&c<=6) &&(c%2!=1)

4. 以下选项中，不能用作 C 程序合法常量的是（　　）。（2011 年 3 月全国计算机等级考试二级 C 语言笔试试题）

A. 1,234　　B. '123'　　C. 123　　D. "\x7G"

5. 以下选项中，可用作 C 程序合法实数的是（　　）。（2011 年 3 月全国计算机等级考试二级 C 语言笔试试题）

A. .1e0　　B. 3.0e0.2　　C. E9　　D. 9.12E

6. 若有定义语句：int a=3,b=2,c=1;，以下选项中，错误的赋值表达式是（　　）。（2011 年 3 月全国计算机等级考试二级 C 语言笔试试题）

A. a=(b=4)=3;　　B. a=b=c+1;　　C. a=(b=4)+c;　　D. a=1+(b=c=4);

7. 有以下定义：int a; long b; double x，y;，则以下选项中表达式正确的是（　　）。（2010 年 9 月全国计算机等级考试二级 C 语言笔试试题）

A. a%（int）(x-y）　　B. a=x!=y;　　C.（a*y）%b　　D. y=x+y=x

8. 以下选项中能表示合法常量的是（　　）。（2010 年 9 月全国计算机等级考试二级 C 语言笔试试题）

A. 整数：1，200　　B. 实数：1.5E2.0

C. 字符斜杠：'\'　　D. 字符串："\007"

9. 表达式 a+=a-=a=9 的值是（　　）。（2010 年 9 月全国计算机等级考试二级 C 语言笔试试题）

A. 9　　B. -9　　C. 18　　D. 0

10. 若有定义：double a=22;int i=0,k=18;，则不符合 C 语言规定的赋值语句是（　　）。（2010 年 3 月全国计算机等级考试二级 C 语言笔试试题）

A. a=a++,i++;　　B. i=(a+k)<=(i+k);　　C. i=a;　　D. i=!a;

11. 有以下程序

```
#include
main()
{ char a,b,c,d;
scanf("%c%c",&a,&b);
c=getchar(); d=getchar();
printf("%c%c%c%c\n",a,b,c,d);
}
```

当执行程序时，按下列方式输入数据（从第 1 列开始，代表回车，注意：回车也是一个字符）。

```
12
34
```

则输出结果是（　　）。（2010 年 3 月全国计算机等级考试二级 C 语言笔试试题）

A. 1234　　B. 12

C. 12
3

D. 12
34

12. 若a是数值类型，则逻辑表达式(a==1)||(a!=1)的值是（　　）。（2010年3月全国计算机等级考试二级C语言笔试试题）

A. 1　　B. 0
C. 2　　D. 不知道a的值，不能确定

13. 表达式：(int)((double)9/2)-(9)%2 的值是（　　）。（2009年9月全国计算机等级考试二级C语言笔试试题）

A. 0　　B. 3　　C. 4　　D. 5

14. 若有定义语句：int x=10;，则表达式 x-=x+x 的值为（　　）。（2009年9月全国计算机等级考试二级C语言笔试试题）

A. -20　　B. -10　　C. 0　　D. 10

15. 有以下程序

```
#include <stdio.h>
main()
{ int a=1,b=0;
printf("%d,",b=a+b);
printf("%d\n",a=2*b);
}
```

程序运行后的输出结果是（　　）。（2009年9月全国计算机等级考试二级C语言笔试试题）

A. 0,0　　B. 1,0　　C. 3,2　　D. 1,2

16. 以下选项中，能用作数据常量的是（　　）。（2009年3月全国计算机等级考试二级C语言笔试试题）

A. o115　　B. 0118　　C. 1.5e1.5　　D. 115L

17. 设有定义:int x=2;，以下表达式中，值不为6的是（　　）。（2009年3月全国计算机等级考试二级C语言笔试试题）

A. x*=x+1　　B. X++,2*x　　C. x*=(1+x)　　D. 2*x,x+=2

18. 程序段:int x=12; double y=3.141593;printf("%d%8.6f",x,y);的输出结果是（　　）。（2009年3月全国计算机等级考试二级C语言笔试试题）

A. 123.141593　　B. 12 3.141593　　C. 12,3.141593　　D. 123.1415930

19. 以下选项中不能作为C语言合法常量的是（　　）。（2008年9月全国计算机等级考试二级C语言笔试试题）

A. ’cd’　　B. 0.1e+6　　C. ”\a”　　D. ”\011”

20. 以下选项中正确的定义语句是（　　）。（2008年9月全国计算机等级考试二级C语言笔试试题）

A. double a;b;　　B. double a=b=7;
C. double a=7,b=7;　　D. double ,a,b;

21. 以下不能正确表示代数式的C语言表达式是（　　）。（2008年9月全国计算机等级考试二级C语言笔试试题）

A. 2*a*b/c/d　　B. a*b/c/d*2

C. a/c/d*b*2　　　　D. 2*a*b/c*d

22. C 源程序中不能表示的数制是（　　）。（2008 年 9 月全国计算机等级考试二级 C 语言笔试试题）

A. 二进制　　B. 八进制　　C. 十进制　　D. 十六进制

23. 若有表达式(w)?(--x):(++y)，则其中与 w 等价的表达式是（　　）。（2008 年 9 月全国计算机等级考试二级 C 语言笔试试题）

A. w= =1　　B. w= =0　　C. w!=1　　D. w!=0

24. 执行以下程序段后，w 的值为（　　）。（2008 年 9 月全国计算机等级考试二级 C 语言笔试试题）

```
int w='A',x=14,y=15;
w=((x||y)&&(w<'a'));
```

A. -1　　B. NULL　　C. 1　　D. 0

25. 若变量已正确定义为 int 型，要通过语句 scanf("%d,%d,%d",&a,&b,&c);给 a 赋值 1，给 b 赋值 2，给 c 赋值 3，以下输入形式中错误的是（u 代表一个空格符）（　　）。（2008 年 9 月全国计算机等级考试二级 C 语言笔试试题）

A. uuu1,2,3<回车>　　　　B. 1u2u3<回车>

C. 1,uuu2, uuu3<回车>　　　　D. 1,2,3<回车>

26. 有以下程序段

```
char name[20];
int num;
scanf("name=%s num=%d",name;&num);
```

当执行上述程序段，并从键盘输入：name=Lili num=1001<回车>后，name 的值为（　　）。（2011 年 3 月全国计算机等级考试二级 C 语言笔试试题）

A. Lili　　B. name=Lili　　C. Lili num=　　D. name=Lili num=1001

27. 以下选项中不正确的整型常量是（　　）。

A. 12L　　B. -12　　C. 123U　　D. 1.600

28. 表达式 !(x>0||y>0)等价于（　　）。

A. !x>0||!y>0　　B. !(x>0)||!(y>0)　　C. !x>0&&!y>0　　D. !(x>0)&&!(y>0)

29. 若变量已正确定义并赋值，表达式（　　）不符合 C 语言语法。

A. 1&&3　　B. +a　　C. a=b=9　　D. int(3.14159)

30. 若变量已正确定义，执行语句 scanf("%d%d%d",&a,&b,&c);时，（　　）是正确的输入。

A. 1234,56　　B. 12　34　56　　C. 12, 34 56　　D. 12, 34,56

31. 表达式（　　）的值是 0。

A. 1%2　　B. 1/3.0　　C. 1/3　　D. 3<5

二、填空题

1. 有以下程序(说明：字符 0 的 ASCII 码值为 48)

```
#include
main()
{
    char c1,c2;
    scanf("%d",&c1);
    c2=c1+9;
    printf("%c%c\n",c1,c2);
```

```
}
```

若程序运行时从键盘输入 48<回车>，则输出结果为________。（2011 年 3 月全国计算机等级考试二级 C 语言笔试试题）。

2. 以下程序运行后的输出结果是________。（2010 年 9 月全国计算机等级考试二级 C 语言笔试试题）

```
#include<stdio.h>
Main()
{
    int a=200, b=010;
    printf("%d%d\n", a, b);
}
```

3. 有以下程序

```
#include<stdio.h>
main()
{
    int x,y;
    scanf("%2d%ld",&x, &y);
    printf("%d\n", x+y);
}
```

程序运行时输入：1234567，程序的运行结果是________。（2010 年 9 月全国计算机等级考试二级 C 语言笔试试题）

4. 若有语句 double x=17;int y;，当执行 y=(int)(x/5)%2;之后 y 的值为________。（2009 年 9 月全国计算机等级考试二级 C 语言笔试试题）

5. 表达式(int)((double)(5/2)+2.5)的值是________。（2009 年 3 月全国计算机等级考试二级 C 语言笔试试题）

6. 若变量 x、y 已定义为 int 类型且 x 的值为 99，y 的值为 9，请将输出语句 printf________，x/y)；补充完整，使其输出的计算结果形式为：x/y=11。（2009 年 3 月全国计算机等级考试二级 C 语言笔试试题）

7. 若整型变量 a 和 b 中的值分别为 7 和 9，要求按以下格式输出 a 和 b 的值：

```
a=7
b=9
```

请完成输出语句：printf("____________",a,b); （2008 年 9 月全国计算机等级考试二级 C 语言笔试试题）

8. 已知字母 A 的 ASCII 码为 65。以下程序运行后的输出结果是________。（2005 年 9 月全国计算机等级考试二级 C 语言笔试试题）

```
main()
{
    char  a, b;
    a='A'+5-3;
    b=a+6-2 ;
    printf("%d  %c\n", a, b);
}
```

9. 以下程序运行后的输出结果是________。（2005 年 9 月全国计算机等级考试二级 C 语言笔试试题）

```
main()
{
```

```
char c;
int n=100;
float f=10;
double x;
x=f*=n/=(c=50);
printf("%d %f\n",n,x);
}
```

10. 以下程序运行后的输出结果是________。（2005 年 9 月全国计算机等级考试二级 C 语言笔试试题）

```
main()
{
int x=0210;
printf("%X\n",x);
}
```

三、简答题

1. 若有以下变量定义：

```
int a=123,b=34567;
```

请写出以下输出语句的执行结果

（1）printf("%d, %d\n",a,b);

（2）printf("a=%d,b=%d\n",a,b);

（3）printf("a=%d\t,b=%d\n",a,b);

（4）printf("a=%d\n,b=%d\n",a,b);

2. 已定义整型变量 i、j、k，字符型变量 ch1、ch2、ch3，用以下输入语句：

```
scanf("%d%d%d",i,j,k);
scanf("%c",&ch1);
ch2=getchar();
scanf("%c",&ch3)
```

使得 i=1，j=2，k=3，ch1='a'，ch2='b'，ch3='c'，则应从键盘输入：________。

3. C 语言规定所用到的变量要“先定义，后使用”，这样做有什么好处?

4. 字符变量、字符常量和字符串常量有什么区别?

5. 写出以下程序运行结果。

```
#include<stdio.h>
main()
{
    int i=1,j=1,a,b;
    char ch1='a',ch2,ch3='\101';
    a=i++;
    b=++j;
    ch2=ch1-32;
    printf("i=%d\t j=%d\n",i,j);
    printf("a=%d\t b=%d\n",a,b);
    printf("ch1=%c\t ch2=%c\t ch3=%c\n",ch1,ch2,ch3);
}
```

四、编程题

1. 编写程序，输入 3 个整数给整型变量 a、b、c，求其中的最大数和最小数，并输出。

2. 编写程序，输入 3 个小数给实型变量 f1、f2、f3，求其平均数，按照只显示两位小数的形式输出变量 f1、f2、f3 及其平均数。

3. 若 a=1，b=2，c=3，f1=123.456，ch1='a'，ch2='b'，请补充下列程序，得到以下输出格式和结果。

```
a=   1,b=2   ,c=3
f1=123.456
f1=  123.456
ch1=a or 97(ASCII)
ch2=b or 98(ASCII)
Press any key to continue
```

```
#include<stdio.h>
main()
{
    float f1=123.456;
    int a=1,b=2,c=3;
    char ch1='a',ch2='b';
    printf("a=______,b=_______,c=%d\n",a,b,c);
    printf("f1=%.____f\n",f1);
    printf("f1=%9.3f\n",f1);
    printf("ch1=________or%d (ASCII)\n",ch1,ch1);
    printf("ch2=%c or ______(ASCII)\n",ch2,ch2);
}
```

4. 李雷开了一家网店，出售自粘型防蚊纱窗，纱窗的价格=纱网（8 元/平方）+四周魔术贴（2 元/米）+加工费（3 元/个）。计算的价格舍去小数部分。例如一个长 1 米，宽 1.25 米的纱窗价格计算如下。

纱网价格：1×1.15×8=9.2（元）舍去小数部分为 9 元。

四周魔术贴价格：（1+1.15）×2×2=8.6（元）舍去小数部分为 8 元。

加工费：3 元。

合计：9+8+3=20（元）。

请补充下列程序，帮李雷快速计算出顾客定做的纱窗价格。

```
#include<stdio.h>
#define  SAWDJ                                /*定义符号常量纱网单价*/
#define  BIANDJ   2                           /*定义符号常量魔术贴边单价*/
#define  JIAGDJ                               /*定义符号常量加工费*/
main()
{
    ____   chang,kuan;                        /*定义纱窗长和宽为实型变量*/
    ___   sw,bian,zongjia;                    /*定义纱网价格、魔术贴价格和总价为整型变量*/
    printf("input:\n");                       /*从键盘输入数据提示*/
    scanf("_______",&chang,&kuan);            /*从键盘读入纱窗尺寸*/
    sw=chang*kuan*SAWDJ;                      /*计算纱网价格*/
    bian=(chang+kuan)*2*BIANDJ;               /*计算魔术贴边价格*/
    zongjia=sw+bian+JIAGDJ;                   /*计算总价*/
    printf("chang=%.2f\t kuan=%.2f\n",chang,_______);    /*输出纱窗长和宽*/
    printf("sw=%d\t bian=%d\n",sw,bian);                 /*输出纱网价格和魔术贴边价格*/
    printf("zongjia=______\n",zongjia);                  /*输出总价*/
}
```

第 4 章 选择结构

前面章节中学习的顺序结构只能按照程序语句的先后顺序来执行程序，而在解决实际问题时，有时需要根据不同的情况，执行不同的操作，这时就要使用选择结构控制语句来解决问题。选择结构允许程序根据检查的条件执行相应的操作，通常根据给定的条件进行判断，并根据判断结果的不同来确定执行对应的操作。C 语言的选择结构语句有单分支语句、双分支语句和多分支语句。

4.1 if 语句

4.1.1 示例问题：根据某同学的 C 语言成绩判断是否需要重修

在问题中，同学们很容易想到——C 语言成绩可以根据情况用整数和单精度浮点数来表示，从而 C 语言成绩可以定义如下：

```
float c_score;
```

当 c_score 输入后，马上就可以根据 c_score 的值是否小于 60 分来判断该同学是否需要重修，而判断的结果可以有两种形式表示。

形式一：

```
if( c_score<60)
    printf("此科目不及格，需要重修！");
```

形式二：

```
if( c_score<60)
    printf("此科目不及格，需要重修！");
else
   printf("此科目及格！");
```

4.1.2 单分支 if 语句

单分支的基本格式是：

```
if(表达式)
   语句;
```

说明：首先判断表达式的值，如果表达式的值为“真（非 0）”，则执行语句，如果表达式的值为“假（0）”，则不执行该语句。单分支 if 语句的流程图，如图 4-1 所示。

例如：根据现行标准，工资税起征点为 3500，用 if 语句判断是否需要交税？

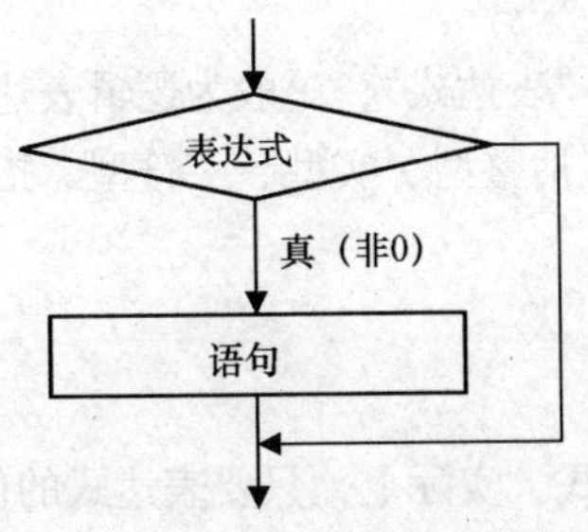

图 4-1　单分支 if 语句的流程图

用单分支 if 语句描述为：

```
if(income<=3500)
  printf("no tax\n");
```

又如：当成人的体温大于 38.5℃时，就判断有发烧症状。用变量 tw 表示体温，用单分支 if 语句描述为：

```
if (tw>38.5)
printf("发烧");
```

4.1.3　双分支 if 语句

例如：根据 2013 年个人所得税（又名工资税）扣费标准，月工资大于 3500 的需要交税，则输出"need tax"，小于或等于 3500 的输出"no tax"。用双分支 if 语句描述为：

```
if  (income<=3500)
    printf("no tax\n");
else
    printf("need tax\n");
```

又如：当成人的体温大于 38.5℃时，就判断有发烧症状，否则就没有发烧症状。用变量 tw 表示体温，用双分支 if 语句描述为：

```
if   (tw>38.5)
     printf("发烧");
else
     printf("不发烧");
```

它的基本格式是：

```
if(表达式)
        语句 1;
    else
        语句 2;
```

说明：首先判断表达式的值，如果表达式的值为"真（非 0）"，则执行语句 1，如果表达式的值为"假（0）"，则执行语句 2。双分支 if 语句的流程图，如图 4-2 所示。

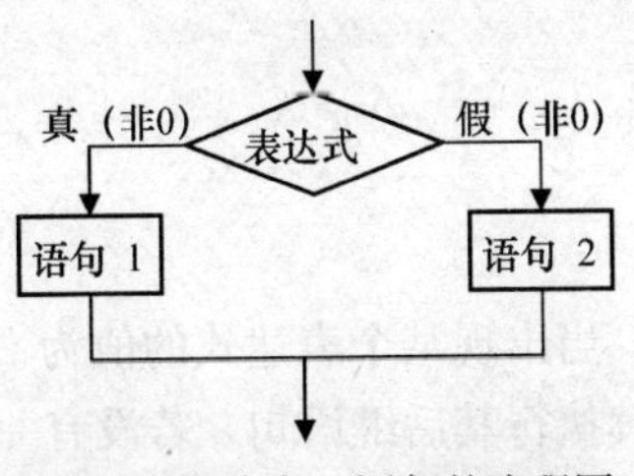

图 4-2　双分支 if 语句的流程图

说明：

（1）对于所有 if 语句后面的"表达式"，一般为逻辑表达式或关系表达式，还可以是赋值表达式，或者是任意的数值类型（包括整型、实型、字符型、指针型数据）。

例如：if（a=5）语句；

if（6）语句；

if（'A'）语句；

都是合法的 if 语句表达式形式。实际上，只要表达式的值为非 0，表达式的值就为"真"，只要表达式的值为 0，表达式的值就为"假"。例如初学者在使用"=="时经常与赋值符号混淆，如判断 a 是否等于 5 的表达式写成"a=5"，这个表达式是正确的表达式，但无论 a 值为多少，"a=5"的值恒为真。因此在分支结构中表示判断 a 是否等于 5 的语句写法最好如下：if(5==a)语句；此时若将"=="误写为"="，编译系统将报错，因为"="的左边必须为变量。

（2）if 语句后面的表达式必须用括号括起来并且之后不能有分号，但是语句后面的分号不可省。

（3）对于双分支 if 语句，else 子句不能单独使用，它必须是 if 语句的一部分，与 if 语句配对使用。

（4）若在 if 和 else 后面的操作中，用一条语句不能完成相应功能，需要用到多条语句时，则必须把这多条语句用{}括起来组成一个复合语句，其中括号中每条语句后的分号不可省，并需要注意的是，在"{}"后面不能再加分号。

例如：
```
if  (a>b)
    {a++;b--;}
else
    {a--;b++;}
```

4.1.4 多分支 if 语句

前面学习了解决判断一个或两个条件的问题的 if 语句，但是当出现需要判断或解决多个条件的问题时，怎么办？这个时候我们可以用到 if 语句的嵌套。即在 if 语句中又包括一个或多个 if 语句。它的基本格式是：

```
if(表达式 1)
     语句 1;
else  if(表达式 2)
       语句 2;
    else  if(表达式 3)
         语句 3;
     ......
      else  if(表达式 m)
             语句 m;
          else
             语句 n;
```

说明：依次判断表达式的值，当出现某个表达式的值为"真（非 0）"时，则执行其对应的语句。然后跳出整个 if 语句，继续执行其后继语句。若没有一个表达式的值为"真（非 0）"，就执行最后一个 else 后的语句 n。

在 if 语句的嵌套结构中，有大量的 if，else，其中 else 究竟和哪个 if 语句配对呢?

规则是从最内层开始，else 总是与它上面最近的（未曾配对的）if 配对。多分支 if 结构的流程图，如图 4-3 所示。

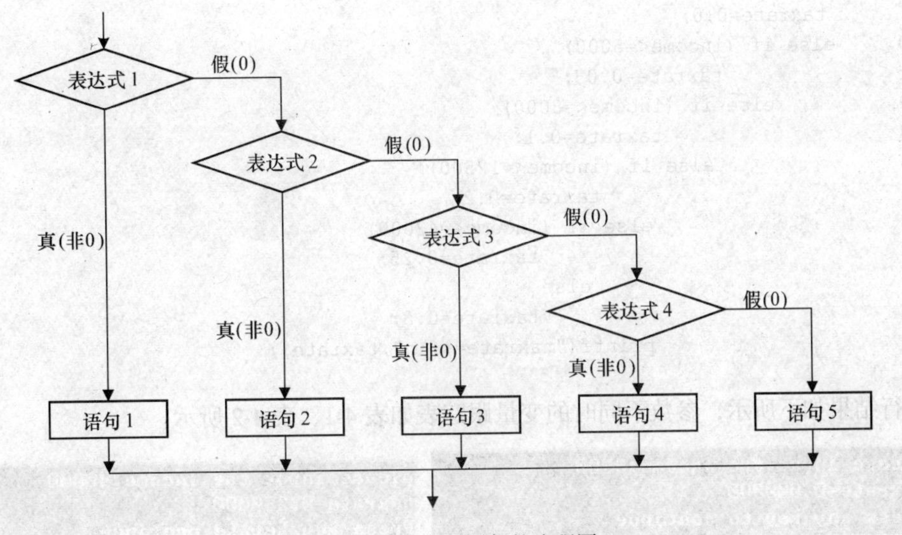

图 4-3　多分支 if 语句的流程图

【例 4.1】 2013 年最新个人所得税起征点是 3500，高于 3500 时就要征税，当超出部分小于 1500，按 3%征取；大于 1500 且小于 4500 时，按 10%征取；大于 4500 小于 9000 时，按 20%征取；大于 9000 小于 38500 时，按 25%征取；当超出部分大于 38500 时，假设统一按照 30%征取。编程实现按收入输出相应税率。

分析：该题属于多条件判断问题，应该用多分支 if 语句完成。其流程图如图 4-4 所示。

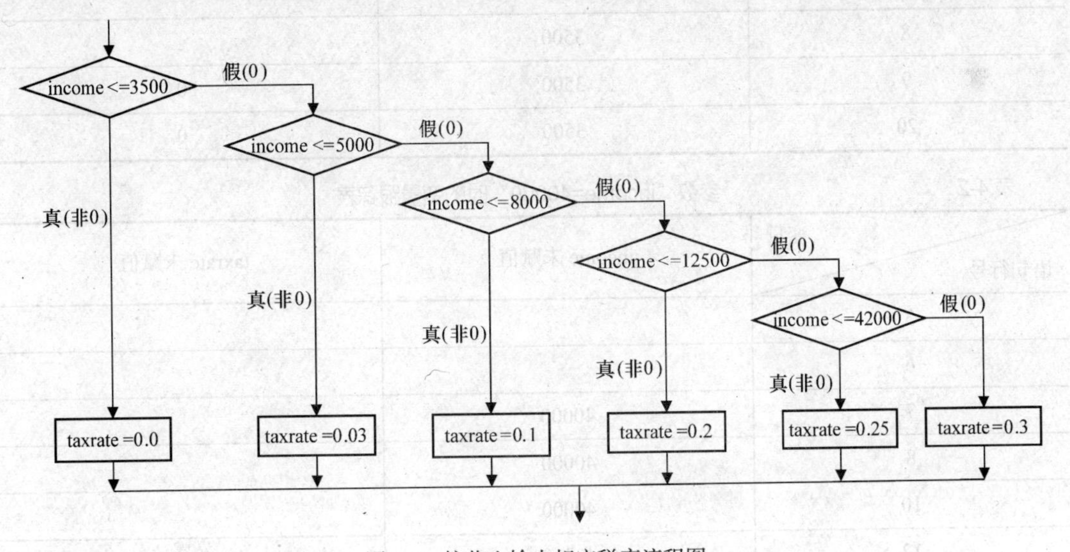

图 4-4　按收入输出相应税率流程图

```
/* p4_1.c */
1 #include<stdio.h>
2 main()
3 {
```

```
4      int income;
5      float taxrate;
6      printf("please input the income:");
7      scanf("%d",&income);
8      if (income<=3500)
9        taxrate=0.0;
10      else if (income<=5000)
11             taxrate=0.03;
12           else if (income<=8000)
13                taxrate=0.1;
14              else if (income<=12500)
15                   taxrate=0.2;
16                 else if (income<=42000)
17                      taxrate=0.25;
18                    else
19                      taxrate=0.3;
20                 printf("taxrate=%f\n",taxrate);
21 }
```

运行结果如下所示，参数不同时的变量跟踪表如表 4-1、表 4-2 所示。

```
please input the income:3500
taxrate=0.000000
Press any key to continue
```

```
please input the income:40000
taxrate=0.250000
Press any key to continue
```

表 4-1　　参数“income=3500”时的变量跟踪表

变量 / 语句行号	income 未赋值	taxrate 未赋值
3		
6		
7	3500	
8	3500	
9	3500	0
20	3500	0

表 4-2　　参数“income=40000”时的变量跟踪表

变量 / 语句行号	income 未赋值	taxrate 未赋值
3		
6		
7	40000	
8	40000	
10	40000	
12	40000	
14	40000	
16	40000	0.25
20	40000	0.25

说明：该程序执行过程中，当变量 income 小于或等于 3500 时，前 4 个条件为真，只会执行第一条 printf 语句，因为执行完第一条 printf 语句之后就会跳过第一个 else 后所有的语句，即结束程序。

【例 4.2】 编写程序，通过输入 x 的值，计算分段函数 y 的值。

y=2×x：当 x≤−10。y=4+x：当−10<x≤0。y= x−5：当 0<x≤10。y= x/10：当 x>10。

分析：该题可以用到多分支 if 结构。

```
/*p4_2.c */
1 #include<stdio.h>
2  main()
3  {
4       int x,y;
5       printf("please input the x:");
6       scanf("%d",&x);
7       if  (x<=-10)
8            y=2*x;
9       else
10        if  (x<=0)
11             y=4+x;
12        else
13          if  (x<=10)
14               y=x-5;
15          else
16               y=x/10;
17          printf("y=%d\n",y);
18   }
```

运行结果如下所示，参数不同时的变量跟踪如表 4-3、表 4-4 所示。

```
please input the x:2
y=-3
Press any key to continue
```

```
please input the x:-12
y=-24
Press any key to continue
```

表 4-3　　参数“x=2”时的变量跟踪

语句行号 \ 变量	x 未赋值	y 未赋值
3		
5		
6	2	
7	2	
10	2	
13	2	
14	2	−3
15	2	−3
17	2	−3

表 4-4　　参数 “x=-12” 时的变量跟踪

语句行号 \ 变量	x 未赋值	y 未赋值
3		
5		
6	-12	
7	-12	
8	-12	-24
9	-12	-24
17	-12	-24

4.2 switch 语句

4.2.1 switch 语句简介

对于解决生活的实际问题，需要用到多分支 if 语句来处理，但是当分支较多时，会使嵌套的层次过多，程序不便阅读和理解。C 语言提供了处理多分支选择的 switch 语句，它的基本格式是：

```
switch(表达式)
{
     case 常量表达式 1:  语句 1;
     case 常量表达式 2:  语句 2;
     …
     case 常量表达式 n:  语句 n;
     default          :  语句 n+1;
}
```

说明：执行过程为，计算表达式的值，当表达式的值与某个常量表达式的值相等时，执行其后的语句，并且继续执行后面所有 case 后的语句直到遇到 “break;” 语句或 Switch 语句结束符 “}” 为止。若表达式的值与所有 case 后的常量表达式都不相等时，则执行 default 后的语句。switch 语句结构中各个 case 后常量表达式的值必须互不相同，否则执行时会出现矛盾，即一个值对应多种执行方案。但不同的常量表达式可以对应一种执行方案。

【例 4.3】编程实现百分制成绩等级划分，要求输出成绩等级 ‘A’、‘B’、‘C’、‘D’、‘E’。90 分以上为 ‘A’ 等，89~80 分为 ‘B’ 等，79~70 分为 ‘C’ 等，69~60 分为 ‘D’ 等，60 分以下为 ‘E’ 等。

分析：假设成绩为整数，如果成绩大于 90 时，为 ‘A’ 等，但若把大于 90 的情况都列出来的话，太罗嗦。所以把成绩整除 10，在百分制的情况下，只会出现 10 种情况。因此，需要分析的情况变少了。

```
/*p4_3.c*/
#include<stdio.h>
main()
```

```
{
    int score;
    printf("\nplease input the score:");
    scanf ("%d",&score);
    switch (score/10)
    {
        case  10:
        case  9:  printf("A\n");
        case  8:  printf("B\n");
        case  7:  printf("C\n");
        case  6:  printf("D\n");
        default:   printf("E\n");
    }
}
```

运行结果如下所示。

```
please input the score:98
A
B
C
D
E
```

说明：显然这个结果不是希望得到的结果，原因是当输入 98 后，98/10 后的结果是 9，与第 2 个常量表达式中的值相等，执行时会以 case 9 为入口，接下来不再与其后所有 case 中的常量表达式进行比较，执行其后的所有语句，其结果就如上所述。

为了能够解决这一问题，就需要当程序执行完"case 9:"后的语句后，能跳出 switch 结构。

4.2.2 break 语句在 switch 结构中的运用

为了解决在 switch 结构中，执行完满足条件的语句后，使流程跳出多分支结构，而不执行其后继的 switch 语句。必须在常量表达式后的语句最后，加上 break 语句。对例 4.3 改后的程序具体如下。

```
1 #include<stdio.h>
2 main()
3 {
4     int score;
5     printf ("please input the score:");
6     scanf ("%d",&score);
7     switch (score/10)
8     {
9         case  10:
10        case  9:  printf("A\n"); break;
11        case  8:  printf("B\n"); break;
12        case  7:  printf("C\n"); break;
13        case  6:  printf("D\n"); break;
14        default:  printf("E\n"); break;
15    }
16  }
```

运行结果如下所示，参数的变量跟踪见表 4-5、表 4-6。

```
please input the score:98
A
Press any key to continue
```

```
please input the score:72
C
Press any key to continue
```

表 4-5　　参数“score=98”时的变量跟踪

语句行号 \ 变量	score 未赋值
3	
5	
6	98
8	98
10	98
16	98

表 4-6　　参数“score=72”时的变量跟踪

语句行号 \ 变量	score 未赋值
3	
5	
6	72
8	72
12	72
16	72

说明。

（1）switch 后面的表达式一般是整型表达式或字符型表达式，与其相对应的 case 后的表达式也应是一个整型表达式或字符型表达式。case 与常量表达式之间要有空格。如： case 1+2: 或 case ‘b’–2:都是合法的。

（2）在 case 后，允许有多个语句，可以不用{}括起来。

（3）switch 结构中，“case 常量表达式”只是一个语句标号，并不是在该处进行条件判断，当表达式的值与某标号相等则转向该标号执行，但执行完该标号的语句后不能自动跳出 switch 结构，因此，在 case 子句后加上一条间断语句 break 来使流程跳出 switch 结构。若未找到与表达式相等的标号，就执行 default 子句，若 default 子句放在最后，可以不加 break 语句。

（4）各 case 和 default 子句的先后顺序可以变动，不会影响程序执行结果。

（5）default 子句可以省略不用。

（6）switch 结构允许嵌套。

4.3 应用实例

【例 4.4】 输入两个数，比较其大小，将较大的数输出。

方法一：对于两数 a，b，如果 a>b，直接输出 a 就可以了，但是如果 a<b 的话，我们可以把 a 和 b 的值交换，这时引入中间变量 t 来解决，先把 a 的值放入到 t 中，即 t=a；然后把 b 的值放入到 a 中，即 a=b，这时 a 为两者中较大的数；最后把 t 的值放入到 b 中，即 b=t。

```
/* p4_4.c */
#include<stdio.h>
main()
{
    float a,b,t;
    t=0.0;
    scanf("%f,%f",&a,&b);
    if (a<b)
    {t=a;a=b;b=t;}
    printf("%f\n",a);
}
```

方法二：定义一个 max 变量表示两数中较大者，先将 max 初始化为 a，然后比较 max 和 b，若 b 较大则将 b 赋值给 max，最终输出 max 即可。

```
#include<stdio.h>
main()
{   int a,b,max;
    printf("\n input two numbers:   ");
    scanf("%d%d",&a,&b);
    max=a;
    if (max<b) max=b;
    printf("max=%d\n",max);
}
```

方法三：直接比较两个数 a 和 b，若 a>b，则输出 a，否则输出 b。

```
#include<stdio.h>
main()
{   int a, b;
    printf("input two numbers:    ");
      scanf("%d%d",&a,&b);
      if(a>b)
          printf("max=%d\n",a);
      else
          printf("max=%d\n",b);
}
```

【例 4.5】 从键盘上输入三名学生的一门课程成绩，要求输出三名学生这门课程的最高分。

```
/* p4_5.c */
#include<stdio.h>
main()
{
    //第一步：定义变量
    float max1;                  //用来保存课程最高分
    float x1, y1,z1;
    //第二步：从键盘上输入学生的成绩
    printf("请依次输入三名学生的成绩：");
    scanf("%f%f%f",&x1, &y1, &z1);
    //第三步；计算各课程最高分
    if(x1>y1)
        if(x1>z1)
            max1=x1;
        else
            max1=z1;
    else
        if(y1>z1)
            max1=y1;
```

```
        else
            max1=z1;
        //第四步：输出相应的值
        //输出课程的最高分
    printf("这门课程的最高分是：%.1f\n",max1);
}
```

【例 4.6】 输入三个整数 x，y，z，请把这三个数由小到大输出。

分析：因为要从小到大输出三个数，所以可以把最小的数放到 x 上，这时将 x 与 y 和 z 进行比较，找出最小的，将最小的值交换给 x，然后再用 y 与 z 进行比较，找出较小的，将值交换给 y，剩下的 z 就是最大的。

```
/* p4_6.c */
#include<stdio.h>
main()
{
    int x,y,z,t=0;
    printf("请按格式依次输入 x,y,z 的值");
    scanf("%d,%d,%d",&x,&y,&z);
    if(x>y)
    {t=x;x=y;y=t;} /*交换 x,y 的值*/
    if(x>z)
    {t=z;z=x;x=t;}/*交换 x,z 的值*/
    if(y>z)
    {t=y;y=z;z=t;}/*交换 z,y 的值*/
    printf("small to big: %d %d %d\n",x,y,z);
}
```

【例 4.7】 输入某年某月某日，判断这一天是这一年的第几天？

分析：以 4 月 15 日为例，应该先把前三个月的天数加起来，然后再加上 15 天即本年的第几天，若是闰年且输入月份大于 3 时需考虑多加一天。

```
/* p4_7.c */
#include<stdio.h>
main()
{
    int sum=0,month,year,day;
    printf("\nplease input year,month,day\n");
    scanf("%d,%d,%d",&year,&month,&day);
    if((month>12||month<1)||(day>31))
        printf("data error\n");
    else
        {switch(month-1)/*先计算某月以前月份的总天数*/
        {
        case 11: sum+=30;
        case 10: sum+=31;
        case 9: sum+=30;
        case 8: sum+=31;
        case 7: sum+=30;
        case 5: sum+=31;
        case 4: sum+=30;
        case 3: sum+=31;
        case 2: if(year%400==0||(year%4==0&&year%100!=0)) /*判断是不是闰年*/
                sum+=29;
```

```
            else
                sum+=28;
      case 1: sum+=31;
      case 0: sum+=day;
      }
   printf("it is the %dth day.\n",sum);
}
}
```

【例 4.8】 题目：给一个不多于 5 位的正整数，要求：一、求它是几位数；二、逆序打印出各位数字。

分析：此题的关键在于分解出每位上的数字。

```
/* p4_8.c */
#include<stdio.h>
main()
{
   long a,b,c,d,e,x;
   printf("\n 请输入一个数\n");
   scanf("%ld",&x);
   a=x/10000;/*分解出万位*/
   b=x%10000/1000;/*分解出千位*/
   c=x%1000/100;/*分解出百位*/
   d=x%100/10;/*分解出十位*/
   e=x%10;/*分解出个位*/
   if (a!=0) printf("there are 5, %ld %ld %ld %ld %ld\n",e,d,c,b,a);
   else if (b!=0) printf("there are 4, %ld %ld %ld %ld\n",e,d,c,b);
      else if (c!=0) printf("there are 3,%ld %ld %ld\n",e,d,c);
         else if (d!=0) printf("there are 2,%ld %ld\n",e,d);
            else if (e!=0) printf("there are 1,%ld\n",e);
}
```

4.4　应用与提高

在成绩管理系统中有成绩录入模块和管理统计模块，成绩录入模块需要从键盘上输入学生的成绩；在管理统计模块中计算出各学生的平均成绩、各科的最高分及各科不及格人数并输出。根据前四章的知识，同学们完全可以完成成绩录入、计算平均成绩、各科最高分及各科不及格人数等任务，下面请同学们一起就三名学生四门课程成绩处理情况进行分析：

（1）功能要求

① 从键盘上输入三名学生的四门课程成绩。

② 输出三名学生的平均成绩。

③ 输出各科最高分。

④ 要输出各科最高分，必须先找出各科最高分是多少，这就要求用到分支结构，比较每科中的三个成绩，选出最高分输出。

⑤ 输出各科不及格人数。

⑥ 要计算出各科不及格人数，则必须进行比较，成绩小于 60 分的将统计到不及格人数中，很显然需要用到分支结构。

⑦ 成绩保留一位小数。

（2）变量定义分析

① 依据目前的知识，要想实现对三名学生的四门课程成绩进行处理，必须定义 12 个变量来保存，从功能要求“成绩保留一位小数”以及成绩采用百分制形式可以知道这 12 个变量的类型应定义为 float 型。如：

```
float x1,x2,x3,x4,y1,y2,y3,y4,z1,z2,z3,z4; //分别表示三名学生的四门课程成绩
```

从功能要求可以看出还要定义三个 float 类型的变量分别保存学生各自的平均成绩，还需定义三个 float 类型变量用于保存各科最高分。

```
float  a1,a2,a3; //表示三名学生各自的平均成绩
float max1,max2,max3,max4; //每门功课的最高分
```

② 不及格人数应该为整型，所以需定义四个 int 类型的变量用于保存各科不及格人数。

```
int n1,n2,n3,n4;  //用来保存不及格人数
```

（3）算法描述

本章功能较为简单，完成该功能的过程可以用自然语言表示如下。

① 定义变量。

② 从键盘上输入三名学生的四门课程的成绩。

③ 计算每名学生的平均成绩。

④ 找出各科最高分。

⑤ 计算各科不及格人数。

⑥ 输出计算结果。

（4）关键步骤描述

① 平均成绩计算表达式描述，第一个学生的平均成绩描述表达式为：

```
a1=(x1+x2+x3+x4)/4;
```

② 步骤 4 和 5 都需要应用分支结构，同学们可以参考实现代码来做。

（5）代码实现

```
#include<stdio.h>
main()
{
 //第一步：定义变量
 int n1,n2,n3,n4;                              //用来保存不及格人数
 float max1,max2,max3,max4;                    //用来保存各课程最高分
 float x1,x2,x3,x4,y1,y2,y3,y4,z1,z2,z3,z4,a1,a2,a3;
 //第二步：从键盘上输入学生的成绩
 printf("请输入第一名学生的四门成绩：");
 scanf("%f%f%f%f",&x1,&x2,&x3,&x4);
 printf("请输入第二名学生的四门成绩：");
 scanf("%f%f%f%f",&y1,&y2,&y3,&y4);
 printf("请输入第三名学生的四门成绩：");
 scanf("%f%f%f%f",&z1,&z2,&z3,&z4);
 //第三步：计算学生的平均成绩
 a1=(x1+x2+x3+x4)/4;
 a2=(y1+y2+y3+y4)/4;
 a3=(z1+z2+z3+z4)/4;
 //第四步；计算各课程最高分
```

```
 //第1门课程
 if(x1>y1)
if(x1>z1)
        max1=x1;
    else
        max1=z1;
 else
    if(y1>z1)
        max1=y1;
    else
        max1=z1;
 //第2门课程
 if(x2>y2)
    if(x2>z2)
        max2=x2;
    else
        max2=z2;
 else
    if(y2>z2)
        max2=y2;
    else
        max2=z2;
 //第3门课程
 if(x3>y3)
    if(x3>z3)
        max3=x3;
    else
        max3=z3;
 else
    if(y3>z3)
        max3=y3;
    else
        max3=z3;
 //第4门课程
 if(x4>y4)
    if(x4>z4)
        max4=x4;
    else
        max4=z4;
 else
    if(y4>z4)
        max4=y4;
else
        max4=z4;
 //第五步：计算各门课程不及格人数
 n1=n2=n3=n4=0;                    //变量初始为0
 //第1门课程
 if(x1<60)
    n1++;
 if(y1<60)
    n1++;
 if(z1<60)
    n1++;
 //第2门课程
```

```
    if(x2<60)
        n2++;
    if(y2<60)
        n2++;
    if(z2<60)
        n2++;
    //第 3 门课程
    if(x3<60)
        n3++;
    if(y3<60)
        n3++;
    if(z3<60)
        n3++;
    //第 4 门课程
    if(x4<60)
        n4++;
    if(y4<60)
        n4++;
    if(z4<60)
        n4++;
    //第六步：输出相应的值
    //输出各学生平均成绩
    printf("第一名学生的平均成绩是：%.1f\n",a1);
    printf("第二名学生的平均成绩是：%.1f\n",a2);
    printf("第三名学生的平均成绩是：%.1f\n",a3);
    //输出各门课程的最高分
    printf("第 1 门课程的最高分是：%.1f\n",max1);
    printf("第 2 门课程的最高分是：%.1f\n",max2);
    printf("第 3 门课程的最高分是：%.1f\n",max3);
    printf("第 4 门课程的最高分是：%.1f\n",max4);
    //输出各门课程不及格人数
    printf("第 1 门课程不及格人数是：%d\n",n1);
    printf("第 2 门课程不及格人数是：%d\n",n2);
    printf("第 3 门课程不及格人数是：%d\n",n3);
    printf("第 4 门课程不及格人数是：%d\n",n4);
}
```

运行结果如下。

```
请输入第一名学生的四门成绩：56 66 78 91
请输入第二名学生的四门成绩：64 78 53 56
请输入第三名学生的四门成绩：89 90 54 52
第一名学生的平均成绩是：72.8
第二名学生的平均成绩是：62.8
第三名学生的平均成绩是：71.3
第1门课程的最高分是：89.0
第2门课程的最高分是：90.0
第3门课程的最高分是：78.0
第4门课程的最高分是：91.0
第1门课程不及格人数是：1
第2门课程不及格人数是：0
第3门课程不及格人数是：2
第4门课程不及格人数是：2
Press any key to continue_
```

4.5 本章小结

本章主要介绍了 if 语句和 switch 语句两种分支语句。其中 if 语句包括三种类型：单分支 if 语句、双分支 if 语句和多分支 if 语句。需要注意多分支 if 语句（即 if 语句的嵌套）中 if 和 else 的匹配原则；switch 语句主要用来对单条件进行测试，并从与条件匹配的 case 语句开始执行直到遇到“break;”语句或 switch 语句执行结束为止。在 switch 结构中要注意对 break 语句的灵活使用。

习题四

一、选择题

1．以下程序的输出结果是：（　　）。

```
main()
{
int  a=5,b=4,c=6,d;
printf("%d\n",d=a>b?(a>c?a:c):(b));
}
```

A．5　　B．4　　C．6　　D．不确定

2．下列叙述中正确的是：（　　）。

A．break 语句只能用于 switch 语句

B．在 switch 语句中必须使用 default

C．break 语句必须与 switch 语句中的 case 配对使用

D．在 switch 语句中，不一定使用 break 语句

3．若 a、b、c1、c2、x、y 均是整型变量，正确的 switch 语句是（　　）。

A．
```
swich(a+b);
    {   case 1:y=a+b;break;
case 0:y=a-b; break;
    }
```

B．
```
switch(a*a+b*b)
    { case 3:
case 1:y=a+b;break;
    case 3:y=b-a,break;
}
```

C．
```
switch a
    { case c1:y=a-b; break
case c2: x=a*d; break
default:x=a+b;
   }
```

D．
```
switch(a-b)
    { default:y=a*b;break
case 3:case 4:x=a+b;break
    case 10:case 11:y=a-b;break;
    }
```

4．有以下程序：

```
main()
{
int x,c=7;
scanf("%d",&x);
```

```
    switch (x+1)
    {
    case 7: c++;
    case 9: c++; break;
    default: c+=3;
    }
    printf("%d",c);
}
```

当 x=6 时，c 的值是（　　）。

A. 8　　B. 9　　C. 11　　D. 语法错误

当 x='z'时，c 的值是（　　）。

A. 8　　B. 9　　C. 10　　D. 语法错误

5. 有以下程序：

```
main()
 {
int a=3,b=4,c=5,d=2;
     if(a>b)
       if(b>c)
         printf("%d",(d++)+1);
       else
         printf("%d",(++d)+1);
     printf("%d\n",d);
 }
```

程序运行后的输出结果是（　　）。

A. 2　　B. 3　　C. 43　　D. 44

6. 有以下程序：

```
main()
{
int  x=0,a=0,b=0;
switch(x+1)
{
 case  0: b++;
 case  1: a++;
 case  2: a++;b++;
}
 printf("a=%d,b=%d\n",a,b);
}
```

执行后输出的结果是（　　）。

A. a=2,b=1　　B. a=1,b=1

C. a=1,b=0　　D. a=2,b=2

7. 有以下程序：

```
main()
{
int x;
scanf("%d",&x);
if(x--<5)
  printf("%d",x);
else
  printf("%d",x++);
}
```

程序运行后，如果从键盘上输入 5，则输出结果是（　　）。

A. 3　　B. 4　　C. 5　　D. 6

8. 有以下程序：

```
main()
{
 int a=25,b=21,m=2;
  switch( a%5 )
  {
  case  0:  m++; break;
  case  1:  m++;
    switch (b%2)
    {
     default: m++;
     case  0: m++; break;
     }
    }
    printf("%d\n",m);
  }
```

执行后输出的结果是（　　）。

A. 1　　B. 2　　C. 3　　D. 4

9. 有定义语句：int a=1,b=2,c=3,x;，则以下选项中各程序段执行后，x 的值不为 3 的是（　　）。

A.
```
if (c<a) x=1;
  else if (b<a) x=2;
  else x=3;
```

B.
```
if (a<3) x=3;
  else if (a<2) x=2;
    else x=1;
```

C.
```
if (a<3) x=3;
  if (a<2) x=2;
  if (a<1) x=1;
```

D.
```
if (a<b) x=b;
  if (b<c) x=c;
  if (c<a) x=a;
```

二、填空题

1. 若有以下程序：

```
main()
{
int  a=6,b=5,c=4,d;
d=(a>b>c);
printf("%d\n",d);
}
```

执行后输出结果是________。

2. 若从键盘输入 88，则以下程序输出的结果是________。

```
main()
{
int  a;
scanf("%d",&a);
if(a>80)  printf("%d",a);
if(a>50)  printf("%d",a);
if(a>30)  printf("%d",a);
}
```

3. 以下程序运行后的输出结果是________。

```
main()
```

```
{
int a=1,b=3,c=5;
if (c=a+b) printf("yes\n");
else printf("no\n");
}
```

4. 以下程序运行后的输出结果是＿＿＿＿＿。

```
main()
{  int a=3,b=4,c=5,t=99;
     if (b<a&&a<c) t=a;a=c;c=t;
     if (a<c&&b<c) t=b;b=a;a=t;
     printf("%d,%d,%d\n",a,b,c);
 }
```

5. 若有以下程序：

```
main()
{ int p,a=5;
    if(p=a!=0)
printf("%d\n",p);
   else
printf("%d\n",p+2);
}
```

运行后输出结果是＿＿＿＿＿。

6. 以下程序运行后输出结果是＿＿＿＿＿。

```
main()
{   int x=10, y=20, t=0;
if (x= =y) t=x; x=y; y=t;
printf("%d,%d\n",x,y);
}
```

三、编程题

1. 输入 4 个数，要求按大小输出。

2. 判断一个 5 位数是不是回文数。即 12321 是回文数，个位与万位相同，十位与千位相同。

3. 编程实现：通过输入星期几的第一个字母来判断是星期几，如果第一个字母一样，则继续判断第二个字母。

4. 判断输入的一个整数是否能同时被 5、7 整除，若能则输出“yes”，否则输出“no”。

5. 求如下分段函数的值（假设 x 和 y 均为整型，且 x 的值由键盘输入）。

y=0：当（x=10）；$y=3x-10$：当（$x\neq 10$）

6. 编写程序：输入一个点的坐标（x，y），假设 x、y 都是整数，判断该点与圆 $x^2+y^2=16$ 的位置关系是在圆内、在圆外还是在圆周上。

第5章 循环结构

前面章节编写的程序在运行时每一条语句最多只运行一次，但在实际工作和生活中，为了达到目的或满足一些特殊要求，某些语句可能要重复执行多次。C 语言提供了循环结构来满足语句重复执行的要求。循环的意思就是让程序重复地执行某些语句，这些语句称为循环的循环体。循环结构的出现，简化了程序设计，使多次重复执行的语句只需在循环体内书写一次，而无需执行几次书写几次。

C 语言有 3 种循环语句：for 循环、while 循环和 do…while 循环，另外还可以用 if 与 goto 语句配合构成循环，每一种循环结构都有各自特点，同学们在学习中要善于分析对比和总结，以便灵活应用于实际程序设计中。

5.1 示例问题：累加求和

整数累加问题是很常见的数学问题，对于一些等比数列和等差数列通常用求和公式来求解，除此之外，还可以用循环结构求解，如有表达式：$sum=\sum_{i=1}^{100} i$，我们不是将 sum=1+2+3+…+100 这 100 个被加数全部写出作为一个表达式来运算，也不采用公式求解，而是让程序中求和运算重复执行，以满足运算要求，具体算法流程图如图 5-1 所示。

从流程图中可以看出，语句 sum=sum+i 和 i=i+1 会执行 100 次，以满足表达式的需要。

循环结构是在一定条件下，反复执行某段程序的程序结构，被反复执行的程序被称为循环体。循环结构是结构化程序设计语言中非常重要和基本的一种程序控制结构，可以降低程序书写的长度和复杂度，可使复杂的问题简单化，提高程序的可读性和执行的速度。

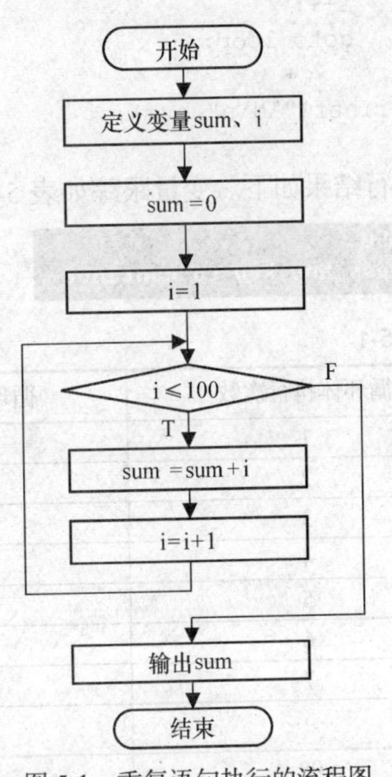

图 5-1 重复语句执行的流程图

5.2 goto 语句构成的循环

从软件工程角度来看，goto 语句是一种非结构化程序设计的方式，它是一种无条件转移语句，能够让程序的执行路径跳转，影响程序的可读性和结构化，在一般情况下不主张使用它。C 语言中 goto 语句的使用格式:

```
goto  语句标号;
```

语句标号是一个有效的标识符，该语句的功能是使程序运行跳转到由“语句标号:”引导的语句处开始执行，并且该标号必须与调用它的 goto 在同一个函数中，也就是说 goto 语句只能在同一个函数内跳转，不能跳转到另一个函数中，但可以跳转到不同的循环层中。为了满足用户的跳转要求，通常 goto 语句与 if 条件语句连用，当满足某一条件时，程序跳到标号处运行，因此，有的也把这种结构称为 if…goto 循环。

【例 5.1】 求 sum=$\sum_{i=1}^{100} i$，并输出 sum 的值。

```
/*p5-1.c*/
main()
{
 int i,sum;
 sum=0;
 i=1;
loop:                                    //loop 就是标号，程序跳转 loop 后面执行。
 if(i<=100)                              //跳转语句，与前面的 if 结合起来使用。
 {
     sum=sum+i;
     i++;
     goto loop;
 }
 printf("%d\n",sum);
}
```

运行结果如下。变量跟踪如表 5-1 所示。

```
5050
Press any key to continue
```

表 5-1　　例 5.1 变量跟踪

循环体执行次数	循环体每次执行后 i 的值	循环体每次执行后 sum 的值
1	2	1
2	3	3
3	4	6
4	5	10
5	6	15
6	7	21
7	8	28
……	……	……
98	99	4851
99	100	4950
100	101	5050

goto 是通过编程技巧（if 语句和 goto 语句组合）实现循环功能的，结构化程序设计主张限制 goto 语句的使用，但在多层嵌套退出或其他特殊情况时，用 goto 语句则可简化问题的实现。

5.3　for 循环

for 循环的使用最灵活，当循环次数已知时，用 for 循环实现最简单、清晰，for 循环也可以用于循环次数不确定以及循环结束条件未知的情况。

for 循环语句的一般格式如下：

```
for(表达式 1；表达式 2；表达式 3)
{
    循环体；
}
```

for 循环的执行过程如下。

（1）先求解表达式 1。

（2）求解表达式 2，若其值为真（非 0），则执行 for 语句中指定的内嵌语句，然后执行下面第 3 步；若其值为假（0），则结束循环，转到第 5 步。

（3）求解表达式 3。

（4）转回上面第 2 步继续执行。

（5）循环结束，执行 for 语句下面的一个语句。

其执行过程可用图 5-2 表示。

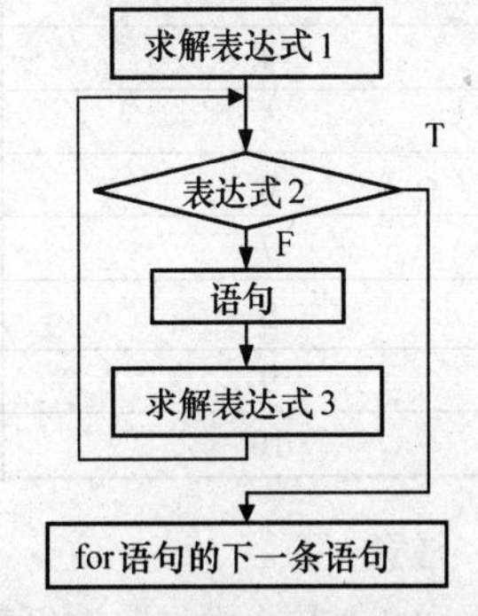

图 5-2　for 循环程序执行流程图

说明：“表达式 1”在循环执行过程中只执行一次，它可以用来设置循环控制变量初值；“表达式 2”的作用是判断循环结束的条件，其一般是关系表达式或逻辑表达式，也可以是数值表达式或字符表达式，通常用于决定什么时候退出循环；“表达式 3”的作用是改变控制变量的值，定义循环控制变量每循环一次后按什么方式变化；这三个部分之间用“;”分隔。因此，对于 for 循环语句的最简单应用形式也可以理解为如下的形式：

```
for(循环变量赋初值；循环条件；改变循环变量)
{
    循环体；
}
```

【例 5.2】 用 for 循环完成功能：计算 10!并显示结果。

分析：求一个正整数 N 的阶乘，就是求 1×2×3×…×N 的值，即 N 个数相乘，用 for 循环完成就是执行 N 次乘法运算。具体实现时起码需要两个变量，一个变量用来保存乘积的值，这个变量的初值设定为 1（为什么不能设为 0？），另一个变量用来保存被乘数，而且这个被乘数在每一次执行乘法运算后自动加 1，以保证求阶乘的需要。具体运算流程图如图 5-3 所示。变量跟踪如表 5.2 所示。

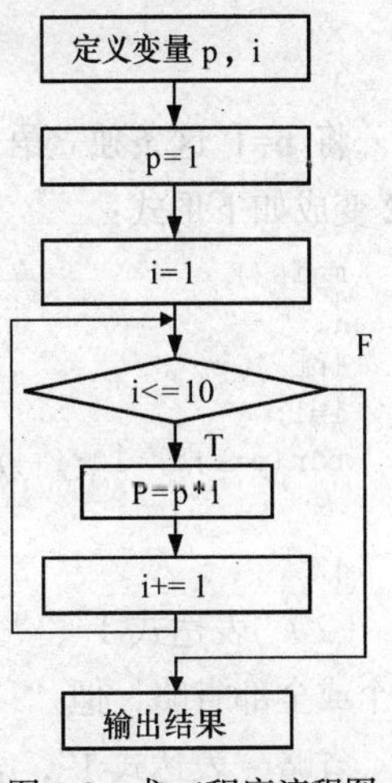

图 5-3　求 n!程序流程图

```
/*p5-2.c*/
main()
{
```

```
int i,p;
 p=1;
 for(i=1;i<=10;i++)
 {
   p=p*i;
 }
 printf("10!= %d\n",p);
 }
```

运行结果如下。

```
10!= 3628800
Press any key to continue
```

表 5-2　例 5.2 变量跟踪

循环体执行次数	循环体每次执行后 i 的值	循环体每次执行后 p 的值
1	1	1
2	2	2
3	3	6
4	4	24
5	5	120
6	6	720
7	7	5040
8	8	40320
9	9	362880
10	10	3628800

注意：

（1）“表达式 1”在循环执行过程中，只执行一次，它可以是设置循环控制变量初值的赋值表达式，也可以是与循环控制变量无关的其他表达式。

如例 5.2 所示，main 函数可以写成如下形式：

```
main()
{
int i,p;
for(p=1,i=1;i<=10;i++)
…
}
```

将 p=1 这条独立语句放入 for 循环的表达式 1 中，并与 i=1 构成一个逗号表达式，此时例 5.2 变成如下形式：

```
main()
{
int i,p;
i=1;
for(p=1;i<=10;i++)
…
}
```

（2）“表达式 1”、“表达式 2”、“表达式 3”都是可选项，即三个表达式可以省略其中一个或两个或全部省略，但“;”不能省略。

省略“表达式 1”，表示在 for 循环中不对控制变量赋初值。

例如：

```
main()
{
int i,p;
p=1;
i=1;
for(;i<=10;i++)
…
}
```

省略“表达式 2”，表示不判断循环条件，循环将无限执行下去，也就认为“表达式 2”的值始终为“真（非 0）”。

对于例 5.2，如果省略表达式 2，for 循环将无法结束，此时，可以利用前面的 goto 语句来结束循环，具体实现如下：

```
main()
{
int i,p;
p=1;
for(i=1;;i++)
{
p=p*i;
if(i>=10)
    goto loop;
}
loop:
printf("10!= %d\n",p);
}
```

省略“表达式 3”，表示不改变循环控制变量的值。表达式 3（也就是语句 i+=1）是在循体内所有语句执行完后再执行的，如图 5-3 所示，如果省略“表达式 3”，则“表达式 3”直接放在循环体内的最后一条语句即可。例如：

```
main()
{
int i,p;
p=1;
for(i=1;i<=10;)
{
    p=p*i;
    i++;
}
printf("10!= %d\n",p);
}
```

实际编程时省略了这三个表达式，则三个表达式所代表的功能语句要在循环体外和循环体内分别进行处理。例如：

```
main()
{
int i,p;
p=1;
i=1;
for(;;)
{
    p=p*i;
    if(i>=10)
        goto loop;
```

```
        i++;
    }
        loop:
    printf("10!= %d\n",p);
    }
```

建议编程时不过分地利用 for 循环这一特点，否则，for 循环结构不清晰，可读性将会降低。

（3）“表达式 1”和“表达式 3”可以是一个简单表达式也可以是逗号表达式。在逗号表达式内按从左到右的顺序计算，其返回值和类型是最右边表达式的值和类型。

5.4 while 循环

while 循环可以简单表示为：只要循环条件表达式为真（即给定的条件成立），就执行循环体。While 循环的格式如下：

```
while(表达式)
{
    循环体;
}
```

While 循环的执行过程是：计算表达式的值，当值为真（非 0）时，执行循环体，否则执行循环体后的语句。这种先判断条件再根据条件是否为真来决定是否执行循环体的循环称为当型循环。在进入循环体后，每执行完一次循环体语句后再对表达式进行一次判断，如果表达式的值为“假（0）”，就立即退出循环。其执行过程如图 5-4 所示。

while 循环的特点是：先判断表达式真假，后根据表达式值决定是否执行循环体语句。

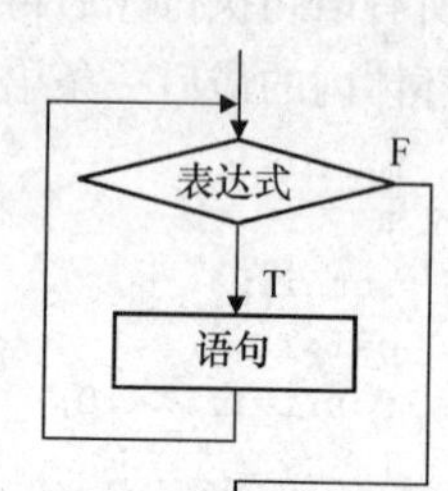

图 5-4　while 循环执行流程

【例 5.3】 用 while 循环实现功能：计算 10！并显示结果。

```
/*p5-3.c*/
main()
{
int i,p;
p=1;
i=1;
while(i<=10)
{
    p=p*i;
    i+=1;
}
printf("10!= %d\n",p);
}
```

运行结果如下。

```
10!= 3628800
Press any key to continue
```

注意。

（1）若循环体内只有一条语句，大括号可以省略；否则，不能省略大括号。

（2）若首次执行循环时条件为“假（0）”，则循环体语句一次也不执行；若循环条件永远为“真（非 0）”，循环语句一直执行，称为死循环。

（3）在循环体中应包含使循环结束的语句，以避免死循环。

【例 5.4】 统计从键盘输入一行字符的个数。

分析：可以通过 getchar()函数来获取从键盘中输入的每一个字符，只要判断所取的字符不是结束标志就直接进行一次记数，当取到结束标志时就停止取字符并输出结果就行。此题中一行字符的结束标志是‘\n’，这样，当取得的字符不是‘\n’时，就可以记数并继续取字符，当取到‘\n’就结束。执行的流程图如图 5-5 所示。

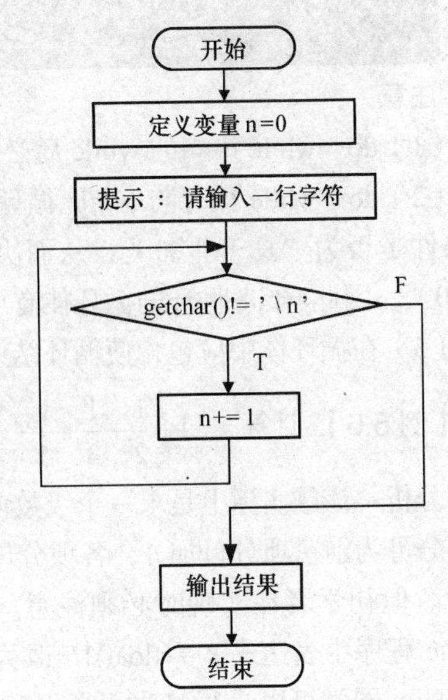

图 5-5　统计输入的一行字符个数的流程图

```
/*p5-4.c*/
main()
{
  int n=0;
    printf("input a string:\n");
    while(getchar()!='\n')
      n++;
    printf("n=%d\n",n);
}
```

运行结果如下。

```
input a string:
ABCDEFabc1234
n=13
Press any key to continue
```

5.5　do…while 循环

do…while 循环结构的特点：先无条件执行循环体，然后判断循环条件是否成立。其格式如下：do{循环体;}

while(表达式);

do…while 循环的执行过程如图 5-6 所示：先执行一次循环体语句，然后判断表达式的值，当值为“真（非 0）”时，返回重新执行循环体语句，如此反复，直到表达式的值为“假（0）”，循环结束，其特点是先执行循环体，再判断循环条件是否成立。

【例 5.5】 计算 10!并显示结果，用 do…while 循环实现。

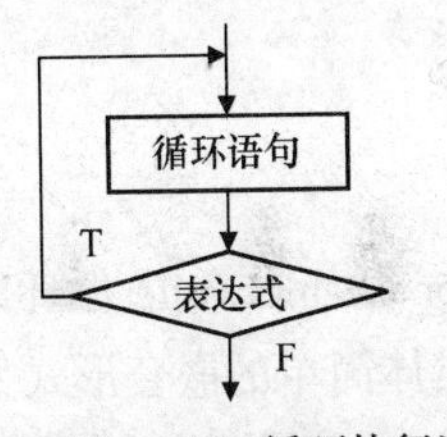

图 5-6　do…while 循环执行流程

```
/*p5_5.c*/
main()
{
   int p=1,i=1;
 do
   {
   p=p*i;
       i++;
```

```
    }while(i<=10);
        printf("10!= %d\n",p);
}
```

运行结果如下。

```
10!= 3628800
Press any key to continue
```

注意。

（1）do…while 语句的 while 后必须加分号。

（2）do…while 循环与 while 循环的区别：do…while 循环的循环体至少运行一次，再判断循环条件是否为“真（非 0）”，从而决定是否继续循环；while 循环首先判断循条件是否为“真（非 0）”，因此 while 循环的循环体有可能一次都不执行。

（3）在循环体中应包含使循环结束的语句，以避免死循环。

【例 5.6】计算 $s=1+\frac{1}{2}+\frac{1}{3}+\frac{1}{4}+...+\frac{1}{n}$ 的值，n 从键盘中输入，用 do…while 循环实现。

分析：该题实标上是求一个级数前 n 项的和，级数各项分子同为 1，而分母则为有序数，后一项分母为前一项分母加 1，各项分母可以在每一次循环结束时加 1 即可。但初学者在实现时必须注意 s 及各项的数值类型，如下面 p5_6.c 程序中表达式 s+=(float)1/i 改为 s+=1/i，求得的和 s 的结果是不同的，同学可以自行修改运行程序对比结果，并分析原因。具体实现的流程图如图 5-7 所示。

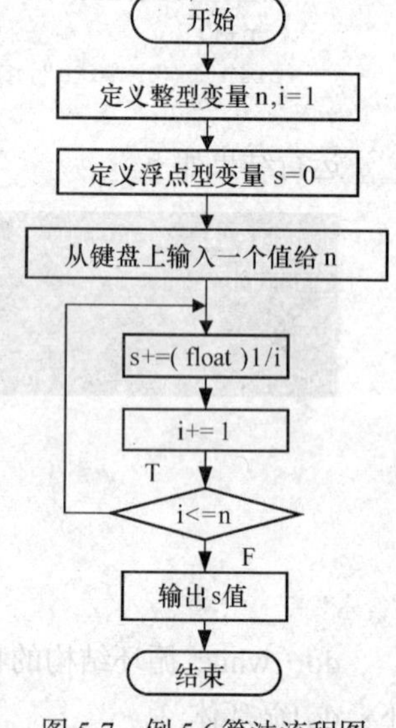

图 5-7　例 5.6 算法流程图

```
/*p5_6.c*/
main()
{
  int n,i=1;
  float s=0;
  printf("请输入一个正整数: ");
  scanf("%d",&n);
  do{
      s+=(float)1/i;
      i+=1;
  }while(i<=n);
  printf("s=%f\n",s);
}
```

运行结果如下。

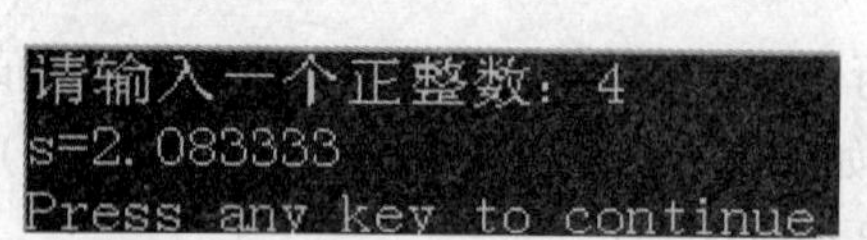
```
请输入一个正整数: 4
s=2.083333
Press any key to continue
```

5.6　循环的嵌套

for 循环、while 循环以及 do…while 循环都允许嵌套，并且可以相互嵌套，构成多重循环结构，具体简单的嵌套形式如下所示。

（1）for 循环嵌套（为避免分页造成格式错位所以调整如下）

```
for( ; ; )
{
    …
    for( ; ; )
    {
        …
    }
    …
}
```

（2）while 循环嵌套

```
while()
{
    …
    while()
    {
        …
    }
    …
}
```

（3）do…while 循环嵌套

```
do
{
    …
    do
{
        …
}while();
…
}while();
```

上述三种嵌套中 for、while 以及 do…while 语句都可以交换，并且可以任意组合。使用嵌套结构时，注意嵌套的层次，不能交叉，嵌套的内外层循环一般不能使用同名的循环变量，并列结构的内外层循环允许使用同名的循环变量。

【例 5.7】 编写程序，在屏幕上输出阶梯形式的乘法口诀表。

分析：读小学时背过的九九乘法表是 9 行 9 列来表示的，这个乘法表需要输出 9 行，其中第 i 行需要输出 i 列，要想实现这个功能，需要有一循环变量 i 来处理行的输出，当输出第 i 行时，还要一个循环变量 j 来处理该行的各列的输出，对列输出的循环次数应该是 i 的值。实现该功能的算法流程图如图 5-8 所示。

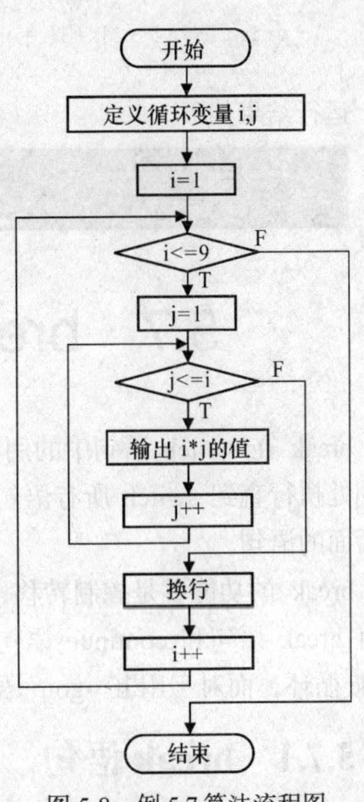

图 5-8 例 5.7 算法流程图

```
/*p5_7.c*/
main()
{
  int i,j;
  for(i=1;i<=9;i++)
  {
      for(j=1;j<=i;j++)
            printf("%d*%d=%d\t",i,j,i*j);
```

```
        printf("\n");
    }
}
```

运行结果如下。

```
1*1=1
2*1=2   2*2=4
3*1=3   3*2=6   3*3=9
4*1=4   4*2=8   4*3=12  4*4=16
5*1=5   5*2=10  5*3=15  5*4=20  5*5=25
6*1=6   6*2=12  6*3=18  6*4=24  6*5=30  6*6=36
7*1=7   7*2=14  7*3=21  7*4=28  7*5=35  7*6=42  7*7=49
8*1=8   8*2=16  8*3=24  8*4=32  8*5=40  8*6=48  8*7=56  8*8=64
9*1=9   9*2=18  9*3=27  9*4=36  9*5=45  9*6=54  9*7=63  9*8=72  9*9=81
Press any key to continue
```

【例 5.8】 计算 1! +2! +3! +…+10! 的值。要求使用嵌套循环。

```
/*p5-8.c*/
main()
{
    int i,j;
  long int t, sum;              //t 存放各阶乘的值，sum 存放总和
  sum=0;
  for(i=1;i<=10;i++)
  {
     t=1;                       //t 初值为 1，以保证每次求阶乘时从 1 开始连乘
     for(j=1;j<=i;j++)          //内层循环重复 i 次
            t=t*j;              //t 中保存的是 i!的值
     sum+=t;
  }
    printf("1! +2! +3! +…+10! = %ld\n",sum);
}
```

运行结果如下。

```
1! +2! +3! +…+10! = 4037913
Press any key to continue
```

5.7 break 语句和 continue 语句

break 在 switch 语句中的用法前面已介绍过，如果没有 break 语句则从表达式的值与某标号相同处执行直到 switch 所有语句执行完毕，如果有 break 则使程序跳出 switch 而执行 switch 语句后面的语句。

break 的功能就是控制转移，有条件地改变程序的执行顺序。C 语言常用的两种控制转移语句有 break 语句和 continue 语句，但这两种控制转移语句只能用于 for 循环、while 循环、do…while 循环，而对于用 if…goto 语句构成的循环，不能用 break 语句和 continue 语句进行控制。

5.7.1 break 语句

break 语句的作用是使程序的执行流程从一个语句块内部转移出去。在 for、while、do…

while 循环结构中 break 语句通常与 if 语句一起使用，实现当满足某条件时，程序立即退出该循环结构，转而执行该循环结构后的第一条语句。

【例 5.9】 自然数 n 的阶乘小于 10000，而且最接近 10000，求 n 的值。

```
/*p5-9.c*/
main()
{
  int i=1,t=1;
  while(1)                    //由于结束条件不明确，先用死循环
  {
     t=t*i;
     if(t>10000)
        break;                //当 t>10000，退出循环
     i++;
  }
  printf("满足条件的 n 值为: %d\n",i-1);
}
```

运行结果如下。

```
满足条件的n值为: 7
Press any key to continue
```

注意。

（1）break 只能跳到当前循环。如果是嵌套循环，break 只能跳出 break 语句所在层的循环。

（2）程序在输出结果应为 i–1 而不是 i。因为程序在运行 break 时阶乘的值已经不满足条件，也就是已经多乘了一个数，所以，结果应该为 i–1，这是编程时需要注意的边界值问题。

【例 5.10】 从键盘上输入一个大于 2 的正整数，编程判断是否为素数。

分析：判断数 n 是否是素数，就是将该数用 2、3、…、n–2、n–1 去除，如果都不能整除，则说明数 n 是素数，只要有一个数能整除，则说明数 n 不是素数。但在实际应用中，并不需要用这么多数去除，只需要用 2、3、…、(int)sqrt(n)就行。该问题算法流程图如图 5-9 所示。

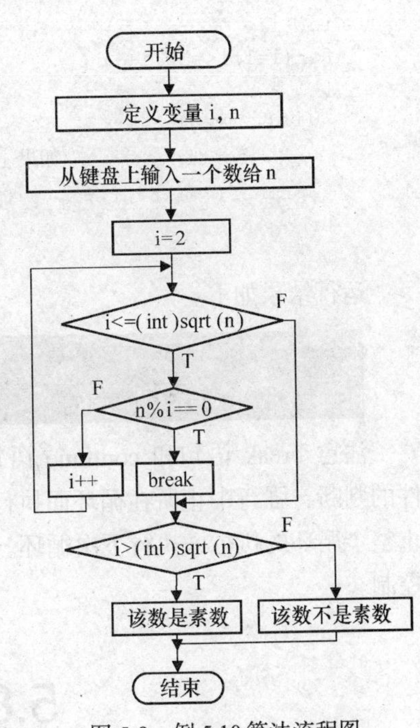

图 5-9 例 5.10 算法流程图

```
/*p5-10.c*/
#include<math.h>
main()
{
  int i,n;
  printf("请输入一个大于 2 的正整数: ");
  scanf("%d",&n);
  for(i=2;i<=(int)sqrt(n);i++)
     if(n%i==0)
          break;
  if(i>(int)sqrt(n))              //判断是否是所有满足条件的数都不能整除 i
    printf("%d 是素数。\n",n);
  else
```

```
    printf("%d不是素数。\n",n);
  }
```

运行结果如下。

```
请输入一个大于2的正整数：19
19是素数。
Press any key to continue
```

5.7.2 continue 语句

continue 语句的作用是跳过循环体中剩余的语句而强行执行下一次循环。注意，它并不是结束循环，它只能用在 for、while、do…while 循环结构中，常与 if 条件语句一起使用，实现当满足某条件时，强行跳过本次循环中剩余的语句而执行下一次循环；对于 while、do…while 循环，执行完 continue 语句就立即判断循环条件；对于 for 循环结构，执行完 continue 语句就先执行“表达式 3”，然后才判断循环的条件。

【例 5.11】 输出 1~30 之间所有不能被 3 整除的数。

分析：该题利用 continue 来处理比较简单，在 for 循环体中，如果某个数能被 3 整除，则跳过循环后面的语句进入下一个循环，否则就执行输出语句，输出该数值。

```
/*p5_12.c*/
main()
{
  int i;
  for(i=1;i<=30;i++)
  {
    if(i%3==0)
        continue;      //如果 i 能被 3 整除，则结束本次循环即不输出该 i 的值
    printf("%d\t",i);
  }
}
```

运行结果如下。

```
1       2       4       5       7       8       10      11      13      14
16      17      19      20      22      23      25      26      28      29
Press any key to continue
```

注意 break 语句和 continue 语句的区别：break 语句是结束所在的循环，即不再进行循环条件的判断，强行中止所在循环而执行该循环后面的语句；continue 语句只结束本次循环，而不终止整个循环的执行，执行下次循环。break 语句和 continue 语句不能对 goto 语句构成的循环进行控制。

5.8 应用与提高

依据目前学习的知识，在成绩管理系统中，我们可以实现从键盘上输入学生的成绩，并输出相应的数据。

功能要求：从键盘上输入 5 名学生的四门课程成绩，输出各课程最高分及各课程不及格人数，成绩保留一位小数。

设计：由于只需要输出各门课程的最高分和不及格人数，因此在从键盘上输入时，可以直

接对成绩进行相应的判断，而并不需要保存每位学生的各门课程成绩；因此，在实现时，只需要定义四个 float 类型变量来接收从键盘上输入的成绩即可。另外还要定义四个 float 类型变量用于保存各科最高分，再定义四个 int 类型的变量用于保存各科不及格人数。

本章能实现的功能较为简单，完成该功能的过程可以用自然语言表示如下。

（1）定义变量。

（2）利用 for 循环实现从键盘上输入 5 名学生的四门课程的成绩。

（3）计算各科最高分。

（4）计算各科不及格人数。

（5）输出计算结果。其中第（3）、（4）步直接在 for 循环中完成。

代码实现如下。

```
#include<stdio.h>
main()
{
 //第一步：定义变量
 int n1,n2,n3,n4,i;                              //用来保存不及格人数
 float max1,max2,max3,max4;                      //用来保存各课程最高分
 float x1,x2,x3,x4;
 max1=max2=max3=max4=0;
 n1=n2=n3=n4=0;
 //第二步：从键盘上输入学生的成绩
 for(i=0;i<5;i++)
 {
     printf("请输入第%d 名学生的四门成绩：",i+1);
     scanf("%f%f%f%f",&x1,&x2,&x3,&x4);
     //第三步；计算各课程最高分
     //第 1 门课程
     if(x1>max1)
         max1=x1;
     //第 2 门课程
     if(x2>max2)
         max2=x2;
     //第 3 门课程
     if(x3>max3)
         max3=x3;
     //第 4 门课程
     if(x4>max4)
         max4=x4;
     //第四步：计算各门课程不及格人数
     //第 1 门课程
     if(x1<60)
         n1++;
     //第 2 门课程
     if(x2<60)
         n2++;
     //第 3 门课程
     if(x3<60)
         n3++;
     //第 4 门课程
```

```
        if(x4<60)
            n4++;
    }
    //第五步：输出相应的值
    printf("第 1 门课程的最高分是：%.1f，不及格人数为%d 人。\n",max1,n1);
    printf("第 2 门课程的最高分是：%.1f，不及格人数为%d 人。\n",max2,n2);
    printf("第 3 门课程的最高分是：%.1f，不及格人数为%d 人。\n",max3,n3);
    printf("第 4 门课程的最高分是：%.1f，不及格人数为%d 人。\n",max4,n4);
}
```

运行结果如下。

```
请输入第1名学生的四门成绩：56 67 88 91
请输入第2名学生的四门成绩：66 63 78 56
请输入第3名学生的四门成绩：64 56 58 71
请输入第4名学生的四门成绩：89 88 69 70
请输入第5名学生的四门成绩：71 77 74 89
第1门课程的最高分是：89.0，不及格人数为1人。
第2门课程的最高分是：88.0，不及格人数为1人。
第3门课程的最高分是：88.0，不及格人数为1人。
第4门课程的最高分是：91.0，不及格人数为1人。
Press any key to continue
```

5.9 本章小结

本章介绍了 C 语言的 4 种循环结构：if…goto、for、while、do…while 循环结构。但 goto 语句会破坏程序的结构性，建议慎重使用。而对于另外三种循环，习惯用法是：当确定循环次数时，采用 for 语句，当循环次数不确定时，使用 while 或 do…while 语句；但在具体的应用编程时，一般情况下都可以相互替换。三种循环结构还可以互相嵌套，构成多层循环。

for 循环结构可以在表达式 1 初始化循环控制变量，表达式 2 指定循环条件，表达式 3 中包含使循环趋于结束的语句；在利用 while、do…while 语句编程时，循环控制变量的初始化就在循环结构之前完成，在 while 后的括号内指定循环条件，注意在循环体内要有促使循环结束的语句。

注意：对于 while 和 for 循环结构是先判断循环条件，后执行循环体，循环体有可能一次也不执行；而 do…while 循环结构是先执行循环体，后判断表达式，无论循环条件如何，循环体至少会被执行一次。

习 题 五

一、选择题

1. 若有以下程序：

```
main()
{
    int x=8,a=1;
    do
```

```
    {
        a++;
    }while(x);
}
```

则语句 a++执行的次数是（ ）。

A. 0　　B. 1　　C. 无限次　　D. 有限次

2. 若有以下程序：

```
main()
{
    int x=6,a=0;
    do
    {
        a=a+1;
    }while(x,x--);
}
```

则语句 a=a+1 执行的次数是（ ）。

A. 1　　B. 2　　C. 6　　D. 7

3. 若有以下程序：

```
main()
{
    int i;
    for(i=0;i<3;i++)
        switch(i)
        {
            case 1:printf("%d",i);
            case 2:printf("%d",i);
            default:printf("%d",i);
        }
}
```

执行后输出结果是（ ）。

A. 011122　　B. 012　　C. 01201　　D. 01122

4. 若有以下程序：

```
main()
{
    int k=0;
    while(k<1)
    {
        if(k<1)
            continue;
        if(k==5)
            break;
        k++;
    }
}
```

该程序循环的次数是（ ）。

A. 5　　B. 6

C. 4　　D. 死循环，次数不能确定

5. 下面关于 for 循环结构的正确描述是（ ）。

A. for 循环只能用于循环次数已经确定的情况

B. for 循环是先执行循环体语句，后判断表达式

C. 在 for 循环中，不能用 break 语句跳出循环体

D. for 循环的循环体语句中，可以包含多条语句，但必须用花括号括起来

6. 有以下程序段：

```
int k=0;
while(k=1)
    k++;
```

while 循环执行的次数是（　　）。

A. 无限次　　B. 有语法错误，不能执行

C. 一次也不执行　　D. 执行一次

7. 有如下程序：

```
main()
{
    int x=3;
    do
    {
        printf("%d",x--);
    }while(!x);
}
```

该程序的执行结果是（　　）。

A. 321　　B. 210　　C. 3　　D. 2

8. 有如下程序：

```
main()
{
    int y=10;
    do
    {
        y--;
    }while(--y);
    printf("%d\n",y--);
}
```

该程序的执行结果是（　　）。

A. –1　　B. 0　　C. 1　　D. 8

9. 有如下程序：

```
main()
{
    int i;
    for(i=2;i==0;)
        printf("%d",i--);
}
```

该程序执行时，循环体循环的次数是（　　）。

A. 无限次　　B. 0 次　　C. 1 次　　D. 2 次

10. 有如下程序：

```
main()
{
    int a=0,i;
    for(i=1;i<5;i++)
    {
```

```
        switch(i)
        {
        case 0:
        case 3: a+=2;
        case 1:
        case 2: a+=3;
        default: a+=5;
        }
    }
    printf("%d\n",a);
}
```

该程序执行结果是（　　）。

A. 10　　B. 13　　C. 31　　D. 20

二、填空题

1. 下面程序的运行结果为________。

```
main()
{
    int a=10,y=0;
    do
    {
        a+=2;
        y+=a;
        if(y>50)
            break;
    }while(a<14);
    printf("a=%d,y=%d\n",a,y);
}
```

2. 要求以下程序的功能是计算：s=1+1/2+1/3+…+1/10。

```
main()
{
    int n;
    float s;
    s=1.0;
    for(n=10;n>1;n--)
        s=s+1/n;
    printf("%6.4f\n",s);
}
```

程序运行的结果不正确，导致错误结果的语句是________。

3. 以下程序中，while循环的循环次数是________。

```
main()
{
    int i=0;
    while(i<10)
    {
        if(i<2)
            continue;
        if(i==6)
            break;
        i++;
    }
}
```

4. 以下程序的输出结果是________。

```
main()
{
    int i;
    for(i=1;i<8;i++)
    {
        if(i%2==0)
        {
            printf("#");
            continue;
        }
        printf("*");
    }
    printf("\n");
}
```

三、编程题

1. 用$\frac{\pi}{4}\approx 1-\frac{1}{3}+\frac{1}{5}-\frac{1}{7}+\cdots$公式求π的近似值，直到某一项的绝对值小于$10^{-6}$为止。

2. 输入两个自然数 m 和 n，求其最大公约数、最小公倍数。

3. 打印出 100~1000 间的所有“水仙花数”。所谓“水仙花数”是指一个三位数，其各位数字立方和等于该数本身。例如：153 是一个“水仙花数”，因为 $153=1^3+5^3+3^3$。

4. 一球从 100 米高度自由落下，每次落地后反跳回原高度的一半再落下。求它在第 10 次落地时，共经过多少米？第 10 次反弹多高？

分析：小球第一次落地时经过的路程就是高度，而以后每一次落地时经过的路程都是当次高度的两倍。

5. 输入一行字符，分别统计出英文字母、空格、数字和其他字符的个数。

6. 求下面分数序列的前 20 项的和。

$\frac{2}{1}$，$\frac{3}{2}$，$\frac{5}{3}$，$\frac{8}{5}$，$\frac{13}{8}$，$\frac{21}{13}\cdots$

7. 统计 1000!的末尾有多少个 0（提示：统计 1000!中 5 的个数）。

8. 猴子吃桃子问题。猴子第一天摘了若干个桃子，当即吃了一半，还不过瘾，又多吃了一个。第二天早上又将剩下的桃子吃掉一半，又多吃了一个。以后每天早上都吃了前一天剩下的一半零一个，到第十天早上想吃时，见只剩下一个桃子了。第一天共摘了多少个桃子？

第 6 章 函数

C 语言程序设计的基本工作是设计函数，C 语言也被称为函数式语言。C 语言中的函数并非数学中的函数，而是一个程序块。本章主要介绍 C 语言中函数的定义与调用、函数的参数传递方式、变量的作用域和存储方式以及函数的嵌套调用与递归函数等内容。

6.1 函数概述

在 C 语言程序设计中使用函数有两方面的显著作用：一是通过函数来实现软件系统的模块化，降低问题的复杂度；二是通过函数来实现相似或重复功能的复用。下面从这两方面概述函数的作用和特点。

有效解决问题的核心在于分解问题。人们在日常生活中常常将复杂的大问题分解成若干个简单的小问题分别求解，以降低解决问题的复杂度。在进行计算机程序设计时，与之相似的解决问题方法即为结构化程序设计。结构化程序设计采用自顶向下、逐步细化和模块化的分析方法，从而使复杂的程序分成许多功能模块，因此具有结构清晰、易于编制和维护的特点。

具体而言，在结构化程序设计时，程序员通常把一个复杂的应用系统分为若干个子系统，每个子系统再分为若干个程序模块，每一个模块用来实现一个特定的功能，从而通过分别实现每个模块的功能来实现整个应用系统的功能。在 C 语言中，每一个模块就是一个子程序，子程序（模块）的功能就是由函数来实现的。

当问题比较复杂、问题规模比较大时，得到的模块（函数）可能数量多、层次多、调用关系复杂。例如，设计一个学校的教务管理系统，设计时可以把任务分解为学籍管理、学生成绩管理、排课等子系统。而学生成绩管理子系统又包括成绩录入、成绩查询、成绩维护、管理统计等模块（函数）。

而当问题比较简单、问题规模比较小时，得到的模块（函数）可能相对数量少、层次少、调用关系简单。例如，在本章应用提高篇的成绩管理系统中，所要求的功能相对简单：实现从键盘上输入三名学生的四门课程成绩，通过调用相应的功能函数计算并输出三名学生的平均成绩、各科最高分及各科不及格人数。通过分析设计，可以通过调用求平均值函数 av、求最大值函数 max、求各科成绩的不及格人数的函数 count 等三个函数完成各个主要模块的功能，其中求不及格人数的函数又需要调用判断某个分数是否及格的函数 is_failed。

当完成了系统的模块划分之后，即可确定主函数和其他各个函数之间的调用关系。一个 C 语言程序可由一个主函数（main 函数）和多个函数构成。由主函数来调用其他函数，其他函数也可以相互调用。同一个函数可以被多个函数任意次调用。图 6-1 是本章应用提高篇的成绩管理系统中所实现的程序的结构示意图，显示出主函数与其他函数之间的调用关系。

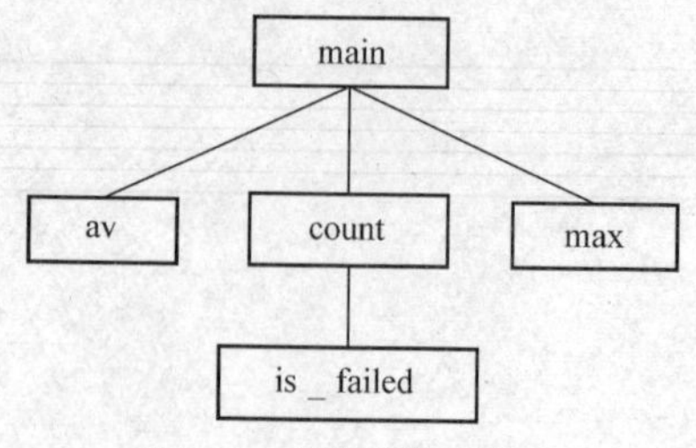

图 6-1　程序结构示意图

在程序设计中，有许多相似或者重复功能的代码需要反复被调用，此时，可以将一些常用的功能模块编写成函数，放在函数库供选用。在实际编程过程中，通过利用函数，可以提高代码的重用，减少编程的工作量，提高代码的质量。

先举一个简单的函数调用的例子。

【例 6.1】 阅读下面的代码，看一看用户自定义的函数。

```
/*p6_01.c*/
double computeTotalPrice(double price, int amount)
{
 double total_price;
 total_price = price*amount;
 return total_price;
}
printMassage()
{
 printf("*********药品价格计算程序************\n");
}

main()
{
 double zongjia=0, danjia=0;
 int shuliang;
 printMassage();
 printf("请输入药品单价: ");
 scanf("%lf",& danjia);
 printf("请输入药品数量: ");
 scanf("%d",& shuliang);
 zongjia =computeTotalPrice(danjia, shuliang);
 printf("药品总价为: %lf\n", zongjia);
}
```

运行结果如下。

```
**********药品价格计算程序*************
请输入药品单价: 1.2
请输入药品数量: 4
药品总价为: 4.800000
Press any key to continue_
```

函数 printMessage 和 computeTotalPrice 是用户定义的，功能分别是：输出一行信息

“*********药品价格计算程序***********”、根据药品单价和药品数量这两个输入参数计算对应的药品总价。

在学习函数前，先了解函数的相关常识。

（1）一个源程序文件由一个或多个函数组成。一个源程序文件是一个编译单位，以源程序为单位进行编译，而不是以函数为单位进行编译。

（2）一个 C 程序由一个或多个源程序文件组成。一个源文件可以为多个 C 程序使用。例如在大型的应用程序中，一般不会把所有的函数放在一个文件中，而将函数和其他内容分别放在若干个源文件中，再由若干源文件组成一个 C 程序。

（3）C 程序执行是从 main 函数开始的，调用其他函数后流程再返回到 main 函数，在 main 函数中结束整个程序的运行。在实际编程时，main 函数一般只包括程序操作的基本轮廓，它由一系列函数调用组成。

（4）所有的函数是平行的，即在定义函数时是互相独立的，一个函数并不从属于另一个函数，即函数不能嵌套定义，也就是说，在一个函数体内不能再定义另一个函数。但函数间可以互相调用。

（5）从用户角度来看，函数有两种。

① 标准函数，即库函数，由 C 语言系统提供的，供程序员使用。包括了常用的数学函数、字符函数、字符串函数、输入/输出函数、动态存储分配函数等。优秀的程序员会很熟练地调用这些库函数，而不必自己编写。应该注意：不同的 C 语言系统所提供的库函数的数量和功能并不完全相同，在使用过程要注意区别。

② 用户自定义函数。为解决用户专门需要而设计的函数。如例 6.1 程序中，除了系统定义的主函数 main 外，还有几个函数，其中 computeTotalPrice、printMassage 是自定义函数，用户为了完成特定功能而自己定义的。而 printf、scanf 则是系统定义的，是库函数。其中 printf 专门用来在标准输出设备上输出指定的内容，scanf 则是专门用来将键盘输入的数据赋值给指定变量。

【例 6.2】 调用库函数。

```
/*p6_02.c*/
#include<math.h>
#include"stdio.h"
main()
{
    double a,b;
    printf("请输入一个实数：");
    scanf("%lf",&a);
    b=cos(a);
    printf("cos(%lf)=%6.4lf",a,b);
}
```

运行结果如下。

```
请输入一个实数：3.14
cos(3.140000)=-1.0000Press any key to continue_
```

库函数加载说明：如果在程序中需要使用某一个或某一类库函数，必须要把这一个库函数或这一类库函数所在的头文件包含到源文件中，使用“#”加 include 命令进行，而系统提供的头文件则是以.h 为后缀的，如例 6.2 所示，包含了两个头文件，分别使用

#include<math.h>和#include"stdio.h"。可见，包含头文件有两种方式：一种是以尖括号括起来，另一种是以一对双引号括起来。以 math.h 为例说明它们的区别：若是以尖括号的形式，如#include <math.h>，编译时只按系统标准方式检索文件目录，查找 math.h 文件；若是以双引号的形式，如#include"stdio.h"，编译时先在目标文件所在的子目录中找 math.h，若不能找到，再按尖括号方式重新检索。书写 include 命令时，结尾没有分号，因为它不是源程序的语句，而是一条命令。

6.2 函数的定义

库函数只能解决通用性的功能，而对于实际应用系统，大量的用户特有功能需要由用户来自己编写。本节主要介绍函数定义。

描述函数功能的代码称为函数定义。函数的定义通常包括函数头和函数体两部分。函数头包括函数类型（即函数返回值类型）、函数名和形式参数列表；函数体包括说明部分和语句部分。下面以例 6.1 中的函数定义为例具体说明。

```
double computeTotalPrice(double price, int amount)
{
    double total_price;
    total_price = price*amount;
    return total_price;
}
```

这是用户自定义函数 computeTotalPrice 的定义。第一行为函数头。函数头的第一个 float 就是说明函数类型（即函数返回值类型）。如果在定义函数时不指定函数返回值类型，系统会隐含指定函数类型为 int 型。computeTotalPrice 是该函数的名称。紧接着的“( )”中的“double price, int amount”就是形式参数列表，形式参数的作用就是作为函数被调用时所传递的值的占位符，在调用此函数时，主调函数把实际参数的值传递给被调用函数中的形式参数 price 和 amount。紧接着第一行的函数头之后的花括号中的内容就是函数体，包括声明部分和语句部分。本例中，函数体说明部分是语句“double total_price;”，其作用是声明在函数内部所需要用到的变量；此外，函数体中的其他部分是语句部分，用来实现函数功能。

函数体中 return 语句内所出现的变量或者表达式的值将作为函数的返回值传递到主调函数中。在函数体中，可以存在零个或者多个 return 语句。在函数体中如果不存在 return 语句，那么在执行到函数体的最后一个右花括号“}”时，函数执行终止，这称为“自然终止”。在函数体中如果存在一个或者多个 return 语句，那么当遇到 return 语句时，函数的执行当即终止，后面的内容不再执行；该条 return 语句中所出现的变量或者表达式的值将作为函数值返回到主调函数中。本函数定义中的“return total_price;”语句的作用是将上面计算得到的 double 型变量 total_price 作为函数值返回到主调函数中。

下面分别说明各种不同类型的函数定义的格式和语法。

（1）函数定义的格式

```
[函数返回值的类型名]  函数名([类型名 形式参数1，类型名 形式参数2，…])
        /*函数头*/
    {
        [说明部分;]/*函数体*/
```

```
        [语句部分;]
    }
```

其中[]内为可选项。注意：函数名、一对圆括号和花括号不能省略。

关于函数定义的几点说明。

① 函数类型是指该函数返回值的类型，有 int、float、char 等，若函数无返回值，函数定义为空类型 void。

② 函数名命名规则与标识相同。函数名必须是一个合法的标识符，与变量的命名规则相同，且不能与其他函数或变量重名。函数名最好见名知义，以增强程序的可读性。

③ 从函数定义的一般格式中可以看出，如果函数有参数，则为有参函数；如果函数中没有参数，则为无参函数，对于无参函数，函数名后的（ ）不能省略。

（2）无参函数的一般形式

```
[函数返回值的类型名]  函数名()              /*函数头*/
    {
        [说明部分;] /*函数体*/
        [语句部分;]
    }
```

其中方括号为可选项。例 6.1 中的 printMassage 是无参函数。无参函数一般不需要返回函数值，因此可以不写返回值类型。

（3）有参函数的一般形式

```
[函数返回值的类型名]  函数名([类型名 形式参数 1、类型名 形式参数 2、…])
        /*函数头*/
    {
        [说明部分;] /*函数体*/
[语句部分;]
    }
```

其中[]内为可选项。函数参数为多个参数时，其间用逗号隔开。在调用时，主调函数将数据传送给被调用函数使用。

（4）空函数的一般形式

```
[函数返回值的类型名]  函数名()              /*函数头*/
    {
    }
```

调用此函数时，什么工作也不做，但它并不是无用的。在程序设计初始阶段，为了更好地定义系统的功能，使程序功能在将来便于扩充、增加程序的可读性，常常用空函数来说明系统将要实现的功能。

注意，上述“无参函数”、“有参函数”和“空函数”的几种形式实际都是符合函数定义格式的几种不同的特殊情况。

6.3　函数的声明和调用

定义一个函数，其目的是为了使用，因此只有在程序中调用该函数时才能执行它的功能，如在例 6.1 中那样，我们先定义了一个函数 computeTotalPrice，根据药品单价和药品数量这两个输入参数计算对应的药品总价。那么这里定义的计算药品总价的函数是一个通用的方法。而当我们需要具体地计算某一批药品的总价时（例如单价为 danjia=1.2，数量为 shuliang=4），就可以使用主函数中的语句“zongjia =computeTotalPrice(danjia, shuliang);”来调用这个函数，它的作用相当于执行构成函数体的代码，并且将形式参数 price 和 amount 值分别设置为 danjia，shuliang 的值。在此处，函数调用过程中所使用的参数 danjia，shuliang 被称作实际参数。

与 C 语言中使用变量之前要先进行变量说明是一样的，在主调函数中调用某函数之前应对该被调函数进行声明（说明）。

在函数的定义、函数的声明和函数的调用中，分别涉及到了形式参数（简称形参）和实际参数（简称实参）这两个概念。形式参数用在函数的定义和函数的声明中，实际参数用在函数的调用中。

6.3.1 函数的声明

在主调函数中对被调函数进行声明的目的是使编译系统知道被调函数名、形参的数量、返回值的类型及参数顺序等信息，以便在函数调用时进行有效的类型检查，如果实参与形参的类型、数量及顺序不一致时，C 编译程序及时发现错误并报错。

函数声明的一般形式为：

类型说明符 被调函数名(类型名 形式参数 1，类型名 形式参数 2，…)；

或为：

类型说明符 被调函数名(类型名，类型名…)；

【例 6.3】 请编写函数 fun，其功能是：计算并输出下列多项式的值。

$$S_n = 1-\frac{1}{2}+\frac{1}{3}-\frac{1}{4}+...+\frac{1}{2n-1}-\frac{1}{2n}$$

```
/* p6_03.c */
#include <stdio.h>
main()
{
    double fun(int);  //函数说明
    int  n;
    double  s;
    printf("\nInput n:  ");
    scanf("%d",&n);
    s=fun(n);
    printf("\ns=%f\n",s);
}
double fun(int  n)   //被调函数
{
    double s=0;
    int i,a=1;
    for(i=1;i<=2*n;i++)
    {
        s+=1.0*a/i;
        a=-a;
    }
    return s;
}
```

运行结果如下。

```
Input n:  3

s=0.616667
Press any key to continue
```

在这个例子中，定义了函数 fun，函数 fun 的作用就是求多项式的值，多项式的项数通过参数传递。因为函数值类型不是默认的 int 型，fun 函数的定义没有写在 fun 函数的调用语句之前，因此，在调用前必须先声明，主调函数中的语句 double fun(int)就是一条声明语句。注意：函数的“声明”和“定义”不是一回事，“声明”是通知编译系统，该主调函数将要调用的函数名、函数类型以及形参个数、顺序、每个形参的类型信息；而“定义”则是对该函数功能的设计，除函数名，函数类型以及形参个数、顺序，每个形参的类型等函数头信息外，还包括函数体。可见，“声明”只是将“定义”时函数头的基本信息通知编译系统。

其实，在函数声明中可以只写形参的类型，而不用书写形参名，如例 6.3 中函数声明：

```
double fun(int);
```

在 C 语言中，以上的函数声明称为函数原型。它的作用是利用它在程序的编译阶段对调用函数的合法性进行全面检查。

C 语言中又规定在以下几种情况时可以省去主调函数中对被调函数的函数说明。

（1）如果被调函数的返回值是整型或字符型时，可以不对被调函数做说明，而直接调用。这时系统将自动对被调函数返回值按整型处理。但在这种情况下，系统编译时无法对参数类型进行检查，若出现参数使用不当，在编译时将无法发现问题，建议在编程时，最好加上相应的声明。

（2）当被调函数的函数定义出现在主调函数之前时，在主调函数中也可以不对被调函数再作说明而直接调用，例如例 6.3 中，若函数 fun 的定义放在 main 函数之前，可在 main 函数中省去对 fun 函数的函数说明 double fun(int)。

（3）如在所有函数定义之前，在函数外预先说明了各个函数的类型，则在以后的各主调函数中，可不再对被调函数做说明。例如：

```
char str(int a);
float f(float b);
main()
{
 ……
}
char str(int a)
{
 ……
}
float f(float b)
{
 ……
}
```

其中第一，二行对 str 函数和 f 函数预先做了说明。因此在以后各函数中无须对 str 和 f 函数再作说明就可直接调用。

6.3.2　函数的调用

定义一个函数，其目的是为了使用，因此只有在程序中调用该函数时才能执行它的功能。前面的讲解中已经直观地展示了如何对定义好的函数进行调用的例子，下面再详细讲解函数调用的一般形式和注意事项。

（1）C 语言中函数调用的一般形式为：

函数名([实参表]);

说明。

① 如果被调函数无参数，则在调用时无实参表，此时小括号不能省略。

② 调用时，实参与形参的个数应相同，类型应一致，当实参数多于 1 个时，每个实参间用逗号分隔。

③ 实参与形参按顺序对应，传递数据，即通常所说的“对号入座”。调用后，形参得到实参的值。

④ 实参可以是常量、变量或表达式。如是表达式实参，先计算表达式的值，再将值传递给形参。

⑤ 在 C 语言中，对实参求值顺序会因系统而异，有的系统按自左向右的常规顺序，有的系统则按自右向左的顺序求实参数值。大多数 C（包括 MS C 和 Turbo C）采用自右向左的顺序求值，也就是右结合。

【例 6.4】 C 系统采用自右向左的顺序求值。

```
/* p6_04.c */
1 main()
2 {
3   int a=3,m;
4   m=fun(a,--a);
5   printf("%d\n",m);
6 }
7 int fun(int x,int y)
8 {
9   int t;
10  if(x>y)
11      t=5;
12  else
13      if(x==y)
14          t=0;
15      else
16          t=-5;
17  return t;
18 }
```

运行结果如下。

```
0
Press any key to continue_
```

读者可以看出，只有对实参求值是右结合时才能得出结果 0，否则，结果应该是 5。

（2）函数调用的方式。

在 C 语言中，函数调用时根据函数在程序中出现的位置，可以把函数的调用方式分为以下 3 种。

① 函数表达式：出现在表达式中，以函数返回值参与表达式运算。这种方式要求函数是有返回值的。例如：z=3*sin(x)是一个赋值表达式，把 sin 的返回值乘 3 后再赋予变量 z。

表 6-1　　例 6.4 的变量跟踪

行号＼变量	a	m	x	y	t
2	-858993460	-858993460			
3	3	-858993460	不可见	不可见	不可见
7	不可见	不可见	2	2	不可见
8	不可见	不可见	2	2	-858993460
10	不可见	不可见	2	2	不可见
13	不可见	不可见	2	2	-858993460
14	不可见	不可见	不可见	不可见	0
15	不可见	不可见	不可见	不可见	0
17	不可见	不可见	不可见	不可见	0
4	2	0	不可见	不可见	不可见
5	不可见	0	不可见	不可见	不可见

② 函数调用语句：函数调用的一般形式加上分号即构成一条函数调用语句。例如：printf ("%d",a);scanf ("%d",&b)；都是函数调用语句函数。

③ 函数实参：函数作为另一个函数调用的实际参数出现。这种情况是把该函数的返回值作为实参进行传送，因此要求该函数必须是有返回值的。例如：printf("%d",min(x,y))；即是把 min 调用的返回值又作为 printf 函数的实参来使用的。

一个函数能够调用另一个函数，必须具备相应的条件，这些条件如下。

① 被调用的函数（库函数或用户自定义函数）必须已经存在。

② 若不是系统默认的库函数或者用户自定义的函数在别的文件中，应该在文件开头用 #include 命令将有关的编译预处理信息包含到主调函数所在文件中。如前面需要使用数学函数时，需要在文件前用#include<math.h>将预处理信息包含到文件中。

③ 当被调函数的函数定义出现在主调函数之前时，在主调函数中也可以不对被调函数再作说明而直接调用，否则一般应该对被调用的函数进行必要的说明。

6.4　函数参数传值方式

在介绍函数的定义和函数的调用的过程中，分别涉及到了形式参数（简称形参）和实际参数（简称实参）这两个概念。形式参数用在函数的定义和函数的声明中，实际参数用在函数的调用中。

形参和实参的功能是数据传送。函数调用发生时，主调函数把实参的值传送给被调函数的形参，从而实现主调函数向被调函数的数据传送。

下面对形式参数和实际参数的具体使用做简要介绍。

函数的参数分为形参和实参两种。形参出现在函数定义中，在整个被调函数体内都可以使用，离开该函数体则不能使用，也就是说，形参的作用范围在函数体内。实参出现在主调函数中，进入被调函数后，实参变量也不能使用。形参和实参的功能是用作数据传送。发生函数调用时，主调函数把实参的值传送给被调函数的形参，从而实现主调函数向被调函数的数据传送。

在函数定义中要指明参数的个数和每个参数的类型，定义参数就像定义变量一样，需要为每个参数指明类型，参数的命名也要遵循标识符命名规则。但需要注意的是：定义变量时同样类型的变量可以共用一个类型说明，而定义形参时却不可以。

C 语言参数传递数据有两种方式：值传递和地址传递。

6.4.1 值传递

值传递是：函数调用时，主调函数把实参的值传给被调函数的形参，形参的变化不会影响实参的值。这是一种单向的数据传送方式。

当实际参数是变量、常量、表达式或数组元素，形式参数是变量名时，函数传递数据方式采用的是按值传递的形式。函数参数的值传递具有以下特点。

（1）定义函数时，形参变量并不占用实际的存储单元；形参变量只有在被调用时才分配内存单元，在调用结束时，即刻释放所分配的内存单元。因此，形参只有在函数内部有效。函数调用结束返回主调函数后则不能再使用该形参变量。

（2）实参可以是常量、变量、表达式、函数等，无论实参是何种类型的量，在进行函数调用时，它们都必须具有确定的值，以便把这些值传送给形参。因此应预先用赋值、输入等办法使实参获得确定值。

（3）实参和形参在数量上、类型上、顺序上应严格一致，否则会发生类型不匹配的错误。

（4）函数调用中发生的数据传送是单向的。即只能把实参的值传送给形参，而不能把形参的值反向地传送给实参。因此在函数调用过程中，形参的值发生改变，而实参中的值不会变化。

通过下面的例子说明函数调用时参数传递的特点。

【例 6.5】 以值传递方式定义的变量交换函数。

```
/* p6_05.c */
void swap(int x,int y)
{
    int temp;
    temp =x;
    x=y;
    y= temp;
    printf("x=%d,y=%d\n",x,y);
}
main()
{
    int a,b;
    a=20;b=5;
    swap(a,b);
    printf("a=%d,b=%d\n",a,b);
}
```

运行结果如下。

```
x=5,y=20
a=20,b=5
Press any key to continue
```

程序运行过程中，当执行 swap(a,b);语句时，实现将实参 a 的值 20 和 b 的值 5 分别传递给形参 x 和 y，执行 swap( )函数中的语句。在 swap( )函数中交换了 x、y 两个变量的值，因此 x=5, y=20。执行完毕后，返回 main 函数，在 main 函数中 a、b 两个变量的值并没有发生变化，值仍为 20 和 5。

该例子充分说明：形参的变化不会影响实参的值。值传递是一种单向的数据传送方式。之所以形参的变化不会影响实参的值，是因为在内存中，形参和实参是存储于不同的内存单元，如图 6-2 所示。如果在调用函数的过程中形参变量 x 和 y 的值发生了变化，例如 x 和 y 的值分别变为 5 和 20，也不影响实参变量 a 和 b 的值，如图 6-3 所示。

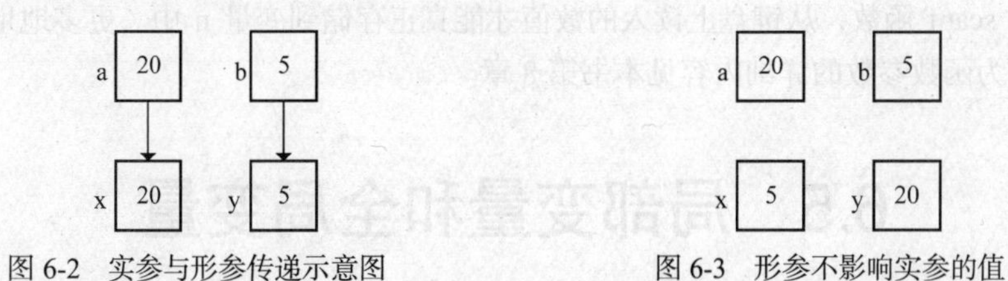

图 6-2 实参与形参传递示意图　　　　图 6-3 形参不影响实参的值

6.4.2 地址传递

地址传递是：函数调用时，主调函数把实参传给被调函数的形参。实质上这还是一种特殊的“值传递”，即主调函数把实参地址值传给了形参，地址值的传递是单向传递。由于传递的是地址，使形参与实参共享同一存储单元中的数据，这样通过形参可以直接引用或处理该地址中的数据，此时改变形参值也即改变实参值。

通过下面的例子说明调用 scanf 函数时地址传递的过程。

【例 6.6】 以地址传递方式调用函数。

```
/* p6_06.c */
1 main()
2 {
3     int n;
4     printf("请输入一个整数\n");
5     scanf("%d",&n);
6     printf("刚输入的数是：%d\n",n);
7 }
```

运行结果如下。

```
请输入一个整数
23
刚输入的数是：23
Press any key to continue
```

程序中变量跟踪见表 6-2。

表 6-2　　例 6.6 的变量跟踪

观察变量 语句行号	n	&n
2	–858993460	不可见
3	0	不可见
4	不可见	0x0012ff7c
5	23	0x0012ff7c
6	23	不可见

这个例子演示了我们很熟悉的 scanf 函数的具体调用过程。注意到，第 5 行代码“scanf("%d",&n);”执行完毕后，变量跟踪的结果中有变量 n，值为 23；变量&n，值为 0x0012ff7c。这个变量“&n”，就是程序在内存中为变量“n”所分的存储地址，变量“&n”的类型是地址值，变量“&n”的值为 0x0012ff7c，说明变量“n”在内存中的存储地址是编号为 0x0012ff7c 的地址单元。

这也就是为什么 scanf 函数的调用参数一定要写成&n，而不能写成 n 的原因，必须用地址传递的方式调用 scanf 函数，从键盘上读入的数值才能真正存储到变量 n 中。更多地址值、地址类型变量及其作为函数参数的详细内容见本书第 8 章。

6.5 局部变量和全局变量

在讨论函数的形参变量时曾经提到，形参变量只在被调用期间才分配内存单元，调用结束立即释放。这一点表明形参变量只有在函数内才是有效的，离开该函数就不能再使用了。这种变量有效性的范围称为变量的作用域。在C语言中所有的变量都有自己的作用范围。变量说明的方式不同，其作用域也不同。C语言中的变量按作用域范围可分为两种，即局部变量和全局变量。

6.5.1 局部变量

局部变量也称为内部变量。它是在函数内作定义说明的，它只存在于这个函数内，也就是说在这个函数内可以使用它们，离开该函数后再使用这种变量是非法的。

对图 6-4 所示局部变量使用说明如下。

（1）主函数 main 中定义的变量 i、j，只能在 main 中有效。而且主函数也不能使用其他函数中定义的变量。如果在 main 中取 a、b、c、x、m、n 的值或者对这些变量赋值，系统都会报错。

（2）允许在不同的函数中使用相同的变量名，它们代表不同的对象，分配不同的单元，互不干扰，也不会发生混淆。

```
int fun1(int x)                 /*函数fun1*/
{
        int m,n;
        ...                     x、m、n的作用域
}
float fun2(float a)             /*函数fun2*/
{
        float b,c;
        ...                     a、b、c的作用域
}
main()                          /*函数main*/
{
        int i,j;
        ...                     i、j的作用域
}
```

图 6-4 局部变量的作用域示意图

【例 6.7】 不同函数中相同变量名的处理结果。

```
/*p6_07.c*/
1  main()
2  {
3     void fun();
4     int x=5;
5     printf("%d\n",x);
6     fun();
7     printf("%d\n",x);
8  }
9  void fun()
10 {
11    int x=10;
12    printf("%d\n",x);
13 }
```

运行结果如下，变量跟踪表见表 6-3。

```
5
10
5
Press any key to continue
```

表 6-3　　　　　　　　　　　　　例 6.7 的变量跟踪

语句行号＼变量	x (main 函数内)	x (fun 函数内)
2	–858993460	不可见
4	5	不可见
5	5	不可见
9	不可见	不可见

（3）形参也是局部变量，其他函数是不能够调用的。

（4）在一个函数内部，可以在复合语句中定义变量，这些变量只能在复合语句中有效，而离开复合语句这些变量就无效了。这种复合语句也叫做“分程序”或“程序块”。

【例 6.8】 复合语句中相同变量名的处理结果。

```
/*p6_08.c*/
main()
{
    int i=2,j=3,k;
    k=i+j;
    {
      int k=8;
      printf("%d\n",k);
    }
    printf("%d\n",k);
}
```

运行结果如下。

```
8
5
Press any key to continue_
```

6.5.2　全局变量

在所有函数（包括 main 函数）之外定义的变量称为全局变量，它不属于任何函数，而属于一个源程序文件，可以为本源程序中其他函数所共用，其作用域是从定义的位置开始到源程序文件结束，并且默认初始值为 0 或 Null。如：

图 6-5 中的 p、q、h 均为外部变量（也就是全局变量），但他们的作用范围不同，在函数 fun2 和 main 中，三个全局变量均可用，但在函数 fun1 中 h 就不可用。

全局变量在使用过程有几点需要注意。

（1）设置全局变量可以增加函数间数据联系的渠道。由于在同一个源程序中，该全局变量定义后的所有函数均可以引用该全局变量，如果这其中的某一个函数改变了全局变量的值，就能影响到其他所有能引用该全局变量的函数，相当于该全局变量成为各函数间的传递通道。从另一个角度来看，该全局变量相当于一个函数的返回值，这样也可以改变函数返回值的方式。

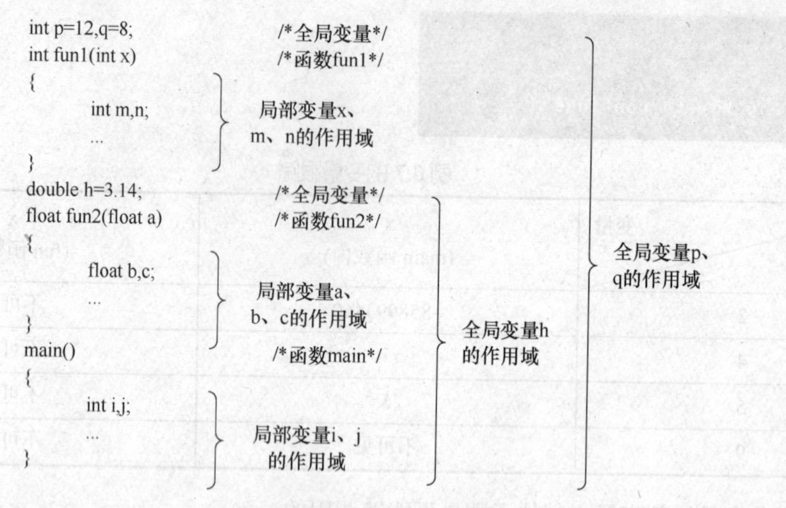

图 6-5 全局变量的作用域示意图

【例 6.9】 输入正方体的长宽高 l，w，h。求体积及三个面 x×y，x×z，y×z 的面积。

```
/*p6_9.c*/
int s1,s2,s3;
int fun( int a,int b,int c)
{
    int v;
    v=a*b*c;
    s1=a*b;
    s2=b*c;
    s3=a*c;
    return v;
}
main()
{
    int v,l,w,h;
    printf("input length:");
    scanf("%d",&l);
    printf("input width:");
    scanf("%d",&w);
    printf("input height:");
    scanf("%d",&h);
    v=fun(l,w,h);
    printf("\nv=%d,s1=%d,s2=%d,s3=%d\n",v,s1,s2,s3);
}
```

运行结果如下。

```
input length:5
input width:6
input height:10

v=300,s1=30,s2=60,s3=50
Press any key to continue
```

程序中，标识三个面积的变量 s1，s2，s3 是全局变量，是公用的，它可以供源程序中两个函数使用。在函数 fun 中改变了这三个变量的值，虽然没有在函数 fun 中返回，但在函数 main 中仍然可以使用已经改变过的这三个变量的值。

由此可见，利用全局变量可以减少函数的实参及形参的个数，从而减少内存空间及数据返回传递的时间消耗。

（2）如果在同一个源程序中，全局变量与局部变量同名，则在局部变量的作用范围内，全局变量被“屏蔽”，也就是说，在这种情况下，只有局部变量能起作用，而全局变量则不可用。

【例 6.10】 同名全局变量的定义，本例的变量跟踪见表 6-4。

```
/*p6_10.c*/
1  int m=8;
2  int fun()
3  {
4    int m=5;
5    return m;
6  }
7  main()
8  {
9    int i;
10   i=fun();
11   printf("%d\t%d\n",i,m);
12 }
```

运行结果如下。

```
5       8
Press any key to continue
```

表 6-4　　　　例 6.10 的变量跟踪

变量 / 语句行号	m (全局)	m (fun 函数)	i
8	不可见	不可见	–858993460
2	不可见	不可见	不可见
3	不可见	–858993460	不可见
4	不可见	5	不可见
5	不可见	5	不可见
6	不可见	不可见	–858993460
10	不可见	8	5
11	不可见	8	5

函数 fun 中定义了一个局部变量 m 与全局变量同名，在调用 fun 函数时，返回 m 的值是局部变量 m 的值 5 而不是全局变量值 8。

（3）应尽量少使用全局变量。这是因为①全局变量在程序全部执行过程中始终占用存储单元；②降低了函数的独立性、通用性、可靠性及可移植性；③降低程序清晰性，容易出错。

6.6 函数的嵌套调用和递归函数

6.6.1 函数的嵌套调用

C语言中不允许作嵌套的函数定义。因此各函数之间是平行的，不存在上一级函数和下一级函数的问题。但是C语言允许在一个函数的定义中出现对另一个函数的调用，这样就出现了函数的嵌套调用。函数嵌套调用是指，在执行被调用函数时，被调用函数又调用了其他函数。这与其他语言的子程序嵌套的情形是类似的。

【例 6.11】 求 S=1+2!+3!+…+n!。要求从键盘上输入一个 n 值，运用嵌套调用计算 S 的值。

```
/* p6_11.c */
#include<stdio.h>
main()
{
     long s,sum1(int);              /*sum1 函数声明*/
     int n;
     printf("n=");
     scanf("%d",&n);
     s=sum1(n);                     /*sum1 函数调用*/
     printf("s=%ld\n",s);
}
long sum1(int x)                    /*sum1 函数定义*/
{
     long s=0,factorial(int);       /*factorial 函数声明*/
     int i;
     for(i=1;i<=x;i++)
          s=s+factorial(i);         /*factorial 函数调用*/
     return s;
}
long factorial(int y)               /*factorial 函数定义*/
{
     long t=1;
     int j;
     for(j=1;j<=y;j++)
          t=t*j;
     return t;
}
```

运行结果如下。

```
n=3
s=9
Press any key to continue
```

该程序中，主函数 main 调用了 sum1 函数，而在 sum1 函数中又调用了 factorial 函数。该程序中嵌套调用的执行过程如图 6-6 所示。

这是两层嵌套，具体执行过程如下。

（1）执行 main 的开头部分。

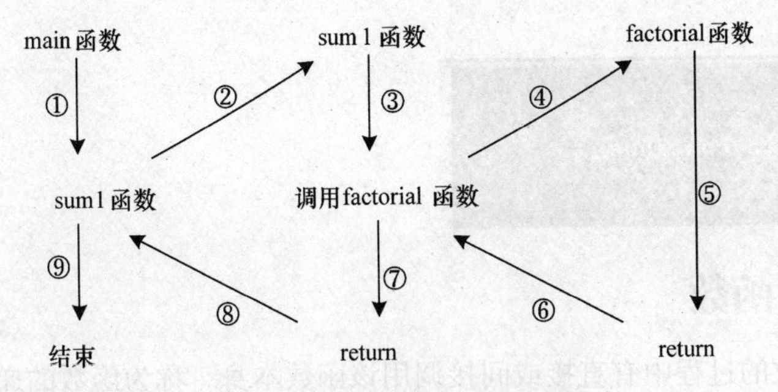

图 6-6　例 6.11 函数的嵌套调用

（2）调用 sum1 函数语句，程序流程转向执行 sum1 函数。

（3）执行 sum1 函数的开头部分。

（4）遇到调用 factorial 函数语句，程序流程转向执行 factorial 函数。

（5）执行 factorial 函数的全部操作。

（6）遇 return 语句，程序流程返回到 sum1 函数中调用 factorial 函数处。

（7）继续执行 sum1 函数中尚未执行的部分。

（8）遇 return 语句，程序流程返回到 main 函数中调用 sum1 函数处。

（9）继续执行 main 函数中尚未执行的部分，直到程序结束。

【例 6.12】 对于算式 $m=1\times(1+2)\times(1+2+3)\times\cdots\times(1+2+3+\cdots+n)$，编程实现从键盘输入 n 值，求出 m 的计算结果。

```
/*p6_12.c*/
#include<stdio.h>
main()
{
    long s,fun1(int);                /*fun1 函数声明*/
    int n;
    printf("n=");
    scanf("%d",&n);
    s=fun1(n);                       /*fun1 函数调用*/
    printf("s=%ld\n",s);
}
long fun1(int y)                     /*fun1 函数定义*/
{
    long t=1;
    int j;
    for(j=1;j<=y;j++)
        t=t*sum1(j);                 /*sum1 函数调用*/
    return t;
}
long sum1(int x)                     /*sum1 函数定义*/
{
    long s=0,fun1(int);              /*fun1 函数声明*/
    int i;
    for(i=1;i<=x;i++)
        s=s+i;
    return s;
}
```

运行结果如下。

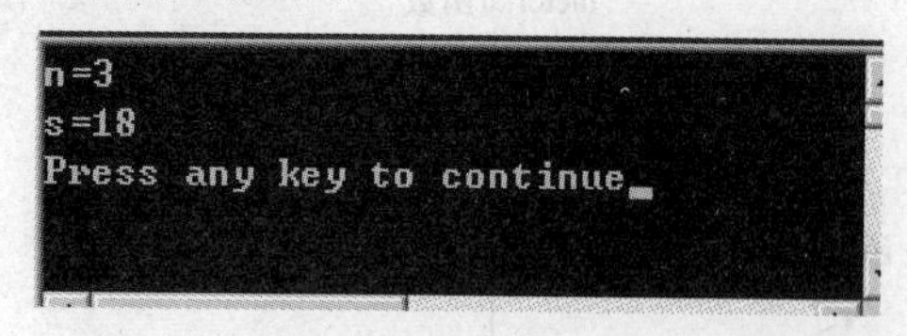

6.6.2 递归函数

在调用一个函数的过程中有直接或间接调用该函数本身，称为函数的递归调用，这种函数称为递归函数。C 语言允许函数的递归调用。递归调用有两种情形：一种情形，主调函数又是被调函数。执行递归函数将反复调用其自身，每调用一次就进入新的一层，这又叫直接递归。递归还有另一种情形，就是第一个函数调用第二个函数，而第二个函数又反过来调用第一个函数。这种调用情形叫间接递归。间接递归调用的形式如图 6-7 所示。

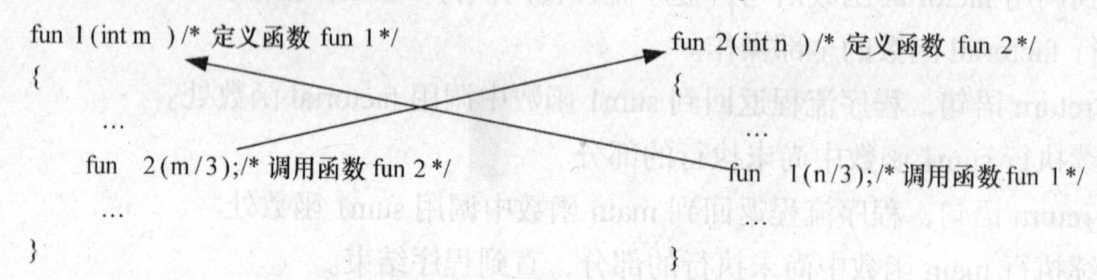

图 6-7 函数的间接递归调用

本书只讲述直接递归。如果一个问题要想用递归函数来解决，需要达到以下 3 个条件。

（1）可以把要求解的问题转化为一个新的问题，这个新问题的解决方法与原来的解决方法相同，只是所处理问题的参数值有规律地递增或递减。

（2）可以应用这个转化过程使问题得到解决。

（3）必须有一个明确的结束递归的条件。也就是在递归调用过程中，必须有一个条件使得调用结束，有时也称为递归的出口。

递归函数设计的难点是建立问题的数学模型，一旦建立了正确的递归数学模型，就可以很容易地编写出递归函数。

【例 6.13】 用递归法求 $f(n)=n!$。

其实，阶乘的计算可以用递归定义如下：

$$\begin{cases} fun(n)=1 & (n=0,\ 1) \\ fun(n)=n\times(n-1)! & (n>1) \end{cases}$$

从上面的定义可以看出，阶乘的计算符合递归函数的三个条件：当 $n>0$ 时，求 $n!$可以转化为求 $n\times(n-1)!$，而求 $n\times(n-1)!$的方法与求 $n!$的方法相同，只是求阶乘的参数由 n 变成了$(n-1)$，参数值变少，而求$(n-1)!$又可转化为求$(n-1)\times(n-2)!$，以此类推，每一次的转化使得参数值有规律地减 1，直到参数值为 1 或 0，此时，函数调用结束，结束递归。具体实现程序如下。

```
/*p6_13.c*/
#include<stdio.h>
main()
{
    int n;
    long y, fun(int);
    printf("请输入一个整数：");
```

```
    scanf("%d",&n);
    y=fun(n);
    printf("%d!=%ld\n",n,y);
}
long fun(int n)
{
    long f;
    if(n<0)
        printf("n<0,输入错误! ");
    else
        if(n==0||n==1)
            f=1;
        else
            f=fun(n-1)*n;
    return(f);
}
```

运行结果如下。

```
请输入一个整数：5
5!=120
Press any key to continue
```

采用递归来解决问题的主要优点是使程序容易编制，程序结构清晰、简洁，并且有的问题只能用递归法来进行解决，如著名的汉诺塔问题。但是递归调用占用内存较多，执行速度较慢。

【例 6.14】 汉诺塔问题。一块板上有三根针：A，B，C。A 针上套有 n 个大小不等的圆盘，大的在下，小的在上，如图 6-8 所示。要把这 64 个圆盘从 A 针移动到 C 针上，每次只能移动一个圆盘，移动可以借助 B 针进行。但在任何时候，任何针上的圆盘都必须保持大盘在下，小盘在上。求移动的步骤。

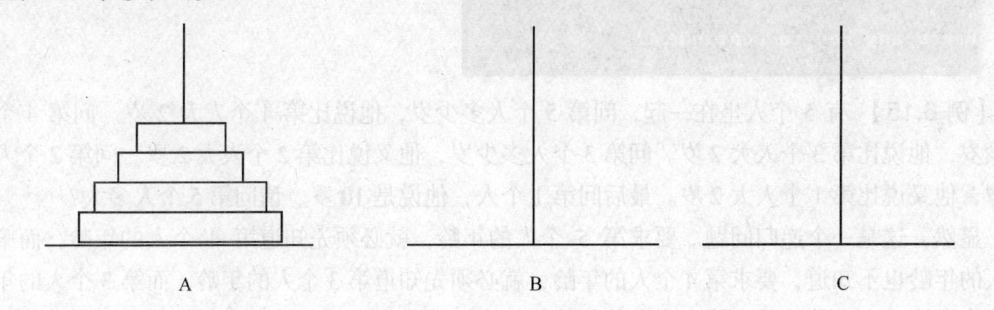

图 6-8　汉罗塔问题

如果不用递归方法来进行思考，此问题会令人一时理不清头绪。如果使用递归方法，这个问题就变得十分简单。如果能够想办法把这 n 个盘子中的 n–1 个借助一个中间塔转移到另一个塔上，那么，这个问题就解决了。

具体解决方法如下：如果只有一个盘子，则是直接从 A 移到 C（递归调用的出口）。若有一个以上的盘子，则考虑以下 3 个步骤。

第一步：把 n–1 个盘子依照题目中的规则从 A 塔借助于 C 塔搬到 B 塔。

第二步：将剩下的一只盘子直接从 A 塔搬到仍然空着的 C 塔。

第三步：依照前面的方法，再次将 B 塔上的 n–1 个盘子借助 A 塔搬到 C 塔。

以上三步符合递归调用的三个条件，完全可以用递归来实现汉诺塔问题。

```
/*p6_14.c*/
hanoi(int n,int a,int b,int c)
{
    if(n==1)
      printf("%c-->%c\n",a,c);          /*如果只有一个盘子，直接从a移到c*/
    else
    {
      hanoi(n-1,a,c,b);                 /*先将n-1个盘子从a借助c移到b*/
      printf("%c-->%c\n",a,c);          /*将最一个盘子从a移到c*/
      hanoi(n-1,b,a,c);                 /*剩余的盘子从b借且a移到c*/
    }
}
main()
{
    int h;
    printf("input number:");
    scanf("%d",&h);
    printf("the step to moving %d diskes:\n",h);
    hanoi(h,'a','b','c');
}
```

当盘数是 3 时，运行结果如下。

```
input number:3
the step to moving 3 diskes:
a-->c
a-->b
c-->b
a-->c
b-->a
b-->c
a-->c
Press any key to continue
```

【例 6.15】 有 5 个人坐在一起，问第 5 个人多少岁，他说比第 4 个人大 2 岁。问第 4 个人多少岁，他说比第 3 个人大 2 岁。问第 3 个人多少岁，他又说比第 2 个人大 2 岁。问第 2 个人多少岁，他又说比第 1 个人大 2 岁。最后问第 1 个人，他说是 10 岁。请问第 5 个人多大?

显然，这是一个递归问题。要求第 5 个人的年龄，就必须先知道第 4 个人的年龄，而第 4 个人的年龄也不知道，要求第 4 个人的年龄，就必须先知道第 3 个人的年龄，而第 3 个人的年龄则取决于第 2 个人的年龄，第 2 个人的年龄又取决于第 1 个人的年龄。而每一个人的年龄都比前一个人大 2 岁。这 5 个人的年龄关系可以用下面的函数来表示：

$$\mathrm{age}(n)=\begin{cases}10 & (n=1)\\ \mathrm{age}(n-1)+2 & (n>1)\end{cases}$$

```
/*p6_15.c*/
age(int a)
{
    int m;
    if(a==1)
          m=10;
    else
          m=age(a-1)+2;
    return m;
}
```

```
main()
{
    printf("第 5 个人的年龄是: %d\n",age(5));
}
```

运行结果如下。

```
第5个人的年龄是: 18
Press any key to continue
```

【例 6.16】 输出 Fibonacci 数列前 20 个数。这个数列是第 1、2 两个数均为 1，从第 3 个数开始，每个数为其前面两个数之和。即：

$$\text{fib}(n)=\begin{cases}1 & (n=1、2)\\ \text{fib}(n-1)+\text{fib}(n-2) & (n>2)\end{cases}$$

```
/*p6_16.c*/
#include<stdio.h>
fib(int n)
{
    int fibo;
    if(n==1||n==2)
        fibo=1;
    else
    fibo=fib(n-1)+fib(n-2);
    return fibo;
}
main()
{
    int i,sum=0;
    for(i=1;i<=20;i++)
    {
        printf("%8d\t",fib(i));
        if(i%5==0)
            printf("\n");
    }
}
```

运行结果如下。

```
      1          1          2          3          5
      8         13         21         34         55
     89        144        233        377        610
    987       1597       2584       4181       6765
Press any key to continue
```

6.7 变量的存储方式和生存周期

从前面的学习可知，从作用域角度来分，变量可以分为全局变量和局部变量。从另一个角度，按变量值存在的时间角度来分，可以分为静态存储方式和动态存储方式。

静态存储方式是指在程序运行期间分配固定的存储空间的方式。而动态存储方式是在程序运行期间根据需要动态地分配存储空间的方式。

从软件工程角度来看，一个应用软件由 3 个部分组成：程序、数据和文档，而程序和数据是在计算机上运行的，因此，计算机应划分了不同的存储空间给用户使用，用来存放程序和数据。程序存放在程序区中，而数据分别存放在静态存储区和动态存储区中。由此，用户存储空间可以分为 3 个部分：①程序区；②静态存储区；③动态存储区（见图 6-9）。

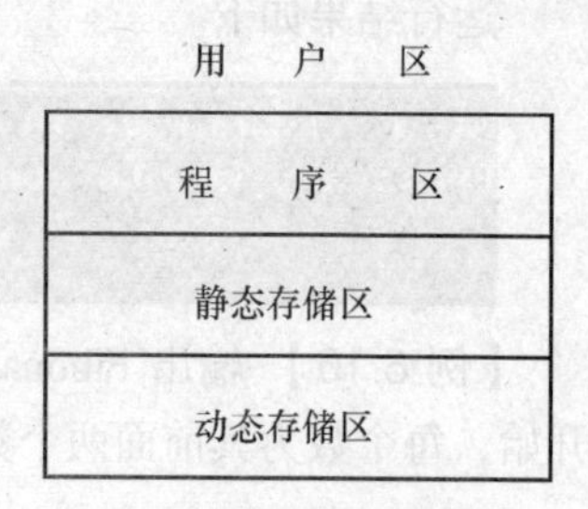

图 6-9 用户存储空间

全局变量全部存储在静态存储区，在程序开始执行时，系统给全局变量分配存储区，程序执行完毕后就释放这些空间。这些静态存储区中存放的全局变量在程序执行整个过程中一直占据着存储单元，而不是动态地分配和释放。

动态存储区中存储的数据有：①函数的形参，②自动变量，③函数调用时的现场保护和返回地址等。例如，在函数调用时，程序执行会从主调函数进入被调函数中执行，当被调函数执行完成后，又要回到主调函数执行剩下的程序，此时，返回主调函数的哪里开始执行，这就需要一个程序的地址，这个地址值就是返回地址。对以上这些数据，在函数调用开始时分配动态存储空间，函数结束时释放这些空间。这些空间的分配和释放都是动态的，即使一个程序中多次调用同一函数，分配给此函数的局部变量的存储空间地址也可能是不同的。

在 C 语言中，每个变量和函数都有两个属性：数据类型和数据的存储类别。数据类型在前面已经学习过。存储类别是数据在内存中存储的方式，分为两大类：静态存储类和动态存储类。具体包含 4 种：自动类型（auto）、寄存器类型（register）、静态类型（static）、外部类型（extern）。

不同的存储类型，存放的位置不同。auto 类型存储在内存的堆栈区中；register 类型存储在 CPU 的通用寄存器中；static 类型存储在内存数据区中；extern 类型用于多个编译单位之间数据的传递。

（1）auto（自动）变量

auto 变量只用于定义局部变量，存储在内存中的动态存储区。函数中的形参和在函数中定义的变量都属于此类，在调用该函数时系统会给它们分配存储空间，在函数调用结束时就自动释放这些存储空间。这类变量也叫自动变量。

定义形式为：

```
auto  数据类型  变量名 1，变量名 1，变量名 2，…，变量名 n;
```

局部变量存储类型缺省时为 auto 型。

例如：

```
int  f(int x)                  /*定义 f 函数，x 为形参*/
{
    auto int a, b;             /*定义整型变量 a、b 为自动变量*/
    float  y;                  /*定义 y，缺省存储类型时为自动变量*/
    …
}
```

（2）static（静态）变量

有时希望函数中的局部变量的值在函数调用结束后不消失而保留原来值，也就是当函数调用结束后，原存储空间不释放，在下一次调用该函数时，上一次调用结束时该变量的值变量成这一次调用的初值。这样，该局部变量就变成了“静态局部变量”。

static（静态）变量在静态存储区分配存储单元。在程序运行期间自始至终占用被分配的存储空间。

定义形式为：

```
static 数据类型  变量名 1，变量名 1，变量名 2，…，变量名 n;
```

说明。

① 静态局部变量是在编译时赋初值的，即只赋初值一次。以后每次调用函数时不再重新赋初值而只引用上次函数调用结束时的值。

② 静态局部变量没有赋初值，编译时自动赋 0 或空字符（对字符变量）。但对于自动变量，如果不赋初值，则它的值是一个不确定的值。

③ 虽然静态局部变量在函数调用结束后仍然存在，但其他函数是不能引用它的。

【例 6.17】 将例 6.11 运用嵌套调用计算 S 的值改为运用静态局部变量来计算。

```
/*p6_17.c*/
#include<stdio.h>
main()
{
    long s,sum1(int);
    int n;
    printf("n=");
    scanf("%d",&n);
    s=sum1(n);
    printf("s=%ld\n",s);
}
long sum1(int x)
{
    long s=0,factorial(int);    /*factorial 函数声明*/
    int i;
    for(i=1;i<=x;i++)
        s=s+factorial(i);       /*factorial 函数调用*/
    return s;
}
long factorial(int y)           /*factorial 函数定义*/
{
    static long t=1;            /*静态变量 t 定义*/
    t=t*y;                      /*只要利用每一次调用的结果*/
    return t;
}
```

运行结果如下。

```
n=3
s=9
Press any key to continue
```

每一次调用结束，t 中保存的是这一次调用时形参值的阶乘结果，而且调用结束后该值仍存在，由于静态变量只被始化一次，本例题只需将例 6.11 中 factorial 函数体内的一个循环语句变成一个乘语句就行。

静态局部变量在使用时能提供很多方便，以免每次调用时重新赋值。但因为存储空间不释放，始终占据着内存，而且，当调用次数增多时，往往难以弄清静态局部变量的值，降低了程序的可读性。因此，对于静态局部变量，只有必须时才用，切不可多用。

（3）register（寄存器）变量

C 语言允许将局部变量的值放在 CPU 中的寄存器中，需要时直接从寄存器中取出进行运算。由于寄存器存在于 CPU 中，对寄存中数据进行存取，其速度远比从内存中存取数据要快，因此这样可以提高执行效率。这种变量叫 register（寄存器）变量，在程序中用 register 进行声明。

定义形式为：

register 数据类型 变量名 1，变量名 1，变量名 2，…，变量名 n；

说明。

① 只有局部自动变量和形式参数可以定为寄存器变量，全局变量和静态变量不能定义为寄存器变量。

当 register 变量所在函数被调用时，系统将在寄存器中开辟一些寄存器空间用来存放 register 变量，当调用结束时释放寄存器。

② 计算机中寄存器数量是有限的，因此不能使用太多的寄存器变量。

当今的优化编译系统能够识别使用频繁的变量，从而自动地将这些变量放在寄存器中，而不需要编程设计者指定。因此，在实际应用中，用 register 声明变量变得不再必要了。

例如，编写一个函数计算一个整数的阶乘，用 register 变量编程如下。

```
long fac(int n)
{
    register int I,f=1;
    for(i=1;i<=n;i++)
        f=f*I;
    return f;
}
```

调用该函数时，如果 n 值很大，使用 register 变量则能节约较多的执行时间。

（4）extern（外部）变量

外部变量（即全局变量）是在函数的外部定义的，它的作用域为从变量定义处开始，到本程序文件的末尾。编译时将外部变量分配在静态存储区。

有时用 extern 来声明外部变量，以扩大外部变量的作用域。外部说明形式为：

extern 数据类型 变量名 1，变量名 1，变量名 2，…，变量名 n；

① 在一个文件内声明外部变量。

在一个文件内，如果在定义点之前的函数想引用该外部变量，则应该在引用之前用关键字 extern 对该变量作“外部变量声明”。表示该变量是一个已经定义的外部变量。有了此声明，就可以从“声明”处起，合法地使用该外部变量。

【例 6.18】 用 extern 声明外部变量，扩展它在程序文件中的作用域。

```
/*p6_18.c*/
main()
{
    extern int X,Y;
    printf("min is %d\n",min(X,Y));
}
```

```
int min(int i,int j)
{
    int z;
    z=i<j?i:j;
    return z;
}
int X=12,Y=15;
```

运行结果如下。

```
min is 12
Press any key to continue
```

② 在多个文件的程序中声明外部变量。

如果一个程序由两个源程序文件 file1.c、file2.c 组成，在一个文件 file2.c 中想引用文件 file1.c 中已定义的外部变量 X，则需要在 file2.c 文件中用 extern 对 file1.c 中的外部变量 X 进行"外部变量声明"。这样，系统在编译和连接时，会将 file1.c 文件中的变量 X 的作用域扩展到文件 file2.c 中，在 file2.c 中就可以合法地引用外部变量 X。

【例 6.19】 分析下列程序。

```
/*p6_19_01.c*/
void main( )
{
    extern i;                    /*定义 extern 型变量 i*/
    i++;
    printf("i=%d\n",i);
    next( );
}
int i=3;                         /*定义一个外部变量 i*/
static int next( )
{
    i++;
    printf("i=%d\n",i);
    other( );                    /*调用另一个源文件中的函数*/
}/* p6_19_02.c*/
extern int i;                    /*对 extern 型变量 i 进行外部声明*/
int other( )
{
    i++;
    printf("i=%d\n",i);
}
```

程序含两个源文件 file1.c 和 file2.c。在 file1.c 中定义全局变量 i 初值为 3，执行 main( )函数中 i++；语句后修改为 4。执行 next(　)函数中 i++；语句后，i 变量值修改为 5。file2.c 中变量 i 做了外部说明，即引用 file1.c 中的变量 i，值为 5。执行 other( )函数中 i++；语句后其值为 6。

运行结果如下。

```
i=4
i=5
i=6
Press any key to continue
```

6.8 内部函数和外部函数

当源程序由多个源文件组成时，C 语言根据函数能否被其他源文件调用，将函数区分为内部函数和外部函数。

6.8.1 内部函数

内部函数：它表示由多个源文件组成的同一个程序中，该函数只能在其所在的文件中使用，在其他文件中不可使用。定义内部函数时，在函数名和函数类型的前面加 static（不能省略），内部函数又称为静态函数。

定义格式为：

```
static 类型标识符 函数名([类型名 形式参数1，类型名 形式参数2，…])
```

如：

```
static float f(float x,float y)
```

注意：此时的“static”不是指存储方式，而是指对函数的作用域仅局限于本文件。

作为内部函数使用，可以使函数只局限于所在文件，如果在不同的文件中有同名函数，也互不干扰。由此带来的好外是：不同的人编写不同的函数时，不用担心自己定义的函数，是否与其他文件中的函数同名。

【例 6.20】 分析下列程序。

```
/*p6_20.c*/
void main()
{
    int i=2,j=3,p;
    extern int f();
    p=f(i,j);
    printf("%d",p);
}
static int f(int a,int b)
{
    int c;
    if(a>b)
        c=1;
    else
        if(a==b)
            c=0;
        else
            c=-1;
    return(c);
}
```

运行结果如下。

```
-1Press any key to continue
```

static int f(int a,int b)函数只能被文件 file.c 中的 main 函数调用，其他程序文件是不能调用该函数的。

6.8.2 外部函数

若将函数的存储类型定义为 extern 型，则此函数能被其他源文件的函数调用，称此函数为外部函数。

外部函数的定格式为：

extern 类型标识符 函数名([类型名 形式参数1，类型名 形式参数2，…])

定义函数时默认存储类型为 extern，即为外部函数。本节前面所用的函数，如果在函数定义时没有进行特别声明的都是外部函数。

注意：若在一个源文件中调用另一个源文件中的一个外部函数，在这个文件中要声明所调用的外部函数。

将上一例题的源程序分成两个源文件，程序如下所示。

【例 6.21】 分析下列程序。

```
/*p6_21_01.c*/
void main()
{
    int i=2,j=3,p;
    extern int f();                  /*声明外部函数*/
    p=f(i,j);
    printf("%d\n",p);
}
/* p6_21_02.c */
extern int f(int a,int b)          /*定义外部函数*/
{
    int c;
    if(a>b)
        c=1;
    else
        if(a==b)
            c=0;
        else
            c=-1;
    return(c);
}
```

运行结果如下。

```
-1
Press any key to continue
```

6.9 编译预处理

在C语言中，说明语句和可执行语句用来完成程序的功能，除此之外，还有一些编译预处理，它的作用是向编译系统发布信息或命令，告诉编译系统在对源程序进行编译之前应做些什么事。

预处理实际上不是 C 语言的一部分，但却扩展了 C 程序的设计环境，而且正确地使用这一功能，可以更好地体现C语言的易读、易修改和易移植的特点。

C 语言提供的预处理功能主要有 3 种：宏定义、文件包含、条件编译。

在使用预处理命令时，注意几点使用要求：①以#号打头；②不是 C 语句，则不必以分号结束，且每一条预处理命令独占一行；③通常书写在函数之外、源文件开头。

6.9.1 宏定义

C 语言中允许用一个标识符来表示一个字符串，称为“宏”。被定义为“宏”的标识符称为“宏名”。在编译预处理时，对程序中所有出现的宏名，都用宏定义中的字符串去替换。这一过程称为“宏替换”、“宏代换”或“宏展开”。

宏定义由宏定义的命令完成，而宏替换则是由预处理程序自动完成的。根据宏定义时宏名后是否带有参数，可以将宏分为有参数宏和无参数宏两种。

（1）无参数宏定义

其定义的一般形式：

```
#define  标识符  字符串
```

其中的“#”表示这是一条预处理命令。凡是以“#”开头的均为预处理命令。“define”为宏定义命令。“标识符”为所定义的宏名。“字符串”可以是常数、表达式、格式串等。

例如：

```
#define PI 3.1415926
```

它的作用是指定标识符 PI 来代替“3.1415926”。在编写源程序时，所有的“3.1415926”都可由 PI 代替，而对源程序作编译时，将先由预处理程序进行宏代换，即用“3.1415926”去置换所有的宏名 PI，然后再进行编译。

【例 6.22】 输入圆的半径，求圆的周长和面积。

```
/*p6_22.c*/
#define PI 3.14159
main()
{
 float l,s,r;
 printf("input radius :");
 scanf("%f",&r);
 l=2*PI*r;
 s=PI*r*r;
 printf("l=%.4f\n s=%.4f\n",l,s);
}
```

运行结果如下。

```
input radius :3
l=18.8495
 s=28.2743
Press any key to continue_
```

对于宏定义还要说明以下几点。

① 宏定义是用宏名来表示一个字符串，在宏展开时又以该字符串取代宏名，这只是一种简单的代换，字符串中可以含任何字符，可以是常数，也可以是表达式，预处理程序对它不做任何检查。如有错误，只能在编译已被宏展开后的源程序时发现。

② 宏定义不是说明或语句，在行末不必加分号，如加上分号则连分号也一起置换。

③ 宏定义必须写在函数之外，其作用域为宏定义命令起到源程序结束。如要终止其作用域

可使用# undef 命令。

④ 宏名在源程序中若用引号括起来，则预处理程序不对其作宏代换，只将其视为普通的字符串。

【例 6.23】

```
/*p6_23.c*/
#define PI 3.14159
main()
{
    printf("PI");
    printf("\n");
}
```

运行结果如下。

```
PI
Press any key to continue
```

⑤ 宏定义允许嵌套，在宏定义的字符串中可以使用已经定义的宏名。在宏展开时由预处理程序层层代换。

例如：

```
#define R 10.0
#define PI 3.1415926
#define S PI*R*R        /* PI 是已定义的宏名*/
```

对语句：

```
printf("%f",S);
```

进行宏代换后变为：

```
printf("%f",3.1415926*10.0*10.0);
```

⑥ 习惯上宏名用大写字母表示，以便于与变量进行区别。但也允许用小写字母表示。

⑦ 宏定义是专门用于预处理命令的一个专用名词，它与定义变量的含义不同，只作字符替换，不分配内存空间。

⑧ 利用宏定义可以对一些常用的关键字或标识符进行替换，增加书写的方便性；或者对于一些易错的关键字做替换。比如，对常用的格式输出函数 printf 作宏定义，将 printf 替换为 P，可以减少书写麻烦；又比如，将关系运算符“==”替换为“EQ”，可以防止习惯性地将“==”错写成“=”。但是要注意，使用这种功能带来便利的同时也具有一定的缺点，即这样会造成程序语法风格的不一致和可读性降低。

【例 6.24】对“printf”、“==”作宏定义。

```
/*p6_24.c*/
#define EQ ==  #define P printf
main()
{
    int a=18;
    int b;
    P("请输入整数 b 的值：");
    scanf("%d",&b);
    if(a EQ b)
        P("a 和 b 相等\n");
    else
        P("a 不等于 b\n");
}
```

运行结果如下。

```
请输入整数b的值：3
a不等于b
Press any key to continue
```

（2）带参宏定义

C 语言允许宏带有参数。在宏定义中的参数称为形式参数，在宏调用中的参数称为实际参数。带参数的宏并不是进行简单的字符串替换，还要进行参数替换。

带参宏定义的一般形式为：

```
#define  宏名(形参表)  字符串
```

如：

```
#define MAX(a,b)  ((a)>(b))?(a):(b)
…
X=MAX(5,7);
```

在程序中用了 MAX(5,7)，用 5、7 分别代替宏定义中的形式参数 a、b，即用(5>7)?5:7 代替 MAX(5,7)。因此赋值语句展开为：

```
X=(5>7)?5:7;
```

从上例可以看出，带参数的宏的替换，先要做参数替换，然后进行宏展开。

【例 6.25】 用带参数宏求 x^3。

```
/*p6_25.c*/
#define SQR3(x)   (x)*(x)*(x)
main()
{
    int x;
    printf("x=");    scanf("%d",&x);
    printf("%d\n",SQR3(x));
}
```

运行结果如下。

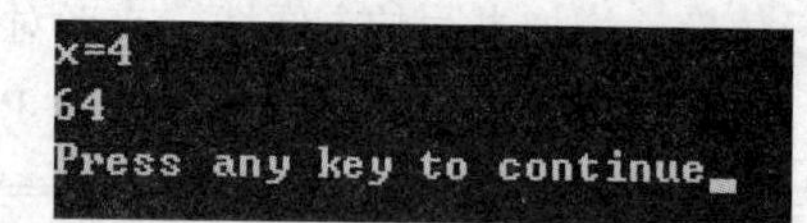

说明：该程序中定义一个带参数的宏，宏名为 SQR3(x)，宏体为(x)*(x)*(x)，x 被称为“形式参数”，替换时，按#define 命令行中指定的字符串从左到右进行替换。

为了保证当实参为一个表达式时满足运算要求，应当在定义字符串的形式参数时在形式参数的外面加一个括号。即前面的定义所示，否则有可能会出现结果错误。

如例 6.25 的宏定义，如果写成：

```
#define SQR3(x)   x*x*x
```

假如程序中有语句：

```
m=SQR3(a+b);
```

则经过宏替换后，上一语句变成：

```
m= a+b* a+b* a+b;
```

这与宏定义的初始要求不符。

带参数的宏在形式上与函数比较接近，但带参数的宏不是函数。它们在本质上有区别，主要的区别点如下。

① 运行机制不同。带参数的宏仅仅是在编译预处理过程中做简单字符串的替换，而函数会被编译，并在程序运行过程中会被执行。

② 函数的调用结果有确定的数据类型，而带参数的宏替换会随着参数的不同而得到不同类型的结果。如例 6.25 中，如果将实参改为 double 类型，则得到的结果也为 double 类型，见例 6.26 所示。

【例 6.26】 用带参数宏求 x3。

```
/*p6_26.c*/
#define SQR3(x) x*x*x
main()
{
    double x;
    printf("x=");
    scanf("%lf",&x);
    printf("%lf\n",SQR3(x));
}
```

运行结果如下。

```
x=4
64.000000
Press any key to continue
```

对于带参的宏定义有以下问题需要说明。

① 带参宏定义中，宏名和形参表之间不能有空格出现。

例如把：

```
#define MAX(a,b) (a>b)?a:b
```

写为：

```
#define MAX  (a,b)  (a>b)?a:b
```

将被认为是无参宏定义，宏名 MAX 代表字符串 (a,b) (a>b)?a:b。宏展开时，宏调用语句：

```
max=MAX(x,y);
```

将变为：

```
max=(a,b)(a>b)?a:b(x,y);
```

这显然是错误的。

② 在带参宏定义中，形式参数不分配内存单元，因此不必作类型定义。但在宏调用时实参有具体的值，因此对于实参必须做类型说明。在实参与形参的处理上带参宏与函数中的情况不同。在函数中，形参和实参是两个不同的量，各有自己的作用域，调用时要把实参值赋予形参，进行“值传递”。而在带参宏中，只是符号代换，不存在值传递的问题。

③ 在宏定义中的形参是标识符，而宏调用中的实参可以是表达式。

④ 在宏定义中，字符串内的形参通常要用括号括起来以避免出错。

⑤ 宏定义也可用来定义多个语句，在宏调用时，把这些语句替换到源程序内。例如：

【例 6.27】 利用带参宏定义求一个长方体的表面积和体积。

```
/*p6_27.c*/
#define SV(s,v) s=2*((l)*(w)+(w)*(h)+(h)*(l));v=(l)*(w)*(h)
main()
{
    int l=3,w=4,h=5,s,v;
    SV(s,v);
    printf("s=%d\n v=%d\n",s,v);
```

```
}
```

运行结果如下。

```
s=94
 v=60
Press any key to continue
```

程序第一行为宏定义，用宏名 SV 表示 2 个赋值语句，2 个形参分别为 2 个赋值符左边的变量。在宏调用时，把 2 个语句展开并用实参代替形参，将计算结果送入实参之中。

⑥ 宏定义可以写在程序中的任何地方，但因其作用域从定义之处到文件未尾或#undef 处，所以一定要写在程序引用该宏之前，常写在一个源文件之首。

6.9.2 文件包含

文件包含是指一个 C 语言源文件中将另一个 C 语言源文件包含进来，即将另一个文件包含到本文件之中。C 语言中，文件包含通过 include 预处理指令实现。

一般形式：

```
#include"被包含文件名"
```

或

```
#include<被包含文件名>
```

作用：将指定文件包含在当前文件中，插入至文件包含指令相应位置处。使用文件包含指令，可以减少程序设计人员的重复劳动，提高程序开发效率。

说明。

(1) 被包含的文件一般指定为头文件(*. h)，也可为 C 源程序文件等其他文件。

(2) 一个 include 指令只能指定一个被包含文件，如果要包含 n 个文件，则要用到 n 条 include 指令。

(3) 不能包含 OBJ 文件。文件包含是在编译前进行处理，不是在连接时进行处理。

(4) 当文件名用双引号括起来时，系统先在当前目录中寻找包含的文件，若找不到，再在系统指定的标准方式检索其他目录。而用尖括号时，系统直接按指定的标准方式检索。

一般系统提供的头文件，用尖括号；自定义的文件，用双引号。

(5) 被包含文件与当前文件在预编译后变成同一个文件，而非两个文件。

(6) 文件包含允许嵌套，即在一个被包含的文件中又可以包含另一个文件。

【例 6.28】 将例 6.11 改写为 3 个源文件，用 include 进行文件的包含。

程序要求：从键盘上输入一个 n 值，求 S=1+2!+3!+…+n!。

```
/*p6_28_1.c*/
#include " p6_28_2.c "                    /*将文件 file1.c 包含进来*/
main()
{
    long s;
    int n;
    printf("n=");
    scanf("%d",&n);
    s=sum1(n);                           /*file1.c 中的函数 sum1 可以被直接调用*/
    printf("s=%ld\n",s);
}
/*p6_28_2.c*/
```

```
#include "p6_28_3.c "                    /*将文件 file3.c 包含进来*/
long sum1(int x)                         /*sum1 函数定义*/
{
    long s=0;
    int i;
    for(i=1;i<=x;i++)
        s=s+factorial(i);                /*file2.c 中的函数 factorial 可以被直接调用*/
    return s;
}
/* p6_28_3.c */
long factorial(int y)                    /*factorial 函数定义*/
{
    long t=1;
    int j;
    for(j=1;j<=y;j++)
        t=t*j;
    return t;
}
```

运行结果如下。

```
n=3
s=9
Press any key to continue
```

6.9.3　条件编译

一般情况下，源程序中所有的行都参加编译。但是有时希望对其中一部分内容只在满足一定条件时才进行编译，也就是对一部分内容指定编译的条件，这就是“条件编译”，也就是有选择地编译一组语句。

条件编译命令常用的有以下几种形式。

(1) #if 命令

形式为：

```
#if 条件表达式
    程序段 1
#else
    程序段 2
#endif
```

说明：当条件表达式的值为真（非 0），则对程序段 1 进行编译而程序段 2 不进行编译，否则对程序段 2 进行编译而程序段 1 不进行编译。

如果#else 部分没有，形式为：

```
#if 条件表达式
    程序段 1
#endif
```

【例 6.29】 使用条件编译命令的程序。

```
/*p6_29.c*/
#define X 55
main()
{
    #if X<60
```

```
        printf("X<60\n");
    #else
        printf("X>60\n");
    #endif
}
```

运行结果如下。

```
X<60
Press any key to continue
```

条件编译命令的功能是：当符号常量 X 的值小于 60 时，只将语句

```
printf("X<60\n");
```

编译成目标代码；否则只将语句

```
printf("X>60\n");
```

编译成目标代码。由于 X 的当前值被定义为 55，因此，只有第一条 printf 语句被编译成为目标代码。这个结果虽然与前面学习的普通的条件语句一样，但两种情况下生成的.exe 文件的大小并不相同，因为，对于普通的条件语句，两条 printf 语句都被编译成为目标代码。

（2）#ifdef 命令

形式为：

```
#ifdef 标识符
    程序段 1
#else
    程序段 2
#endif
```

作用是：当标识符已经被定义过（一般是用#define 命令定义），则对程序段 1 进行编译，否则编译程序段 2。

其中#else 部分也可以没有，即：

```
#ifdef 标识符
    程序段 1
#denif
```

【例 6.30】 求 s=n!。要求：如果程序中没有定义 n 的值，则该值从键盘上输入。

```
/*p6_30.c*/
#define N 5
main()
{
    int i,j,n;
    j=1;
    #ifdef N
        n=N;
    #else
        printf("n=");
        scanf("%d",&n);
    #endif
     for(i=1;i<=n;i++)
        j=j*i;
     printf("%d!=%d\n",n,j);
}
```

运行结果如下。

```
5!=120
Press any key to continue
```

如果将预编译命令“#define N 5”去掉，则重新编译后再运行的结果如下。

```
n=6
6!=720
Press any key to continue
```

（3）#ifndef 命令

形式为：

```
#ifndef 标识符
    程序段 1
#else
    程序段 2
#endif
```

作用是：当标识符没有被定义过(一般是用#define 命令定义)时，则对程序段 1 进行编译，否则编译程序段 2。

其中#else 部分也可以没有，即：

```
#ifndef 标识符
     程序段 1
#denif
```

【例 6.31】 求 s=n!。要求：如果程序中没有定义 n 的值，则该值从键盘上输入。

```
/*p6_31.c*/
#define N 5
main()
{
     int i,j,n;
     j=1;
     #ifndef N
         printf("n=");
         scanf("%d",&n);
     #else
         n=N;
     #endif
      for(i=1;i<=n;i++)
          j=j*i;
      printf("%d!=%d\n",n,j);
}
```

运行结果如下。

```
5!=120
Press any key to continue
```

如果将预编译命令“#define N 5”去掉，则重新编译后再运行的结果如下。

```
n=6
6!=720
Press any key to continue
```

6.10 应用与提高

在本章的成绩管理系统中，我们实现从键盘上输入学生的成绩，计算出各学生的平均成绩、各科的最高分及各科不及格人数并输出。

功能要求：从键盘上输入三名学生的四门课程成绩，通过调用相应的功能函数计算并输出三名学生的平均成绩、各科最高分及各科不及格人数，成绩保留一位小数。

设计：依据目前的知识，要想实现对三名学生的四门课程成绩进行处理，必须定义 12 个变量来保存，这 12 个变量的类型定义为 float 型。还要定义三个 float 类型的变量保存计算出的三名学生平均成绩，另外还要定义三个 float 类型变量用于保存各科最高分，再定义四个 int 类型的变量用于保存各科不及格人数。

本章需调用求平均值函数 av、求最大值函数 max、求各科成绩的不及格人数的函数 count 等三个函数完成各个主要模块的功能，其中求不及格人数的函数又需要调用判断某个分数是否及格的函数 is_failed。完成这些功能的过程可以用自然语言表示如下：①定义变量；②从键盘上输入三名学生的四门课程的成绩；③调用函数计算每名学生的平均成绩；④调用函数计算各科最高分；⑤调用函数计算各科不及格人数；⑥输出计算结果。

```
#include<stdio.h>
main()
{
    //第一步：定义变量
    int n1,n2,n3,n4;
    float x1,x2,x3,x4,y1,y2,y3,y4,z1,z2,z3,z4,a1,a2,a3,max1,max2,max3,max4;
    float Thread=60;//变量 Thread 用于动态设置及格分数线
    float av(float ,float ,float ,float),max(float ,float ,float);
    int is_failed(float,float);
    int count(float,float ,float ,float);
    //第二步：从键盘上输入学生的成绩
    printf("请输入第一名学生的四门成绩：");
    scanf("%f%f%f%f",&x1,&x2,&x3,&x4);
    printf("请输入第二名学生的四门成绩：");
    scanf("%f%f%f%f",&y1,&y2,&y3,&y4);
    printf("请输入第三名学生的四门成绩：");
    scanf("%f%f%f%f",&z1,&z2,&z3,&z4);
    //第三步：计算学生的平均成绩
    a1=av(x1,x2,x3,x4);
    a2=av(y1,y2,y3,y4);
    a3=av(z1,z2,z3,z4);
    //第四步，调用函数求各门课程的最高分
    max1=max(x1,y1,z1);
    max2=max(x2,y2,z2);
    max3=max(x3,y3,z3);
    max4=max(x4,y4,z4);
    //第五步，调用函数求小于 60 的数值个数
    n1=count(x1,y1,z1,Thread);
    n2=count(x2,y2,z2,Thread);      n3=count(x3,y3,z3,Thread);
```

```
    n4=count(x4,y4,z4,Thread);
    //第六步：输出平均成绩
    printf("第一名学生的平均成绩是：%.1f\n",a1);
    printf("第二名学生的平均成绩是：%.1f\n",a2);
    printf("第三名学生的平均成绩是：%.1f\n",a3);
    printf("第一门课程最高分是：%.1f,不及格人数是：%d\n",max1,n1);
    printf("第二门课程最高分是：%.1f,不及格人数是：%d\n",max2,n2);
    printf("第三门课程最高分是：%.1f,不及格人数是：%d\n",max3,n3);
    printf("第四门课程最高分是：%.1f,不及格人数是：%d\n",max4,n4);
}

//自定义函数，求四个float类型数的平均值
float av(float m1, float m2,float m3,float m4)
{
    float n;
    n=(m1+m2+m3+m4)/4;
    return n;
}
//自定义函数，求三个float类型数的最大值
float max(float m1, float m2,float m3)
{
    float t;
    if(m1>m2)
        if(m1>m3)
            t=m1;
        else
            t=m3;
    else
        if(m2>m3)
            t=m2;
        else
            t=m3;
    return t;
}
//自定义函数，求各科成绩的不及格人数(输入三个人的成绩，并指定及格分数线)
int count(float k1, float k2,float k3, float Thread)
{
    int x=0;
    if( is_failed(k1, Thread)==1 ) x++;
    if( is_failed(k2, Thread)==1 )
        x++;
    if( is_failed(k3, Thread)==1 )
        x++;
    return x;
}
int is_failed(float k, float Thread)
{
    int failed;
    if(k < Thread)
        failed=1;
    else
```

```
        failed=0;
    return failed;
}
```

运行结果如下。

```
请输入第一名学生的四门成绩: 66 67 56 88
请输入第二名学生的四门成绩: 53 74 55 77
请输入第三名学生的四门成绩: 64 67 59 52
第一名学生的平均成绩是: 69.3
第二名学生的平均成绩是: 64.8
第三名学生的平均成绩是: 60.5
第一门课程最高分是: 66.0,不及格人数是: 1
第二门课程最高分是: 74.0,不及格人数是: 0
第三门课程最高分是: 59.0,不及格人数是: 3
第四门课程最高分是: 88.0,不及格人数是: 1
Press any key to continue
```

6.11 本章小结

C 语言中，程序的执行从 main 函数开始，到 main 函数结束时终止，其他函数通过调用才能执行。函数必须先定义后调用，函数的定义就是定义函数的功能；一般要求在主调函数调用被调用函数前，先对被调函数进行说明。函数说明负责通知编译系统该函数已经定义过了。函数调用过程就是对被调函数的执行过程。

C 语言函数从其定义的角度来看，可以分为标准函数（库函数）和自定义函数。从有无参数来看，可以分为有参函数和无参函数。从能否被其他源文件调用来看，可以分为内部函数和外部函数。

函数的参数分为形参和实参。形参出现在函数定义中，实参出现在函数调用中。用变量作函数的参数时，实参对形参的数据传递是单向的值传递，只能由实参传递给形参。

函数返回值是指函数被调用、执行完成后，返回给主调函数的值。它是通过被调用函数中的 return 语句实现的。

调用一个函数的过程中又调用另一个函数，称为函数的嵌套调用。一个函数直接或间接调用自身，称为函数的递归调用。

C 语言中变量必须先定义后使用。一个变量存储类型确定了它的作用域。变量的作用域是指变量在程序中的有效范围，分为局部变量和全局变量。变量的存储方式是指变量在内存中的存储类型，它表示了变量的生存期，分为静态存储和动态存储，具体的存储类型包括 auto、register、static 和 extern 四种。

编译预处理，就是 C 编译程序对 C 源程序进行编译前，由编译预处理程序对编译预处理命令进行处理的过程。C 语言提供了多种预处理功能，常用的有：宏定义、文件包含、条件编译等。合理地使用预处理功能编写的程序便于阅读、修改、移植和调试，也有利于模块化程序设计。

习 题 六

一、选择题

1. 在一个 C 程序中，(　　)。

A. main 函数必须出现在所有函数之前

B. main 函数可以在任何地方出现

C. main 函数必须出现在所有函数之后

D. main 函数必须出现在固定位置

2. 在 C 语言程序中，关于函数说法正确的是（　　）。

A. 函数的定义可以嵌套，但函数的调用不可以嵌套

B. 函数的定义不可以嵌套，但函数的调用可以嵌套

C. 函数的定义和调用都不可以嵌套

D. 函数的定义和调用均可以嵌套

3. C 语言中，程序的基本单位是（　　）。

A. 函数　　B. 文件　　C. 语句　　D. 程序段

4. C 语言程序中，若参数是普通变量，则调用函数时，下面说法正确的是（　　）。

A. 实参和形参各占一个独立的存储单元

B. 实参与形参可以共用存储单元

C. 可以由用户指定是否共用存储单元

D. 由计算机系统自动确定是否共用存储单元

5. 有如下函数调用语句：fun(rec1,rec2+rec3,(rec4,rec5));。该函数调用语句中，含有的实参个数是（　　）。

A. 3　　B. 4　　C. 5　　D. 有语法错

6. 以下对 C 语言函数的有关描述中，正确的是（　　）。

A. 在 C 语言中，调用函数时，只能把实参的值传送给形参，形参的值不能传递送给实参

B. C 语言中的函数既可以嵌套定义又可以递归调用

C. 函数必须有返回值，否则不能使用函数

D. C 程序中有调用关系的所有函数必须放在同一个源程序文件中

7. 以下叙述中，不正确的是（　　）。

A. 在不同的函数中可以使用相同名字的变量

B. 函数中的形式参数是局部变量

C. 在一个函数内定义的变量只在本函数范围内有效

D. 在一个函数内的复合语句中定义的变量在本函数范围内有效

8. 若在 C 语言中未说明函数的类型，则系统默认该函数的数据类型是（　　）。

A. float　　B. long

C. int　　D. double

9. C 语言中形参的默认存储类别是（　　）。

A. 自动（auto）　　B. 静态（static）

C. 寄存器（register）　　D. 外部（extern）

10. C语言中，可以用来说明函数类型的是（　　）。

A. auto或static　　B. extern或auto

C. auto或register　　D. static或extern

11. 下面描述中不正确的是（　　）。

A. 在一个函数中，既可以使用本函数中的局部变量，也可以使用全局变量

B. 在函数之外定义的变量称为外部变量，外部变量是全局变量

C. 在同一程序中，若外部变量与局部变量同名，则在局部变量作用范围内，外部变量不起作用

D. 外部变量定义与外部变量说明的含义不同

12. 在C语言中，变量的存储方式为（　　）类型时，系统才在使用时分配存储单元。

A. static　　B. static和auto

C. auto和register　　D. static和register

13. 下面程序的输出结果是（　　）。

```
#include"stdio.h"
int x=6;
int f(int k)
{
    if(k==0)
        return x;
    return(f(k-1)*k);
} main()
{
    int x=10;
    printf("%d\n",f(5)*x);
}
```

A. 360　　B. 3600　　C. 7200　　D. 9200

14. 以下程序运行后的输出结果是（　　）。

```
fun(int a, int b)
{
    if(a>b)  return a;
    else     return b;
}
main()
{
    int x=3,y=8,z=6,r;
    r=fun(fun(x,y),2*z);
    printf("%d\n",r);
}
```

A. 3　　B. 6　　C. 8　　D. 12

15. 以下程序的输出结果是（　　）。

```
#include"stdio.h"
int x,y,z;
void fun(int a, int b,int c)
{
    x=a*2;
    y=b*3;
    z=c*4;
```

```
}
main()
{
    int i=10,j=20,k=30;
    fun(i,j,k);
    printf("%d,%d,%d",x,y,z);
}
```

A. 30,20,10　　B. 10,20,30

C. 20,60,120　　C. 678,567,456

16. 以下程序的输出结果是（　　）。

```
#include"stdio.h"
void fun(int a, int b,int c)
{
    a=456;
    b=567;
    c=678;
}
main()
{
    int x=10,y=20,z=30;
    fun(x,y,z);
    printf("%d,%d,%d",x,y,z);
}
```

A. 30,20,10　　B. 10,20,30

C. 20,60,120　　C. 678,567,456

17. 以下程序的输出结果是（　　）。

```
#include"stdio.h"
int fun(int u,int v);
main()
{
    int a=24,b=16,c;
    c=fun(a,b);
    printf("%d\n",c);
}
int fun(int u,int v)
{
    int w;
    while(v)
    {
        w=u%v;
        u=v;
        v=w;
    }
    return u;
}
```

A. 6　　B. 7　　C. 8　　D. 9

18. 以下程序的输出结果是（　　）。

```
#include"stdio.h"
int func(int a,int b)
{
    static int m=5,x=2;
    x+=m+1;
```

```
    m=x+a+b;
    return(m);
}
main()
{
    int k=4,m=1,p;
    p=func(k,m);
    printf("%d",p);
    p=func(k,m);
    printf(",%d",p);
}
```

A. 13,27　　B. 8,16　　C. 8,17　　D. 13,13

19. 以下程序的输出结果是（　　）。

```
#include"stdio.h"
int fib(int n)
{
    if(n>2)
        return(fib(n-1)+fib(n-2));
    else
        return(2);
}
void main()
{
    printf("%d\n",fib(4));
}
```

A. 2　　B. 4　　C. 6　　D. 8

20. 以下程序的输出结果是（　　）。

```
int f()
{
    static int i=0;
    int s=1;
    s+=i;
    i++;
    return s;
} main()
{
    int i,a=0;
    for(i=0;i<5;i++)
       a+=f();
    printf("%d\n",a);
}
```

A. 20　　B. 24　　C. 25　　D. 15

二、填空题

1. 下面程序的输出结果是__________。

```
void fun(int a,int b, int c)
{
    c=a+b;
}
main()
{
    int m=10,n=20,k=30;
    fun(m,n,k);
    printf("%d,%d,%d\n",m,n,k);
```

```
}
```

2. 下面程序的输出结果是________。

```
#include <stdio.h>
    int d=1;
    int fun(int p)
{
    static int d=5;
    d+=p;
    printf("%d ",d);
    return d;
}
main()
{   int a=3;
    printf("%d\n",fun(a+fun(d)));
}
```

3. 下面程序的输出结果是________。

```
#include<stdio.h>
int fun(int x)
{
    int p;
    if(x==0||x==1)
        return(3);
    p=x+fun(x-2);
    return p;
}
main()
{
    printf("%d\n",fun(9));
}
```

4. 下面程序的输出结果是________。

```
int abc();
main()
{
    int a=28,b=16,c;
    c=abc(a,b);
    printf("%d\n",c);
}
int abc(int x,int y)
{
    int t;
    while(y)
    {
        t=x%y;
        x=y;
        y=t;
    }
    return x;
}
```

5. 以下程序的输出结果是________。

```
#include<stdio.h>
#define MAX_COUNT 3
void func();
main()
{
```

```
    int count;
    for(count=1;count<=MAX_COUNT;count++)
        func();
}
void func()
{
    static int i;
    i+=3;
    printf("%d",i);
}
```

6. 有如下宏定义：

```
#define mod(x,y) x%y
```

执行一下程序段后的输出结果是________。

```
main()
{
    int z,a=15,b=100;
    z=mod(b,a);
    printf("%d\n",z++);
}
```

7. 有如下宏定义，执行完语句后 Z 的值是________。

```
#define N 2
#define Y(n) ((n+1)*n)
```

则执行语句：

```
    Z=2*(N+Y(4+1));
```

三、编程题（以下各题均用函数实现）

1. 输入 3 个数，计算 3 个数中最大数与最小数的差。

2. 函数 fun 的功能是：将两个两位数的正整数 a、b 合并形成一个整数放在 c 中。合并的方式是：将 a 数的十位和个位数依次放在 c 数的个位和百位上，b 数的十位和个位数依次放在 c 数的千位和十位上。

例如，当 a=45，b=12 时，调用该函数后，c=1524。

3. 编写函数 fun，其功能是：根据以下公式计算 S，计算结果作为函数值返回；n 通过形参传入。$S=1+1/(1+2)+1/(1+2+3)+\cdots+1/(1+2+3+4+\cdots+n)$

例如，在主函数中从键盘给 n 输入 2，则输出为：S=1.33333。

第 7 章 数组

前面所用到的数据类型都是简单类型，每个变量只能取一个值，然而，当我们在处理实际问题时，经常需要处理成批的大量数据，并且这些数据都具有相同的类型。例如，某班学生的姓名、某门课程成绩、学生的身高等，所有这些同一类型的相关数据都可以用数组表示和处理。这时，如果仍采用简单变量来定义，需要大量不同的标识符来定义，并且这些变量在内存中是随机存放的，随着变量的增加，会使程序管理这些变量的难度增加。所以 C 语言提供了构造类型的数据，数组就是其中之一。

数组是有序的并具有相同数据类型的数据元素的集合。同一数组中的各个元素具有相同的数组名和不同的下标，因此，数组元素通常也称为下标变量。一个数组可以分解成多个数据元素，每个数据元素的类型是一致的，根据数组元素类型的不同，可以分为整型、浮点型、字符、指针和结构体数组等多种类型。

在这一章里，我们将介绍数组的概念、数组的定义、数组的使用、字符数组等相关知识。

7.1 一维数组

一维数组就是指只包含一个下标的数组，或者说具有相同类型变量的一个线性序列。例如：要对某班 40 个学生的 C 语言成绩进行处理，就可以定义一个具有 40 个数组元素的一维数组，其中每个数组元素存放一个学生的成绩，类型一般定义为浮点型，这样就方便我们对学生成绩进行处理。

7.1.1 一维数组初始化

（1）一维数组的定义

在 C 语言中，数组的使用和简单变量的使用类似，必须遵循“先定义，后使用”的原则。下面将对各类数组的定义和应用进行讲述。

一维数组类型定义的一般形式是：

类型标识符 数组名 [整型常量表达式]；

其中：“类型标识符”是任一种基本数据类型或构造数据类型，“数组名”是用户定义的数组标识符，方括号中的“常量表达式”表示数据元素的个数，也称为数组的长度。

例如：

```
int scores[40];
```

定义了一个名称为 scores 的数组，其数组元素的基本类型为 int，数组长度为 40，表示这个 scores 数组最多只能存放 40 个整型数据，并依次存放在数组元素 scores [0]、scores [1]、scores [2]…scores [39]中。

下面再看几个简单实例：

```
float average[40];
```

定义了一个长度为 40、名称为 average 的数组，其数据元素类型为 float。

```
char name[10], sex[4];
```

定义了一个长度为 10、名称为 name 的数组，其数据元素类型为 char，用于书写姓名，同时还定义了一个名称为 sex 的字符数组，用于书写性别。

可以使用符号常量来定义数组的大小，例如：

```
#define MAX 40
int scores[MAX];
```

定义数组应注意以下几点。

① 数组的类型实际上是指数组元素的取值类型，对于同一个数组，其所有元素的数据类型都是相同的。

② 数组名的书写规则应符合标识符的有关规定。

③ 数组名不能与其他变量名相同。

例如：

```
int a;
float a[10];
```

是错误的。

④ 方括号中的常量表达式表示数组元素的个数，如 int a[5]表示数组 a 有 5 个元素，但是其下标从 0 开始计算，因此 5 个元素分别为 a[0]，a[1]，a[2]，a[3]，a[4]。

⑤ 方括号中的常量表达式不能用变量来表示元素的个数，但是可以是符号常数或常量表达式。

例如：

```
#define MAX 5
main()
{
    int a[2+MAX], b[7+3];
    ……
}
```

是合法的。但是下述说明方式是错误的。

```
main()
{
    int n=6;
    int a[n];
    ……
}
```

⑥ 允许在同一个类型说明中说明多个数组和多个变量。

例如：

```
int a,b,c,d,k1[10],k2[20];
```

（2）一维数组初始化

数组一经定义，需要对其元素进行赋值后才能使用。通常数组元素赋值有两种方法：其一是在数组说明时对数组中的元素指定初始值，这个过程称为数组的初始化；另一方法是在程序代码中通过赋值语句为数组中的各元素赋值。两种方法的区别是前者的初始化过程是在程序编译阶段完成的，不占用程序运行时间；而后者是在程序运行过程中完成其赋值的，因此它占用程序运行时间。

在数组定义时对数组元素初始化，初始化赋值的一般格式为：

```
类型说明符 数组名[常量表达式]={值 1，值 2…值 n};
```

这里等号左边是数组声明的基本语法，等号右边“{ }”中的各数据值即为数组中各元素所赋的初始值，各数据值之间用逗号间隔。

例如：

```
int a[10]={ 0,1,2,3,4,5,6,7,8,9 };
```

那么 a 数组各元素的初始值为：a[0]=0；a[1]=1…a[9]=9。

如果花括号内的值的个数少于数组元素的个数，则多余的数组元素的初始值不确定，是数组所分配的内存单元的初始值。如：

```
int s[5]={72,68,88};
```

则各元素的初始值分别为 s[0]=72、s[1]=68、s[2]=88，s[3]和 s[4]的值不确定。如果在定义数组时定义了数组的存储类为“静态”(static)，则对数值型数组多余元素隐含初始值为 0，对字符数组，隐含初始值为‘\0’。

【例 7.1】 一维数组初始化并输出，体会未初始化数组的输出值。

```
/*p7_1.c*/
#include<stdio.h>
main()
{
    int a[5]={ 1,3,5,7,9};              /*声明整型数组 a 并初始化*/
    int b[5], i ;                       /*声明整型数组 b 未初始化*/
    printf("\narray A:");
    for(i=0;i<5;i++)
        printf("%6d",a[i]);
        printf("\narray B:");
    for(i=0;i<5;i++)
        printf("%11d",b[i]);
        printf("\n");
    getch();                            /*程序返回前暂停，等待用户按任意键*/
}
```

运行结果如下。

```
array A:     1     3     5     7     9
array B: -858993460 -858993460 -858993460 -858993460 -858993460
Press any key to continue
```

从本例可以看出数组 A 进行了初始化，其输出结果是确定的；而数组 B 未进行初始化，其输出结果是随机的。

C 语言对数组初始赋值应注意以下几点。

① 当程序不给数组指定初始值时，编译器做如下处理：首先部分元素初始化，编译器自动为没有初始化的元素初始化为 0。例如：int a[10]={0,1,2,3,4}，表示只给 a[0]~a[4] 5 个元素赋值，而后 5 个元素值默认初始化为 0。其次，数值数组如果只定义不初始化，编译器不为数组自动指定初始值，即初值为一些随机值（值不确定）。

② 只能给元素逐个赋值，不能给数组整体赋值。

例如：

给10个元素全部赋1值，只能写为int a[10]={1,1,1,1,1,1,1,1,1,1}，而不能写为int a[10]=1;。

③ 如果给全部数组元素赋值，则在数组说明中，可以不给出数组元素的个数。

例如：

int a[5]={1,2,3,4,5}; 可写为int a[ ]={1,2,3,4,5};。

④ 当数组长度与赋初值个数不相等时，在声明数组时必须给出数组的长度。

例如：

int a[5]={1,2,3}; 如果写成int a[ ]={1,2,3}，其含意就完全不同了。

用赋值语句对数组元素初始化，这种赋值是在程序执行过程中完成数组初始化的。

例如：

```
......
int b[5];            /*声明数组b长度为5*/
......
b[0]=1;              /*赋值语句将b[0]的值值为1*/
b[1]=2;
b[2]=3;
......
```

或

```
for(i=0;i<5;i++) b[i]=0;          /*利用循环、赋值语句将b[0]~b[4]均置初始值为0*/
```

【例7.2】 编写程序，输入5个数，求其中的最大数、最小数并输出。

```
/*p7_2.c*/
main()
{
    int x[5];                                   /*说明一个5个元素的整形数组x */
    int i,max,min;
    printf("please enter 5 numbers: ");
    for(i=0;i<5;i++)
        scanf("%d",&x[i]);                      /*从键盘读取数据为5个数组元素赋值*/
    max=min=x[0];                               /* 为max, min赋初值*/
    for(i=1;i<5;i++)                            /* 求5个数组元素中的最大值与最小值*/
    {
        if (x[i]>max)  max=x[i];
        if (x[i]<min)  min=x[i];
    }
    printf("max=%d, min=%d\n",max,min);         /*输出最大值max与最小值 min */
    getch();
}
```

运行结果如下。

```
please enter 5 numbers: 6 4 8 1 5
max=8, min=1
Press any key to continue
```

程序中求最大、最小值部分参数的变化情况见表7-1。

表 7-1　求最大和最小值时变量 i、a[i]、max 和 min 的变化情况

循环 \ 变量	i	a[i]	max	min
初值			6	6
第 1 次循环	1	4	6	4
第 2 次循环	2	8	8	4
第 3 次循环	3	1	8	1
第 4 次循环	3	1	8	1

7.1.2　一维数组元素的引用

数组元素的引用就是指使用数组中各元素的过程，引用数组元素的一般形式为：

数组名[下标]

其中的下标只能为整型常量或整型表达式，如为小数时，C 编译将自动取整。下标的值指出所要访问的数组元素在数组中的位置，所以数组元素通常也称为下标变量。下标的下界为 0，而上界为数组长度减 1。

例如：对于数组 int score[10]; score[0]、score[5]、score[i]、score[i+j]都是合法的引用方式（这里 i，j 是整型变量，且 0≤i<10、0≤j<9、i+j<10），而 score[-2]、score[15]、score（6）都是非法的引用方式。

【例 7.3】 将前 15 个大于 0 的整数存放到一个一维数组中，并按每行 5 个数的格式输出。

```
/*p7_3.c*/
#include<stdio.h>
main()
{
    int i,a[15];
    for(i=0;i<15;i++)
      a[i]=i+1;
    for(i=0;i<15;i++)
    {
        printf("%6d",a[i]);
        if((i+1)%5==0)
          printf("\n");
    }
    getch();
}
```

运行结果如下。

```
     1     2     3     4     5
     6     7     8     9    10
    11    12    13    14    15
Press any key to continue_
```

本例中，数组元素的引用充分利用了数组元素的下标可以是变量或表达式的这一特性，用一个循环控制对数组各元素进行操作，并以循环控制变量的值来形成所需初始值，给程序设计带来了极大的方便。

说明。

（1）一个数组不能整体引用，只能是单个下标变量进行引用。

例如：上例中，a[i]=i+1 不能写成 a=i+1。

（2）C 语言程序在运行过程中是不自动检测下标是否越界的问题，所以我们所设计的程序必须保证下标不越界尤为重要，否则对程序运行可能带来不可预料的结果。

7.1.3 一维数组应用举例

【例 7.4】 输入任意 6 个整数，然后再逆向输出。

```
/*p7_4.c*/
#include <stdio.h>
main()
{
    int a[6], i;
    printf("please enter 6 numbers: ");
    for(i=0;i<6;i++)
        scanf("%d",&a[i]);        /* 输入任意 6 个赋值给数组元素 */
    printf("obsequence:");
    for(i=0;i<6;i++)
        printf("%d",a[5-i]);      /*逆向输出数组 a 的各元素之值*/
    printf("\n");
}
```

运行结果如下。

```
please enter 6 numbers: 1 2 3 4 5 6
obsequence: 6  5  4  3  2  1
Press any key to continue
```

【例 7.5】 有一递推数列，满足 f(0)=0，f(1)=1，f(2)=2，f(n)=f(n−1)+2f(n−2)f(n−3)，其中 n≥3，利用数组编写一个程序，要求顺序输出 f(0)~f(8)的值。

考虑该数列的特点，我们可以定义一个整型数组 f[9]，分别存放数列中的各元素 f(0)、f(1)、F(2)……f(8)这 9 个数，且对前 3 个元素置初值，然后再建立一个循环便可方便地求得第 4~9 个递推值。

```
/*p7_5.c*/
#include<stdio.h>
main()
{
    int f[11], i;
    f[0]=0;f[1]=1;f[2]=2;
    for(i=3;i<9;i++)
        f[i]=f[i-1]+2*f[i-2]*f[i-3];
    for(i=0;i<9;i++)
        printf("%d",f[i]);
    printf("\n");
    getch();
}
```

运行结果如下。

```
0  1  2  2  6  14  38  206  1270
Press any key to continue
```

【例 7.6】 使用冒泡法对 N 个无序整数按从小到大的顺序排列。

冒泡排序方法的思想：小的浮起，大的沉底。从数组的第 1 个元素开始，每相邻元素两两比较，若逆序则两元素互换位置。冒泡过程如下。

第一遍：第 1 个元素与第 2 个元素比较，前者大则交换；第 2 个与第 3 个比较，前者大则交换……比较 N–1 次，则关键字最大的记录交换到最后一个位置上。

第二遍：对前 n–1 个记录进行同样的操作，关键字次大的记录交换到第 n–1 个位置上；依次类推，重复 N–1 遍或某遍比较中无数据交换时止，则完成排序。

```
/*p7_6.c*/
#include<stdio.h>
#define SIZE 8
void main()
{
    int i,j, flag, t;
    int a[SIZE];
    printf("please enter %d numbers:\n",SIZE);
    for(i=0;i<SIZE;i++)
         scanf("%d",&a[i]);
    j=0; flag=1;
    while (j<SIZE && flag!=0)
    {
         flag=0;
         for (i=0;i<SIZE-j-1; i++)
              if (a[i]>a[i+1])
              {t=a[i]; a[i]=a[i+1]; a[i+1]=t;flag=i;}
              /*flag=i 保存最后交换位置，标识本轮有数据交换*/
              j++;
    }
    printf("Bubble sorting:\n");
    for(i=0;i<SIZE;i++)
         printf("%d ",a[i]);
    printf("\n");
    getch();
}
```

运行结果如下。

```
please enter 8 numbers:
7 2 9 5 6 4 8 1
Bubble sorting:
1 2 4 5 6 7 8 9
Press any key to continue
```

7.1.4 一维数组与函数

1. 数组元素作为函数参数

一个变量可以作为函数的实参，那么数组中的每一个元素我们可以将它看成是一个变量。所以如果将数组元素作为函数的参数时，是将数组元素作为函数的实参传递给形参，是值的单向传递，那么它的使用规则与变量作为函数参数的规则是一样的。

【例 7.7】 比较数组中的两个元素的大小，返回最大值。

```
/*p7_7.c*/
#include<stdio.h>
int max(x,y)                              /*求两元素较大值函数 max，定义了两个整型形参 x,y */
int x,y;
{
   return((x>y)?x:y);
```

```
}
main()
{
  int a[2],c;
  printf("Please enter two numbers: ");
  scanf("%d%d",&a[0],&a[1]);                /* 初始化数组*/
  c=max(a[0],a[1]);                         /* 数组元素作为实参传递给形参*/
  printf("The max number is %d\n",c);
}
```

运行结果如下。

```
Please enter two numbers: 6 8
The max number is 8
Press any key to continue
```

在传递参数时，注意将数组元素写在实参位置上即可。

2. 一维数组名作为函数参数

整个数组作为函数参数，此时实参与形参都应用数组名或后面介绍的指针变量，而且类型应该一致。整个数组作函数参数传递的是数组的首地址，将实参数组的首地址传递给形参数组，形参数组与实参数组共享存储单元，此时实现数据的双向传递，在函数中改变了形参数组的值，实参数组将同时改变。

其一般语法格式如下：

```
void datain(int a[10])
{ ……
}
```

或定义为：

```
void datain(int a[ ])
{ ……
}
```

以下为主函数向 datain()传递一维数组的语法格式：

```
main ()
{
  int sco[10];
   ……
  datain(sco);
   ……
}
```

【例 7.8】 医院对某病人心率监测的一组数据如下所示，求其平均值。

75，76，80，72，78，74，69，75，70，73

```
/*p7_8.c*/
# include<stdio.h>
float f();
main()
{
    float avg;
    float x[10]={ 75,76,80,72,78,74,69,75,70,73};
    avg=f(x);
    printf("The average is %4.1f\n",avg);
}
float f(float a[10])
{
```

```
    int i;
    float sum=0.0;
    for (i=0;i<10;i++)
      sum=sum+a[i];
    return (sum/10);
}
```

运行结果如下。

```
The average is 74.2
Press any key to continue
```

说明。

① 实参中的数组必须是已经定义过的，而形参中的数组定义只是说明这个形参是用来接收实参值的，注意，这时的形参并没有产生一个新的数组。

② 实参数组与形参数组的类型应一致，如果不一致，则将按形参定义数组的方式来解释实参数组。

③ 在将数组名作为函数参数传递时，传递的只是实参数组的首地址，并不是将所有的数组元素全部复制到形参数组中。因此，实参数组与形参数组共占同一块内存单元。

上例中，当 main 函数开始执行时，x 数组就已经产生，假设其首地址为 1000。当进行 f 函数调用时，只将 x 数组的首地址传递给形参变量 a，此时 a 的值也为地址 1000。同时由于 a 被定义成数组类型，所以在 f 函数中可以将变量 a 看成一个数组名对数组进行操作。

④ 由于数组名作函数的参数只是传递的数组的首地址，所以在形参定义时可以不定义数组的大小。这样定义好的函数就可以处理同类型的任何长度的数组了。

【例 7.9】 对两个长度不等的数组分别求其平均值。

```
/*p7_9.c*/
#include<stdio.h>
float f(float a[], int n)       /*形参数组不指定长度，以适应任意长度数组*/
{
    int i;float sum=0;
    for(i=0;i<n;i++)
          sum=sum+a[i];
    return(sum/n);
}
main()
{
    float x[10]={1.2,3.6,4.5,5.1,6.9,7,8,9,10.5,11.3};
    float y[5]={7,8,9,10.5,11.3};
    float avg;
    avg=f(x,10);                 /*函数调用时，实参 x 为数组名，"10"为数组长度*/
    printf("The array x average is %5.2f\n",avg);
    avg=f(y,5);
    printf("The array y average is %5.2f\n",avg);
}
```

运行结果如下。

```
The array x average is  6.71
The array y average is  9.16
Press any key to continue
```

这个程序中的 f 函数中的形参 a 在定义时没有指定其数组的长度，而是通过另一个参数 n 来确定传递来的数组长度。因此，这个 f 函数就可以处理所有实型数组的平均值问题。为什么要传一个 n 进来呢？因为在 f 函数中 a 只能确定数组的起始地址，不能表示出这个数组的长度。在这种情况下，在 f 函数中使用这样的表达式（a[100]=0），系统是不会报错的，但这实际上已经超出了实参数组的长度，结果是在一个可能有其他用途的内存单元存放了一个值，很容易引起系统"死机"。所以在这种情况下，要加一个参数用来表示实参数组的长度（实际上是通过人工的方式来保证对数组的使用不会越界）。

我们将这种传递地址的函数参数方式叫做"地址传递"，它有一个好处，可以在被调函数中对主调函数中的数组进行修改。而不像"值传递"，被调函数中怎么改变形参的值，也绝不会影响实参的值。

7.2 多维数组

7.2.1 多维数组的定义

数组的下标个数决定了数组的维数，具有两个下标的数组称之为二维数组，两个以上下标的数组则称之为多维数组。例如：int a[3][3], b[2][2][2];，其中 a 是二维数组，b 是三维数组或多维数组，本节主要介绍二维数组。

7.2.2 二维数组的定义和初始化

（1）二维数组类型定义的一般形式是：

```
类型说明符 数组名[常量表达式1][常量表达式2];
```

说明。

① 常量表达式 1 表示第一维下标的长度（或称数组行数），常量表达式 2 表示第二维下标的长度（或称数组列数），二维数组声明中的其他内容与一维数组声明相同。

② 二维数组的长度为常量表达式 1 与常量表达式 2 之积。

例如：

```
int a[3][4];
```

说明了一个 3 行 4 列共 12 个元素的数组，数组名为 a，其下标变量的类型为整型。即数组 a 的逻辑存储结构如下。

	第 0 列	第 1 列	第 2 列	第 3 列
第 0 行：	a[0][0]，	a[0][1]，	a[0][2]，	a[0][3]
第 1 行：	a[1][0]，	a[1][1]，	a[1][2]，	a[1][3]
第 2 行：	a[2][0]，	a[2][1]，	a[2][2]，	a[2][3]

二维数组在概念上是二维的，即其下标在两个方向上变化，二维下标变量在数组中的位置也处于一个平面之中（或者按数学概念称为矩阵）。但是，实际的硬件存储器却是连续编址的，也就是说存储器单元是按一维线性排列的。通常在存储器中存放二维数组有两种方式：一种是按行优先排列，即放完第一行之后顺次放入第二行等；另一种是按列优先排列，即放完第一列之后再顺次放入第二列等。在C语言中，二维数组默认的存储方式是按行优先，上例二维数组 a 的物理存储结构如图 7-1 所示。

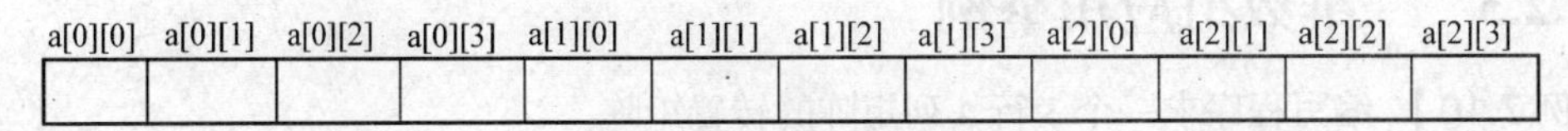

图 7-1　二维数组存储示意图

由图 7-1 可以看出，按行顺次存放，先存放 a[0]行，再存放 a[1]行，最后存放 a[2]行。每行中的四个元素也是依次存放。

（2）二维数组的初始化。

二维数组初始化也是在定义二维数组的同时，为该数组的元素赋初值，二维数组初始化的方式一般有以下两种。

① 对二维数组中的所有元素赋初值。

以二维数组的行为单位分别赋初值，例如例 1：

```
int a[3][4]={{85,77,76,90},{87,85,70,63},{59,71,65,61}};
```

其中数组的每一行元素的值放在一对“{ }”中，“{ }”之间用“,”进行分隔，所有的行的初值再用一对“{}”括起来。所以该例赋初值后则有：

	第 0 列	第 1 列	第 2 列	第 3 列
第 0 行：	a[0][0]=85，	a[0][1]=77，	a[0][2]=76，	a[0][3]=90
第 1 行：	a[1][0]=87，	a[1][1]=85，	a[1][2]=70，	a[1][3]=63
第 2 行：	a[2][0]=59，	a[2][1]=71，	a[2][2]=65，	a[2][3]=61

其等价 A 矩阵为：$A=\begin{pmatrix}85 & 77 & 76 & 90\\ 87 & 85 & 70 & 63\\ 59 & 71 & 65 & 61\end{pmatrix}$

按二维数组的行连续赋初值，例如例 2：

```
int a[3][4]={ 85,77,76,90,87,85,70,63,59,71,65,61};
```

该语句执行后得到与例 1 完全相同的结果。

允许缺省数组的第一维长度，例如例 3：

```
int a[ ][4]={ 85,77,76,90,87,85,70,63,59,71,65,61};
```

该语句执行后得到与例 2 完全相同的结果。

② 对二维数组的部分元素赋初值。

在对数组进行初始化时，如果只对部分元素赋初值，那么未赋值的元素将自动取初值为 0。例如：

```
int a[3 ][4]={ {85},{77,76},{90,87,85}};
```

所以该例赋初值后则有：

	第 0 列	第 1 列	第 2 列	第 3 列
第 0 行：	a[0][0]=85，	a[0][1]=0 ，	a[0][2]=0 ，	a[0][3]=0
第 1 行：	a[1][0]=77，	a[1][1]=76，	a[1][2]=0 ，	a[1][3]=0
第 2 行：	a[2][0]=90，	a[2][1]=87，	a[2][2]=85，	a[2][3]=0

其等价 A 矩阵为：$A=\begin{pmatrix}85 & 0 & 0 & 0\\ 77 & 76 & 0 & 0\\ 90 & 87 & 85 & 0\end{pmatrix}$

7.2.3 二维数组应用举例

【例 7.10】 编写程序求一个 3 行 4 列矩阵的转置矩阵。

矩阵 A 的转置矩阵用矩阵 B 表示，显而易见矩阵 B 是由矩阵 A 的行列互换后得到的，这时两个矩阵元素的关系可表示为：a[i][j]=b[j][i]。

```
/*p7_10.c*/
#include<stdio.h>
main()
{
     int i,j,a[3][4],b[4][3];
     printf("\nPlease enter the elememnts of matrix a(3*4):\n");
     for(i=0;i<3;i++)
           for(j=0;j<4;j++)
                 scanf("%d",&a[i][j]);
     for(i=0;i<3;i++)
           for(j=0;j<4;j++)
                 b[j][i]=a[i][j];
     printf("The transpose matrix A:");
     for(i=0;i<4;i++)
     {
           printf("\n");
           for(j=0;j<3;j++)
             printf("%4d",b[i][j]);
     }
     printf("\n");
 }
```

运行结果如下。

```
Please enter the elememnts of matrix a(3*4):
1 2 3 4
3 4 5 6
5 6 7 8
The transpose matrix A:
   1   3   5
   2   4   6
   3   5   7
   4   6   8
Press any key to continue
```

【例 7.11】设某学习小组共有 3 人，每人均学习 3 门课程，如表 7-2 所示，试计算每人的平均成绩。

表 7-2 学生成绩

Stu_number	English	C-language	Mathematics
1001	80	75	92
1002	61	88	79
1003	69	63	70
1004	85	87	90
1005	76	77	85

根据题意，设一个二维数组 score[3][3]存放 3 个学生的 3 门课程成绩，再声明两个一维数组

num[3]、aver[4]分别存放 3 个学生的学号和平均成绩。通过一个二重循环完成对 3 个学生 3 门课程的平均成绩的计算。相关参数的变化见表 7-3。

```
/*p7_11.c*/
void main()
{
    static int num[]={1001,1002,1003};
    static int score[3][3]={ {80,75,92},{61,88,79},{69,63,70}};
    int i,j;
    float sum, aver[3];
      for(i=0;i<3;i++)          //分别对三个学生三门课程成绩求均值
      {
        sum=0;
        for(j=0;j<3;j++)
             sum=sum+score[i][j];
        aver[i]=sum/3;
      }
      printf("Stu_number average\n");
      for(i=0;i<3;i++)
        printf("\n%6d%9.1f",num[i],aver[i]);
      getch();
}
```

运行结果如下。

```
Stu_number average
 1001     82.3
 1002     76.0
 1003     67.3
Press any key to continue_
```

表 7-3　对 3 个学生 3 门课程成绩求均值相关参数的变化

i	0	0	0	0	1	1	1	1	2	2	2	2
j	0	1	2	3	0	1	2	3	0	1	2	3
sum	80	155	247	247	61	149	228	228	69	132	202	202
Aver[i]				82.3				76.0				67.3

7.2.4　二维数组与函数

二维数组作为函数参数的传递与一维数组类似，同样具有两种不同的方式。

（1）二维数组元素作为函数参数

二维数组元素作为函数参数的使用也是单向值传送，与一维数组元素作为函数参数用法完全类似，这里不再赘述。

（2）二维数组名作为函数参数

同样与一维数组名作为函数的参数类似，也是将实参数组的首地址传递进来。而形参只知道这是一个数组的首地址，这个数组是几维的、长度是多少是不知道的，只有通过形参的定义才能知道。我们知道任何数组在内存中都是按照线性方式存储的，对一个多维的数组，只是看待这串数列的方式不同。

二维数组名作为函数参数的语法格式如下：

```
void datain(int a[3][4])
 {   ......
```

```
  }
```

或定义为：

```
void datain(int a[ ][4])                    /* 可以缺省数组第一个下标长度*/
 { ……
  }
```

但不能定义为：

```
void datain(int a[ ][ ])                    /* 不能缺省数组第二个下标长度*/
 { ……
  }
```

以下为主函数向 datain()传递二维数组的语法：

```
main ()
{
   int sco[3][4];
   ……
   datain(sco);                             /* 调用函数 datain，并传递数组 sco 首地址*/
   ……
}
```

【例 7.12】求一个 3×4 矩阵中数组元素的最大值，要求在单独的函数中进行。

```
/*p7_12.c*/
#include<stdio.h>
int max( int a[ ][3] )
{
    int  i,j ,max;
    max=a[0][0];
    for(i=0;i<3;i++)
    for(j=0;j<4;j++)
         if (a[i][j]>max) max=a[i][j];
    return(max);
}
main()
{   int m;
    int x[3][4]={{1,2,4,5},{3,6,7,8},{13,26,53,33}};
    m=max(x);
    printf("The maximum number of %d\n",m);
}
```

运行结果如下。

```
The maximum number of 26
Press any key to continue
```

【例 7.13】试编写一个程序，完成对一个 3×4 矩阵的数据输入，并将该矩阵乘以 2 再输出，要求输入和输出在不同的函数中完成。

分析：将矩阵的输入和输出分别定义为两个函数，在矩阵的输入和输出函数中通过二重循环完成各数据的输入和输出，在输出函数中将矩阵的数据乘以 2，完成题目所求。

```
/*p7_13.c*/
# include<stdio.h>
/* 读取数据函数 */
void data_in(int dt[3][4])
{
    int i,j;
    printf("enter matrix data(3*4):\n");
    for(i=0;i<3;i++)
```

```
        for(j=0;j<4;j++)
            scanf("%d",&dt[i][j]);
}
/* 输出数据函数 */
void data_out(int dt[3][4])
{
    int i,j;
    printf("output matrix data(3*4):\n");
    for(i=0;i<3;i++)
    {
        for(j=0;j<4;j++)
        {
            dt[i][j]=dt[i][j]*2;
            printf("%5d", dt[i][j]);
        }
        printf("\n");
    }
}
/* 主函数 */
main()
{
    int mat[3][4];
    data_in(mat);
    data_out(mat);
}
```

运行结果如下。

```
enter matrix data(3*4):
1 2 3 4
3 4 5 6
5 6 7 8
output matrix data(3*4):
    2    4    6    8
    6    8   10   12
   10   12   14   16
Press any key to continue_
```

数组名作为函数的参数时，必须遵循以下原则。

（1）实参数组和形参数组必须类型相同，并且维数也相同。

（2）定义二维或多维数组时，其形参中只有第一维的下标可以省略，其余维的下标必须给出。

（3）在 C 语言中，数组名除作为变量的标识符之外，还代表了该数组在内存中的起始地址。因此，当数组名作函数参数时，实参与形参之间不是值传递，而是地址传递，实参数组名将该数组的起始地址传递给形参数组，两个数组共享一段内存单元，编译系统不再为形参数组分配存储单元。

7.3 字符数组

虽然在前面的章节中已经使用过 char 型变量，但是仍然缺乏更便捷的方法来处理字符序列。字符串是以一对双引号所括起来的 0 ~ n 个字符的有限序列（n≥0 为字符串长度，n=0 为空串）。由于 C 语言中没有设置一种类型来定义字符串变量，字符串的存储完全依赖字符数组，但字符数组又不等于是字符串变量，通常的方法是用字符型数组来存放字符串。

用来存放字符型数据的数组称为字符数组，数组的数据类型为 char，因此前两节介绍的数组的定义、存储形式和引用方法同样适用于字符数组。

7.3.1 字符数组的初始化

（1）字符数组的声明

字符数组类型声明的形式与数组定义的格式相似。一维字符数组定义格式为：

```
char 数组名[常量表达式];
```

例如：

```
char string[10];
```

声明一个一维字符数组 string，其中可以存放字符的个数为 10，如果存放字符串，其最大长度为 9，特别注意要为字符串的结束标记预留一个字节的存储空间。

由于字符型和整型通用，也可以定义为 int sting[10]，但这时每个数组元素占 2 个字节的内存单元。

字符数组也可以是二维或多维数组。

例如：

```
char names[5][20];
```

声明一个二维字符数组 names，如果存放 5 个人的姓名（字符串），每个人姓名的最大长度为 19 个字符。

（2）字符数组的初始化

① 可以在说明字符串的同时初始化字符串。

例如：char c[10]={‘c’, ‘ ’, ‘p’, ‘r’, ‘o’, ‘g’, ‘r’, ‘a’, ‘m’, '\0'};

初始化后各元素的值为：c[0]= ‘c’、c[1]= ‘ ’、c[2]= ‘p’、c[3]= ‘r’、c[4]= ‘o’、c[5]= ‘g’、c[6]= ‘r’、c[7]= ‘a’、c[8]= ‘m’、c[9]= ‘\0’。说明该字符数组中存放了 9 个字符，即 c program。

由此可见，用这种方法来对字符数组初始化比较麻烦，不仅要为每个元素都加上一对单引号，最后还要多加一个字符串结束标志。

② 在 C 语言中，允许用字符串的方式对数组进行初始化赋值。

例如：

```
char S[10]={"program"};
```

或去掉{}后写为：

```
char S[ ]= "program";
```

采用字符数组长度的方法初始化时，数组 S 的长度自动设置为 8，是实际字符串的长度加 1(字符串结束标记)。

不论采用哪一种方式初始化，初始化赋值后，该字符数组 S 中各元素的值如图 7-2 所示。

S[0]	S[1]	S[2]	S[3]	S[4]	S[5]	S[6]	S[7]	S[8]	S[9]
p	r	o	g	r	a	m	\0	\0	\0

图 7-2 字符数组存储示意图

③ 二维字符数组的初始化。

对于二维字符数组，可以存放多个字符串，即二维数组的每一行均可存储一个字符串。在初始化时，代表存储字符串个数的第 1 维下标可以省略，但表示字符串长度的第 2 维下标不能省略。

例如：将星期一至星期天的英文单词依次存放到一个二维数组中。

char week[7][10]={"Monday", "Tuesday", "Wednesday", "Thursday", "Friday", "Saturday", "Sunday"};

也可写成：

char week[ ][10]={"Monday", "Tuesday", "Wednesday", "Thursday", "Friday", "Saturday", "Sunday"};

当用字符串来初始化字符数组时，应注意以下问题。

① 字符数组的长度至少应该比实际存储的字符串的长度多 1。

② 一维字符数组如果在声明时初始化赋值，则可以省略其长度，默认的长度为初始化字符串的长度加 1，如果没有初始化赋值，则必须说明数组的长度。

③ 如果字符数组采用字符方式初始化，则应注意在字符串的结尾处，再加一个结束标记字符'\0'。

④ 对于二维字符数组的初始化，应注意只可省略第一个下标，但不可省略第二个下标。

7.3.2 字符数组元素的引用

字符数组元素引用的语法规则：

```
字符数组名[下标];
```

当字符数组存放一连串的单个字符时，与普通数组没有任何区别，请看下面的实例。

【例 7.14】 字符数组应用举例。

```
/*p7_14.c*/
#include<stdio.h>
main()
{
    int i,j;
    char c[ ][10]={{ 'C','o','m','p','u','t','e','r'},{'T','e','l','e','v','i','s',
'i','o','n'}};
    for(i=0;i<2;i++)
    {
        printf("\n");
        for(j=0;j<10;j++)
            printf("%c",c[i][j]);    /* 字符数组元素引用，即输出数组元素的值 */
    }
    printf("\n");
}
```

运行结果如下。

```
Computer
Television
Press any key to continue
```

本例的二维字符数组由于在初始化时全部元素都赋以初值，因此存放字符串个数的一维下标的长度可以不必给出。该例中是将字符数组的元素当作字符变量来使用的，因此可不必给出字符串的结束标记。由于在 C 语言中没有专门的字符串变量，因此当把多个字符存入一个字符数组，并且用做字符串时，必须把结束标记'\0'存入数组中，并以此作为该字符串是否结束的标志。有了'\0'标志后，就不必再用字符数组的长度来判断字符串的长度了。

7.3.3 字符串的输入和输出

字符数组除了在定义时赋字符串初值外，还可以用 scanf 和 printf 等函数一次性输入输出一个字符数组中的字符串，而不必使用循环语句逐个输入输出每个字符。

把一个字符数组看成字符串后，可以直接使用%S 来输入输出，下面是关于%S 的相关语法规则。

（1）字符串的输入

语法格式：

```
scanf("%s",地址值)
```

其中地址值可以是字符数组名、字符指针、字符数组元素的地址。

例如：

```
char str[15];
scanf("%s",str);;
```

表示从键盘输入一个字符串存放到 str 字符数组中。

注意事项如下。

① 不读入空格和回车，输入字符串时从空格或回车处结束。

② 输入字符串长度超过字符数组元素个数时，不报错。

③ 当输入项为字符指针时，指针必须已指向确定的有足够空间的连续存储单元。

④ 当为数组元素地址时，从此元素地址开始存放。

⑤ 输入字符串时两边不要用双引号括起来。

（2）字符串的输出

语法格式：

```
printf("%s",地址值);
```

其中地址值可以是字符数组名、字符指针、字符数组元素的地址。

在输出时遇到第一个字符串结束符（'\0'）为止。

【例 7.15】 字符数组中字符串输入与输出举例。

```
/*p7_15.c*/
#include<stdio.h>
main()
{
    int i;
    char string[20]=" ";
    printf("please input a string: ");
        scanf("%s",string);
    /*因为字符数组名本身就是一个地址，所以 scanf 语句中不需取地址符&*/
    printf("%s\n",string);
}
```

运行结果如下。

```
please input a string: workstation
workstation
Press any key to continue_
```

由此可见，当字符数组存放一个字符串时，使得字符串的输入输出变得简单方便。

注意如下。

① 在本例中，scanf()、printf()语句使用的格式字符串为“%S”，表示输入输出的是一个字

符串，因此在输出表列中只需给出数组名即可，不能写成 printf(“%S”,string[ ]);。

② 在用 scanf()接收字符串时，字符串中不能含有空格字符，否则系统会将空格认为是字符串结束处，此时可采用 gets()函数输入字符串。

③ 用 scanf()接收字符串时，其长度必须小于字符数组的长度，因为必须留出一个字符串结束标记‘\0’的位置。

7.3.4 字符串处理函数

由于 C 语言不提供字符串类型，所以对字符串的处理必须借助字符串函数来完成，C 语言为用户提供了丰富的字符串处理函数，大致可分为几类：字符串输入输出函数、连接函数、比较函数、复制函数等。

使用这些函数可大大减轻编程的负担，用于输入输出字符串函数需在使用前包含头文件“stdio.h”；使用其他字符串函数则应包含头文件“string.h”。下面向大家介绍几个最常用的字符串函数。

（1）字符串输入函数 gets()

格式：gets(str)

功能：从标准输入设备键盘输入一个字符串赋值给字符数组 str，该函数调用成功，则返回值就是该字符数组的起始地址；调用失败则返回值为 NULL。

（2）字符串输出函数 puts()

格式：puts(str):

功能：将字符数组 str 中的字符输出到标准输出设备屏幕上，即在屏幕显示该字符串的值。

【例 7.16】 字符串的输入与输出举例。

```
/*p7_16.c*/
#include<stdio.h>
#include<string.h>
main()
{
    char s[]="basic & foxpro";
    printf("Original string is:");
    puts(s);
    printf("Please input a new string:");
    gets(s);
    printf("New string is:");
    puts(s);
}
```

运行结果如下。

```
Original string is: basic & foxpro
Please input a new string: Vb and Vc
New string is: Vb and Vc
Press any key to continue
```

gets()并不以空格作为字符串输入结束的标记，而是以回车符作为输入结束标记，这一点是和 scanf()函数有区别的地方，应当引起注意。

（3）字符串长度计算函数 strlen

格式：strlen(str);

功能：测试字符串 str 中的实际长度(不含字符串结束标志‘\0’)，并返回字符串的长度。

说明如下。

① 字符串长度是指串中所包含字符的个数，不含字符串结束标志‘\0’。

② 字符串 str 要求是字符串常量或已赋值的字符数组。

例如：

```
printf("\n%d",strlen("C Program"));
```

结果: 9

（4）字符串拷贝函数 strcpy

格式：strcpy(str1,str2)

功能：把字符表达式 str2 中的字符串拷贝到字符数组 str1 中，字符串结束标记‘\0’也一同拷贝。字符表达式 str2 可以是一个字符串常量或者是已赋值的字符数组名。

例如：

```
char temp[10], s[]="computer";
strcpy(temp, s[i]);
```

将字符串“computer”赋给变量 temp。执行前后变量 temp 的状态如图 7-3 所示。

执行前 temp:										
执行后 temp:	c	o	m	p	u	t	e	r	\0	

图 7-3 字符存储状态

要特别注意，除了初始化以外，其他地方不能用“=”为字符数组赋值，而只能使用 strcpy()。例如：

```
char ch[10];
ch="string";    /* 错误的赋值方式*/
```

（5）字符串连接函数 strcat

格式：strcat(strl，str2);

功能：把字符串 str2 中的字符串连接到字符串 strl 的字符串后面，并删去字符串 str1 后面的字符串结束标志‘\0’。此函数的返回值是字符数组 strl 的起始地址。

值得注意的是：str1 的总长度应该大于 strl 中存放的字符串的长度与 str2 中存放的字符串长度之和，否则连接将不正确。

例如：

```
char str1[16]={"I am a "};
char str2[]={"student."};
printf("%s",strcat(str1,str2));
```

输出：

```
I am a student.
```

连接前后的状况如图 7-4 所示。

连接前 str1:	I	␣	a	m	␣	a	␣	\0								
str2:	s	t	u	d	e	n	t	.	\0							
连接后 str1:	I	␣	a	m	␣	a	␣	s	t	u	d	e	n	t	.	\0

图 7-4 字符存储状态

（6）字符串比较函数 strcmp

格式：strcmp(strl，str2);

功能：按照 ASCII 码顺序比较两个字符数组 str1 和 str2 中的字符串，并由函数的返回值返回比较结果，其返回值含义如表 7-4 所示。

表 7-4　　字符串比较结果

两字符串的关系	返 回 值
str1==str2	0
str1>str2	>0
str1<str2	<0

要特别注意的是：两个字符串的比较不能使用关系运算符，只能通过比较函数进行两个字符串的比较。

例如：

```
......
char ch1[ ]="student";
char ch2[ ]="students";
......
strcmp(ch1, ch2);    /* 正确的字符串比较方式*/
......
```

而不能写成 ch1==ch2、ch1>ch2 或 ch1<ch2 等形式。

（7）字符串字母大写转小写函数 strlwr。

格式：strlwr（str）。

功能：将字符串 str 中大写字母转换成小写字母。例如：

```
char str[]=" I Am A StuDent.";
strlwr(str);
puts(str);
```

输出结果是：i am a student.

大写字母转换成小写，原来就是小写字母则保持不变。

（8）字符串字母小写转大写函数 strupr。

格式：strupr(str)。

功能：将字符串 str 中小写字母转换成大写字母。例如：

```
char str[]=" I Am A StuDent.";
strupr (str);
puts(str);
```

输出结果是：I AM A STUDENT.

7.3.5　字符串数组应用举例

【例 7.17】 中药方剂四君子汤包含 4 味药物：renshen（人参）、baizhu（白术）、fuling（茯苓）、gancao（甘草）。输入四味药物的拼音名并按字母顺序排序，输出排序后的药物。

编程思路：四味药物应由一个二维字符数组来处理，然而 C 语言规定可以把一个二维数组当成多个一维数组处理。因此本题又可以按四个一维数组处理，而每一个一维数组就是一味药名字符串，用字符串比较函数比较各一维数组的大小，用选择排序法完成排序并输出。

```
/*p7_17.c*/
#include<stdio.h>
main()
```

```
{
    char st[20], cs[4][20];
    int i, j, p;
    printf("Enter the name of the drug:\n");
    for(i=0;i<4;i++)
        gets(cs[i]);                              /*键盘输入药物*/
    printf("\n");
    for(i=0;i<4;i++)                              /*选择排序法对药物排序*/
    {
        p=i;strcpy(st,cs[i]);
        for(j=i+1;j<4;j++)
            if(strcmp(cs[j],st)<0)
        {
                p=j;
                strcpy(st,cs[j]);
        }
        if(p!=i)
        {
            strcpy(st,cs[i]);                     /*药物交换位置*/
                strcpy(cs[i],cs[p]);
                strcpy(cs[p],st);
        }
    }
    printf("drug name sorted:\n");
    for(i=0;i<4;i++)                              /*输出排序后的药物*/
        puts(cs[i]);
}
```

运行结果如下。

```
Enter the name of the drug:
ren shen
bai zhu
fu ling
gan cao

drug name sorted:
bai zhu
fu ling
gan cao
ren shen
Press any key to continue
```

7.4 应用与提高

在学生成绩管理系统中，我们实现从键盘上输入学生的成绩，计算出各学生的平均成绩、各科的最高分及各科不及格人数并输出。

（1）功能要求：从键盘上输入三名学生的四门课程成绩，通过调用相应的功能函数计算并输出三名学生的平均成绩、各科最高分及各科不及格人数，成绩保留一位小数。

（2）设计思路：由于每个学生的四门课程成绩均会几次被用到，所以应使用数组来存放学生的相关数据。依题意定义一个数组 a[5][5]，其中 1~3 行存放三名学生四科成绩，第 4 行、第 5

行分别存放各科最高分与不及格人数，第 5 列存放各学生平均成绩。函数 av 为求每个学生四门课程和平均值、函数 max 为求每门课程的最高分以及函数 count 为求不及格人数，所求结果均存放在同一数组中，函数调用时实参传送数组地址。考虑到算法的通用性，将学生人数和课程门数分别定义为符号常量 M、N。

实现的代码：

```
#include<stdio.h>
#define M 3                                          /*M 代表学生人数*/
#define N 4                                          /*N 代表课程门数*/
void av(float a[][N+1])                              /*求平均值函数 av*/
{
   float sum;
   int i,j;
   for(i=0;i<M;i++)
     {sum=0.0;                                       /*累加器置 0 */
      for(j=0;j<N;j++) sum=sum+a[i][j];              /*第 i 个学生四门课程成绩求和*/
      a[i][j]=sum/N;                                 /*第 i 个学生均值保存在 N 列*/
     }
}
void max (float a[][N+1])                            /*求课程最高分函数 max */
{  float m;
   int i,j;
   for(j=0;j<N;j++)                                  /*N 门课程循环控制 */
      {m=0.0;
       for(i=0;i<M;i++)
            if (a[i][j]>m) m=a[i][j];                /*第 j 门课程求最高分*/
                 a[M][j]=m;                          /*保存第 j 门课程最高分*/
      }
  }
int is_failed(float x)                               /*判断成绩是否及格函数*/
{ if (x>=60.0)
     return 1;
   else
     return 0;
}
void count (float a[][N+1])                          /*统计每门课程不及格人数函数*/
  { int num;
    int i,j;
    for(j=0;j<N;j++)
       { num=0;
         for(i=0;i<M;i++)
             if (is_failed(a[i][j])==0)              /*调用函数判断成绩是否合格*/
                  num++;
         a[M+1][j]=num;                              /*保存某门课程不合格人数*/
       }
  }

 main()    //主函数
 {
  float score[M+2][N+1];
  int i, j;
```

```
    for(i=0;i<M;i++)
      { printf("请输入第%d 个学生的四门课程成绩: ",i+1);
        for(j=0;j<N;j++)
            scanf("%f", &score[i][j]);
      }
    av(score);
    max(score);
    count(score);
    for(i=0; i<M; i++)
        printf("第%d 名学生的平均成绩是: %.1f\n", i+1, score[i][4]);
    for(i=0; i<N; i++)
        printf("第%d门课程的最高分是: %.1f, 不及格人数是%.0f\n", i+1,
               score[M][i], score[M+1][i]);
    getch();
  }
```

运行结果如下。

```
请输入第1个学生的四门课程成绩: 66 67 56 88
请输入第2个学生的四门课程成绩: 53 74 55 77
请输入第3个学生的四门课程成绩: 64 67 59 52
第1名学生的平均成绩是: 69.3
第2名学生的平均成绩是: 64.8
第3名学生的平均成绩是: 60.5
第1门课程的最高分是: 66.0, 不及格人数是1
第2门课程的最高分是: 74.0, 不及格人数是0
第3门课程的最高分是: 59.0, 不及格人数是3
第4门课程的最高分是: 88.0, 不及格人数是1
```

7.5 本章小结

数组是一系列相同类型数据的有序集合，从内存角度讲，数组是一片连续的存储单元，每个存储单元存储的是一个数组元素。数组下标个数的多少决定数组的维数，数组可以分为一维数组、二维数组或多维数组。

数组类型说明由类型说明符、数组名、数组长度（数组元素个数）3 部分组成。数组元素又称为下标变量，其数据类型必须相同。同变量一样，数组元素也必须先定义，后使用。

对数组的赋值可以用输入函数动态赋值、赋值语句赋值或数组初始化赋值等几种方法实现。对数值数组不能用赋值语句整体赋值、输入或输出，而是要借助于循环语句逐个对数组元素进行操作。

数组可以作为函数的参数使用，进行数据传送。数组用作函数参数有两种形式：一种是把数组元素作为实参（即传值）；另一种是把数组名作为函数的形参和实参（传地址）。数组元素作函数实参，在发生函数调用时，把作为实参的数组元素的值传送给形参，实现单向的值传送。在用数组名作函数参数时，不是进行值的传送，而是在数组名作函数参数时所进行的传送只是数组首地址，也就是说把实参数组的首地址赋予形参数组名。形参数组名取得该首地址之后，也就等于有了实在的数组。实际上是形参数组和实参数组为同一数组，共同拥有一段内存空间。

C 语言使用字符数组来存放字符串。字符串是由一对双引号括起来的字符序列，以‘\0’作为存储的结束标志。当字符数组存放字符串时，可以用%S 控制其整体输入输出。

习 题 七

一、选择题

1. 对于数组说法错误的是（　　）。

A. 必须先定义，后使用

B. 定义时数组的长度可以用一个已经赋值的变量表示

C. 数组元素引用时下标从 0 开始

D. 数组中的所有元素必须是同一种数据类型

2. 以下关于 C 语言中数组的描述正确的是（　　）。

A. 数组的大小是固定的，但可以有不同的类型的数组元素

B. 数组的大小是可变的，但所有数组元素的类型必须相同

C. 数组的大小是固定的，所有数组元素的类型必须相同

D. 数组的大小是可变的，可以有不同的类型的数组元素

3. 在 C 语言中，引用数组元素时，其数组下标的数据类型允许是（　　）。

A. 整型常量　　B. 整型表达式

C. 整型变量　　D. 任何类型的表达式

4. 若有说明：int a[10];，则对 a 数组元素的正确引用是（　　）。

A. a[10]　　B. a[3.5]

C. a(5)　　D. a[10-10]

5. 以下能对具有 10 个元素的一维数组 a 进行正确初始化的语句是（　　）。

A. int a[10]=(0,0,0,0,0);　　B. nt a[10]={ };

C. int a[ ]={0};　　D. int a[10]={10*1};

6. 有 int a[10]={6,7,8,9,10};，以下说明语句中，理解正确的是（　　）。

A. 将 5 个初值依次赋给 a[1]至 a[5]

B. 将 5 个初值依次赋给 a[0]至 a[4]

C. 将 5 个初值依次赋给 a[6]至 a[10]

D. 因为数组长度与初值的个数不相同，所以此语句不正确

7. 以下对二维数组 a 进行不正确初始化的是（　　）。

A. int a[2][3]={0};　　B. int a[][3]={{3,2,1},{1,2,3}};

C. int a[2][3]={{3,2,1},{1,2,3}};　　D. int a[][]={{3,2,1},{1,2,3}};

8. 在执行 int a[][3]={1,2,3,4,5,6};语句后，a[1][1]的值是（　　）。

A. 4　　B. 1　　C. 2　　D. 5

9. 有两个字符数组 a、b，则以下正确的输入语句是（　　）。

A. gets(a,b);　　A. scanf("%S%S",a,b);

C. scanf("%s%s",&a,&b);　　D. gets("a"),gets("b");

10. 能将字符串 S2 的值复制给 S1 的语句是（　　）。

A. S1==S2;　　B. S1=S2;

C. strcat (S1,S2)==0;　　D. strcpy(S1,S2);

11. 以下程序的输出结果是（　　）。

```
main()
{
    int n[2]={0},i,j,k=2;
    for(i=0;i<k;i++)
        for(j=0;j<k;j++)
            n[j]=n[i]+1;
    printf("%d  ",n[k]);
}
```

A. 不确定的值　　B. 3　　C. 2　　D. 1

12. 定义如下变量和数组：

```
int i; int x[3][3]={1,2,3,4,5,6,7,8,9};
```

则以下语句的输出结果是（　　）。

```
for (i=0;i<3;i++)
    printf("%3d",x[i][2-i]);
```

A. 1 5 9　　B. 1 4 7　　C. 3 5 7　　D. 3 6 9

13. 以下对一维整型数组 a 的正确说明是（　　）。

A. int a(10);

B. int n=10, a[n];

C. int n; scanf("%d",&n);
int a[n];

D. #define SIZE 10
int a[SIZE];

14. 下面程序段的运行结果是（　　）。

```
char a[7]="abcdef";
char b[4]="ABC";
strcpy(a,b);
printf("%c",a[5]);
```

A. 一个空格　　B. \0　　C. e　　D. f

15. 有下面程序段，则（　　）。

```
char a[3],b[ ]="China"; a=b; printf("%3d",a);
```

A. 运行后将输出 China

B. 运行后将输出 Ch

C. 运行后将输出 Chi

D. 编译出错

16. 判断字符串 a 和 b 是否相等，应当使用（　　）。

A. if(a==b)

B. if(a=b)

C. if(strcpy (a,b))

D. if(strcmp(a,b)==0)

17. 若有说明：int a[ ][3]={1,2,3,4,5,6,7};则 a 数组第一维的大小是（　　）。

A. 2　　B. 3　　C. 4　　D. 无确定值

18. 定义如下变量和数组：

```
int k;  int a[3][3]={1,2,3,4,5,6,7,8,9};
```

则下面语句的输出结果是（　　）。

```
for (k=0;k<3;k++) printf("%3d",a[k][2-k]);
```

A. 3 5 7　　B. 3 6 9　　C. 1 5 9　　D. 1 4 7

19. 以下程序执行后的输出结果是（　　）。

```
main()
{
    int aa[4][4]={{1,2,3,4},{5,6,7,8},{3,9,10,2},{4,2,9,6}};
    int i,s=0;
    for(i=0;i<4;i++) s=s+aa[i][1]; printf("%3d",s);
}
```

A. 11　　B. 19　　C. 13　　D. 20

20. 以下程序执行后的输出结果是（　　）。

```
main()
{
    int m[ ][3]={1,4,7,2,5,8,3,6,9}; int i,k=2;
    for (i=0;i<3;i++) { printf("%3d",m[k][i]);}
}
```

A. 4 5 6　　B. 2 5 8　　C. 3 6 9　　D. 7 8 9

二、填空题

1. 数组是有序的若干相同类型变量的集合体，组成数组的变量称为该数组的________。
2. C 语言中数组元素的下标是从________开始的，下标不能越界。
3. 数组名是一个常量，是数组首元素的内存________，不能被赋值或自增。
4. 引用数组时，只能逐个引用数组元素，而不能一次引用________。
5. 在定义数组且对全部数组元素赋初值时，可以不指定数组的________。
6. 数组元素在内存中是顺序存放的，它们的存储地址是________。
7. 字符串常量是由双引号所括起来的________组成的一串字符。
8. 数组的维数是指该数组所包含________个数。
9. 定义一个能存储 30 个学生姓名(长度<20 个字符)的字符数组 name 的语句是________。
10. 数组声明语句 static int a[10]；其功能是：________。

三、简答题

1. 写出下面程序的运行结果________。

```
#include<stdio.h>
#include<string.h>
void main()
{
    char ch[7]={"12ab56"};
    int i,s=0;
    for(i=0;ch[i]>='0' && ch[i]<='9';i=i+2)
        s=10*s+ch[i]-'0';
    printf("%d", s);
}
```

2. 下面程序以每行 4 个数据的形式输出 a 数组，请填空。

```
#include<stdio.h>
#define N 12
void main()
{
    int a[N],i;
    for(i=0;i<N;i++)
    scanf("%d",________);     /*由键盘输入 N 个整数*/
    for(i=0;i<N;i++)
    {
        if (______________)
            printf("\n");
        printf("%3d", a[i]);
    }
    printf("\n");
}
```

3. 下面程序的功能是输入 5 个整数，找出最大数和最小数所在的位置，并把二者对调，然后输出调整后的 5 个数。请填空。

```
#include<stdio.h>
void main()
{
    int a[5], max,min,i,j,k;
    for(i=0;i<5;i++)
        scanf("%d",&a[i]);
    min=max=a[0]; j=k=0;
    for(i=1;i<5;i++)
    {
        if(a[i]<min)
            {min=a[i]; k=i;}
        if(a[i]>max)
            {max=a[i];________;}
    }
        a[k]=max;
        _______;
        printf("最小数的位置是%d:",k);
        printf("最大数的位置是%d",j);
        for(i=0;i<5;i++) printf("%3d",a[i]);
}
```

4. 下面程序的运行结果是__________。

```
#include <stdio.h>
void sub(int x[1], int y, int z)
{
   x[0]=y-z;
}
main()
{
  int a[1], b[1], c[1];
  sub(a,10,5);
  sub(b,a[0],7);
  sub(c,a[0],b[0]);
  printf("%3d,%3d,%3d\n",a[0],b[0],c[0]);
  getch();
}
```

5. 下面程序的运行结果是__________________。

```
#include<stdio.h>
void main()
{
    int i,j,row,col,min;
    int a[3][4]={{1,2,3,4},{9,8,7,6},{-1,-2,0,5}};
    min=a[0][0];
    for(i=0;i<3;i++)
        for(j=0;j<4;j++)
            if(a[i][j]<min) {min=a[i][j];row=i;col=j;}
    printf("min=%d  row=%d  col=%d\n",min, row, col);
}
```

6. 编写一个函数，返回数组元素中最大值元素的下标，并在主函数中输出该元素。

```
#include <stdio.h>
int  maxp(int a[],int len)
```

```
{  //此处写函数代码

}
main()
{
   int a[10]={23,43,45,38,45,56,33,22,55,17}, p;
   p=maxp(a,10);
   printf("max=%d\n",a[p]);
}
```

7. 以下程序运行后的输出结果是________。

```
#include<stdio.h>
void main()
{
    int a[4][4]={{1,2,-3,-4},{0,-12,-13,14},{-21,23,0,-24},{-31,32,-33,0}};
    int i,j,s=0;
    for(i=0;i<4;i++)
    {
        for(j=0;j<4;j++)
        {  if(a[i][j]<0) continue;
           if(a[i][j]==0) break;
           s=s+a[i][j];
        }
    }
    printf("%d\n",s);
}
```

8. 函数 inverse 的功能是使一个字符串按逆序存放，请填空。

```
void inverse (char str[])
{
    char m;
    int i,j;
    for (i=0,j=strlen(str);i<________;i++,________)
    {
        m=str[i];
        str[i]=________;
        ____________;
    }
}
```

9. 下面程序使用自己定义的 int strlen(char p[])函数返回字符串长度，在主函数中输入字符串、输出字符串长度。

```
#____________
int strlen(char p[])
{
  int i=0;
  while(p[i]!='\0')i++;
____________;
}
int main()
{
  char a[80];
  gets(a);
  printf("%d\n",____________);
}
```

10. 设数组 a 的初值为：

$$a=\begin{bmatrix}1 & 0 & 2\\2 & 2 & 0\\0 & 1 & 0\end{bmatrix}$$

执行语句：

```
for (i=0;i<3;i++)
    for (j=0;j<3;j++)
        a[i][j]=a[a[i][j]][a[j][i]];
```

数组 a 的结果是什么？________________

四、编程题

1. 编写程序，使之具有如下功能：输入任意 12 个整数到一维数组中，然后按每行 4 个数输出这些整数，最后输出 12 个整数的平均值。

2. 有定义：#define N 8;int a[N+1];。试设计一个算法：主函数中由键盘输入 N 个递增有序的数据到数组 a，再设计一个插入函数，将任意一个整数 x 插入到数组 a 的适当位置，并保持 a 的有序性，最后在主函数中输出插入 x 后的数组 a（提示：插入元素位置开始到最后的数组元素均需向后移动一个位置）。

3. 编写程序，从一个已排好序的数组中删去某个位置上的元素，该元素后面的所有元素均依次前移一个位置。

4. 青年歌手参加歌曲大奖赛，有 13 个评委对他进行打分，试编程求这位选手的平均得分（去掉一个最高分和一个最低分）。

5. 输入一个字符串，将该字符串中的大写英文字母转换成对应的小写英文字母，而将小写英文字母转换成对应的大写英文字母，其余字符不变，然后输出转换后的字符串。

6. 输入一行字符，统计其中有多少个英语单词，单词之间用空格隔开。

7. 给定 n 行 n 列的二维数组 A，并在主函数中自动赋值。请编写函数 fun (int a[][n])，该函数的功能是：使数组右上半三角元素中的值全部置成 0。

第8章 指针

变量、数组、函数等都存放在内存的存储单元中，而每一个存储单元在内存中都有一个编码，编码就是存储单元的地址，我们可以通过它们的地址准确引用其内容。在 C 语言中有一种特殊的变量专门用于处理这些地址，就是指针变量。

指针是C语言中广泛使用的一种数据类型，也是 C 语言的一个重要特色。正确灵活地使用指针可以表示各种数据结构、灵活处理数组和字符串，编写出简洁、紧凑、高效的程序。

8.1 指针的定义

在计算机中，所有的数据都存放在内存单元，不同的数据类型所占用的内存单元数不同，如 Visual C++6.0 中整型量占 4 个字节，字符量占 1 个字节。内存的每一个字节都有一个编号，这个编号就是内存单元的地址。内存单元地址可以准确地指向一个内存单元，所以内存单元的地址又被形象地称为“指针”。

内存单元的指针和内存单元的内容是两个不同的概念。如果将上课的教学楼看作存储器，（假定每间教室都是一样大小），那么一间教室就是一个内存单元，教室编号就是内存单元的地址即指针，教室内的所有就是内存单元的内容。对于一个内存单元来说，该内存单元的地址即指针，其中存放的数据才是该内存单元的内容。在C语言中，允许用一个变量来存放地址，这种变量称为指针变量。因此，一个指针变量的值就是某个内存单元的地址或称为某内存单元的指针。

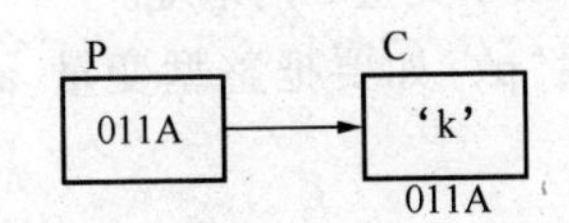

图 8-1 指针变量 P 指向普通变量 C

图 8-1 中，设有字符变量 C，其内容为‘K’(ASCII 码为十进制数 75)，C 占用了 011A 号存储单元（地址用十六进数表示）。设有指针变量 P，内容为 011A，这种情况我们称为 P 指向变量 C，或说 P 是指向变量 C 的指针变量。

指针就是地址，它是一个常量。而一个指针变量可以存放不同的指针值，是变量。图 8-1 中，011A 是指针，它是一个常量；P 是一个指针变量，可以存放 011A 地址，也可以存放别的地址，它是一个变量。请同学们严格区分指针和指针变量的概念。

8.2 指针变量

变量的指针就是变量的地址。存放变量地址的变量是指针变量。在C语言中，用指针变量存储变量的地址。因此，一个指针变量的值就是某个变量的地址或某变量的指针。

8.2.1 指针变量的定义

对指针变量的定义包括 3 个内容：指针类型说明，即定义变量为一个指针变量；指针变量名；变量值(指针)所指向的变量的数据类型。

其一般形式为：

类型说明符 *变量名；

其中，*表示这是一个指针变量，变量名即为定义的指针变量名，类型说明符表示该指针变量所指向的变量的数据类型。

例如： int *p1;

p1 是一个指针变量，它的值是某个整型变量的地址。或者说 p1 指向一个整型变量。至于 p1 究竟指向哪一个整型变量，应由赋给 p1 的地址来决定。

8.2.2 指针变量与指针变量的引用

（1）&和*运算符

指针变量和普通变量一样，使用之前必须先定义并初始化。未经赋值的指针变量不能使用，否则将造成系统混乱，甚至死机。指针变量的赋值只能赋予地址，决不能赋予任何其他数据，否则将引起错误。在C语言中，变量的地址是由编译系统分配的，对用户完全透明，用户不能直接看到变量的具体地址，但可以通过“&”运算符获得变量的地址。

两个相关的运算符如下。

&：取地址运算符。

*：指针运算符（或称“间接访问”运算符）。

① C语言中提供了地址运算符&来获取变量的地址。

其一般形式为：&变量名。

如：&a 表示变量 a 的地址，&b 表示变量 b 的地址。

设有指向整型变量的指针变量 p，如要把整型变量 a 的地址赋予 p 可以有以下两种方式。

指针变量初始化的方法：

```
int a;
int *p=&a;
```

指针变量赋值的方法：

```
int a;
int *p;
p=&a;
```

② 为了表示指针变量和它所指向的变量之间的关系，在程序中用“*”符号表示“指向”，如图 8-2 所示，i_pointer 代表指针变量，而*i_pointer 是 i_pointer 所指向的变量 i。

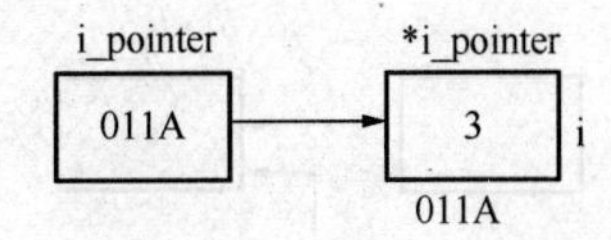

图 8-2　*i_pointer 是 i_pointer 所指向的变量

因此，下面两个语句作用相同：

```
i=3;
*i_pointer=3;
```

第二个语句的含义是将 3 赋给指针变量 i_pointer 所指向的变量。

例如：

```
int i=200, x;
int *ip;
```

我们定义了两个整型变量 i、x，还定义了一个指向整型数的指针变量 ip。i，x 中可存放整数，而 ip 中只能存放整型变量的地址。我们可以把 i 的地址赋给 ip：

```
ip=&i;
```

此时指针变量 ip 指向整型变量 i，假设变量 i 的地址为 1800，这个赋值可形象理解为如图 8-3 所示的联系。

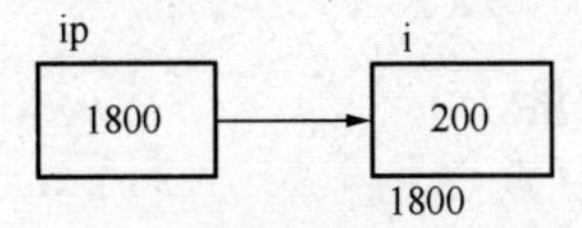

图 8-3　ip 存储变量 i 的地址

以后我们便可以通过指针变量 ip 间接访问变量 i，例如：

```
x=*ip;
```

运算符*访问以 ip 为地址的存储单元内容，而 ip 中存放的是变量 i 的地址，因此，*ip 访问的是地址为 1800 的存储单元，上面的赋值表达式等价于

```
x=i;
```

③ 另外，指针变量和一般变量一样，存放在它们之中的值是可以改变的，也即改变指针变量的指向。例如，已有如下语句：

```
int i,j, *p1, *p2;
i='a';
j='b';
p1=&i;
p2=&j;
```

则建立如图 8-4 所示的联系。

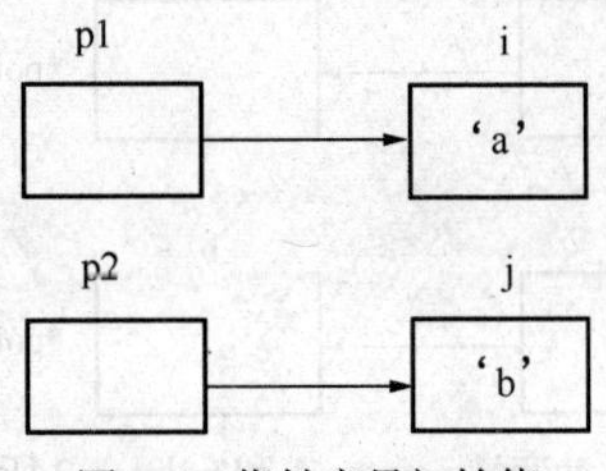

图 8-4　指针变量初始值

若再执行“p2=p1;”语句后，就会使 p2 与 p1 指向同一对象 i，此时*p2 就等价于 i，而不是 j，如图 8-5 所示。

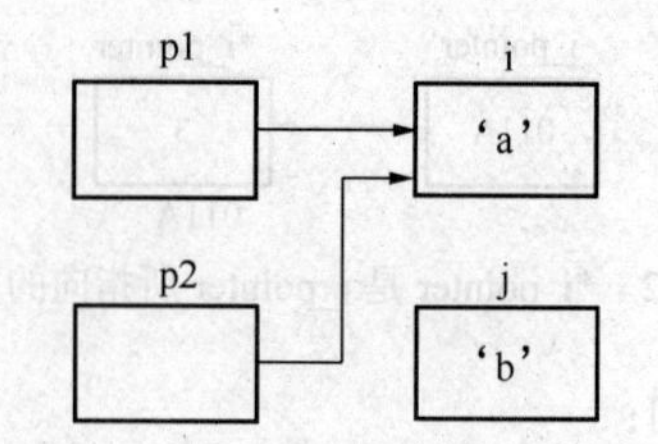

图 8-5　通过指针变量改变 p2 的值

如果执行如下语句：

```
*p2=*p1;
```

则表示把 p1 指向的内容赋给 p2 所指的区域，如图 8-6 所示。

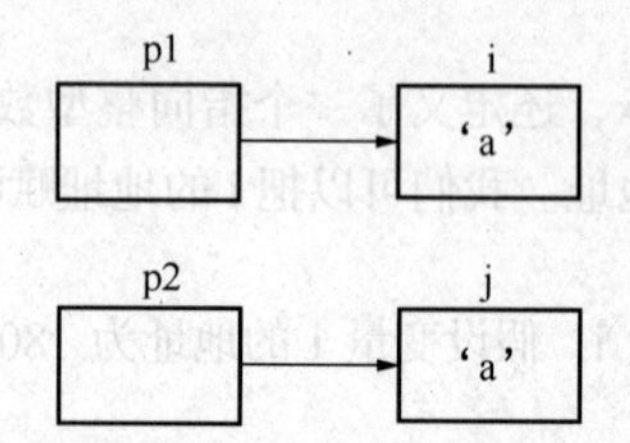

图 8-6　引用指针变量内容改变普通变量的值

【例 8.1】 通过指针引用普通变量。

```
/* p8_1.c */
main()
{
    int a,b;
    int *pointer_1, *pointer_2;
    a=100;b=10;
    pointer_1=&a;
    pointer_2=&b;
    printf("%d,%d\n",a,b);
    printf("%d,%d\n",*pointer_1, *pointer_2);
}
```

对程序的说明如下。

① 程序开始定义了两个指针变量 pointer_1 和 pointer_2，但并未指向任何一个整型变量，只是规定它们可以指向整型变量。程序第 4、5 行的作用就是使 pointer_1 指向 a，pointer_2 指向 b，如图 8-7 所示。

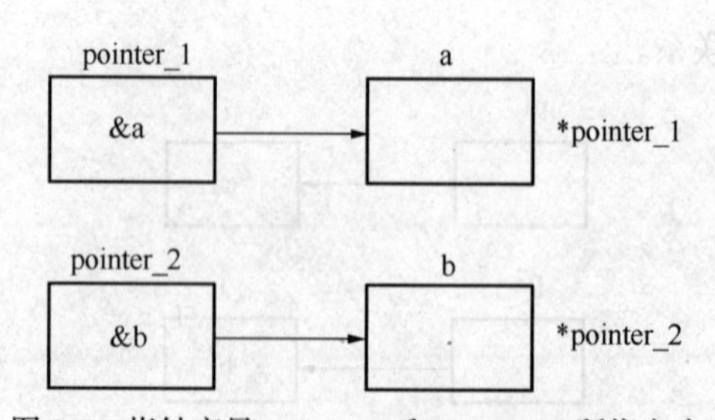

图 8-7　指针变量 pointer_1 和 pointer_2 所指向内容

② 最后一行的*pointer_1 和*pointer_2 就是取变量 a 和 b 的值，最后两个 printf 函数作用是相同的。

③ 程序中有两处出现*pointer_1 和*pointer_2，请区分它们的不同含义。

④ 程序第 5、6 行的“pointer_1=&a”和“pointer_2=&b”不能写成“*pointer_1 =&a”和“*pointer_2=&b”。

【例 8.2】 输入 a 和 b 两个整数，按先大后小的顺序输出 a 和 b。

```
/* p8_2.c */
main()
{
    int *p1,*p2,t,a,b;
    scanf("%d,%d",&a,&b);
    p1=&a;p2=&b;
    if(a<b)
    {
        t=*p1;*p1=*p2;*p2=t;
    }
    printf("\na=%d,b=%d\n",a,b);
    printf("max=%d,min=%d\n",*p1,*p2);
}
```

运行结果如下。

```
10,20

a=20,b=10
max=20,min=10
```

（2）指针的定义和使用很容易出错，请注意以下几点。

① 不允许把一个数赋予指针变量，如下面的赋值是错误的：

```
int *p;
p=1000;
```

② 给指针变量赋值时指针变量之前不能再加“*”，如写为*p=&a 也是错误的。

③ 一个指针变量只能指向指针变量定义中“类型说明符”说明的变量，例如有如下定义，则 p2 不能指向非 int 类型的变量，p3 不能指向非 float 类型的变量。

```
int *p2;           /*p2 是指向整型变量的指针变量*/
float *p3;         /*p3 是指向浮点变量的指针变量*/
char *p4;          /*p4 是指向字符变量的指针变量*/
```

一个指针变量只能指向同类型的变量，如 p3 只能指向浮点变量，不能时而指向一个浮点变量，时而又指向一个字符变量。

8.2.3 指针变量作为参数

函数的参数不仅可以是整型、实型、字符型等数据，还可以是指针类型。它的作用是将一个变量的地址传送到另一个函数中。

【例 8.3】 将例 8.2 程序中交换两数的程序段改为用函数实现。

```
/* p8_3.c */
void swap(int *p1,int *p2)
{
   int temp;
   temp=*p1;
   *p1=*p2;
   *p2=temp;
}
```

```
main()
{
    int a,b;
    int *pointer_1,*pointer_2;
    scanf("%d,%d",&a,&b);
    pointer_1=&a;pointer_2=&b;
    if(a<b) swap(pointer_1,pointer_2);
    printf("\n%d,%d\n",a,b);
}
```

程序的说明如下。

swap 是用户自定义的函数，其作用是交换 a 和 b 两个变量的值。swap 函数的形参 p1、p2 是指针变量。程序运行时，先执行 main 函数，输入 a 和 b 的值。然后将 a 和 b 的地址分别赋给指针变量 pointer_1 和 pointer_2，使 pointer_1 指向 a，pointer_2 指向 b，如图 8-8 所示。

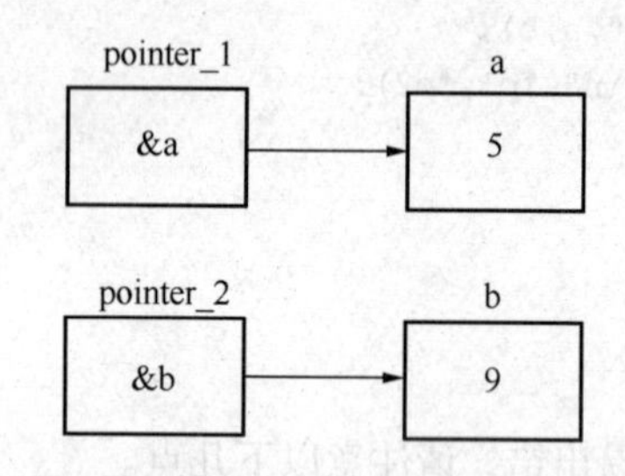

图 8-8　pointer_1 指向 a，pointer_2 指向 b

接着执行 if 语句，由于 a<b，因此执行 swap 函数。注意实参 pointer_1 和 pointer_2 是指针变量，在函数调用时，将变量的地址传递给形参。采取的是“传地址”调用方式。因此形参 p1 的值为&a，p2 的值为&b。这时 p1 和 pointer_1 指向变量 a，p2 和 pointer_2 指向变量 b，如图 8-9 所示。

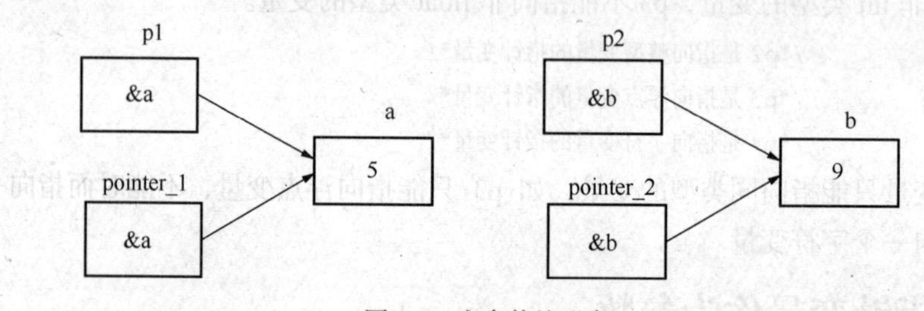

图 8-9　实参传给形参

接着执行 swap 函数的函数体使*p1 和*p2 的值互换，也就是使 a 和 b 的值互换，如图 8-10 所示。

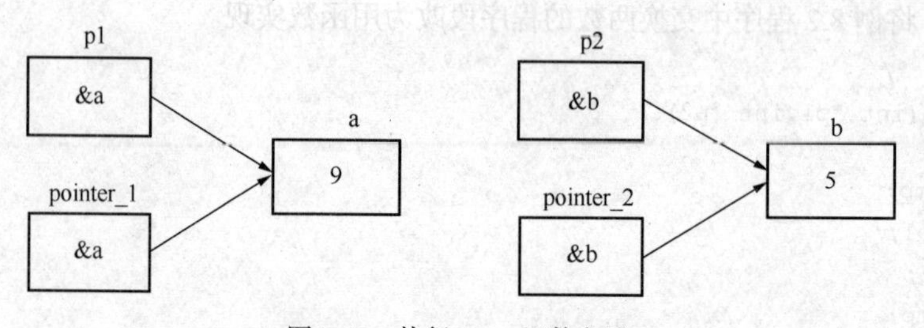

图 8-10　执行 swap 函数之后

函数调用结束后，p1 和 p2 不复存在（p1 和 p2 内存已释放），如图 8-11 所示。

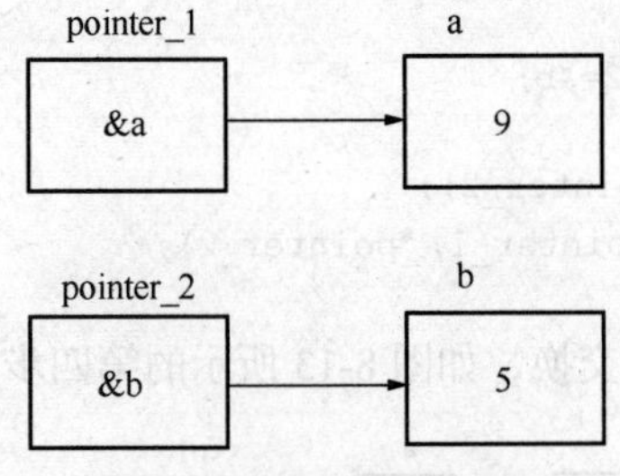

图 8-11　函数调用结束后

最后在 main 函数中输出的 a 和 b 的值是交换之后的值。

请注意交换*p1 和*p2 的值是如何实现的。请找出下列程序段的错误：

```
swap(int *p1,int *p2)
{
    int *temp;
    *temp=*p1;
    *p1=*p2;
    *p2=temp;        /*此语句有问题*/
}
```

请考虑下面的函数能否实现 a 和 b 互换。

```
swap(int x,int y)
{
    int temp;
    temp=x;
    x=y;
    y=temp;
}
```

如果在 main 函数中用“swap(a,b);”调用 swap 函数的结果如图 8-12 所示。

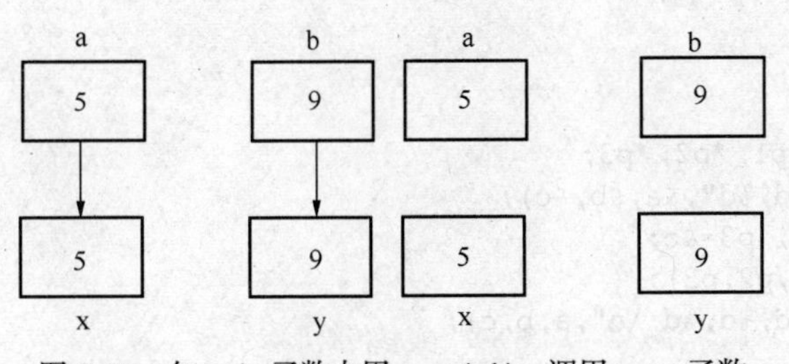

图 8-12　在 main 函数中用 swap(a,b); 调用 swap 函数

【例 8.4】 请注意，不能企图通过改变指针形参的值而使指针实参的值改变。

```
/* p8_4.c */
swap(int *p1,int *p2)
{
    int *p;
    p=p1;
    p1=p2;
    p2=p;
}
main()
{
```

```
    int a,b;
    int *pointer_1,*pointer_2;
    scanf("%d,%d",&a,&b);
    pointer_1=&a;pointer_2=&b;
    if(a<b)
        swap(pointer_1,pointer_2);
    printf("\n%d,%d\n",*pointer_1,*pointer_2);
}
```

上述例题也不能实现 a、b 的交换，如图 8-13 所示的第四步（d）。

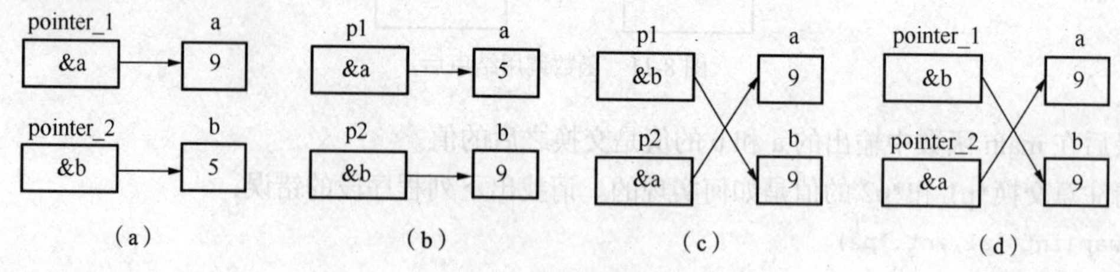

图 8-13　程序中变量变化图

【例 8.5】 输入 a、b、c 三个整数，按大小顺序输出。

```
/* p8_5.c */
swap(int *pt1,int *pt2)
{
    int temp;
    temp=*pt1;
    *pt1=*pt2;
    *pt2=temp;
}
exchange(int *q1,int *q2,int *q3)
{
    if(*q1<*q2)swap(q1,q2);
    if(*q1<*q3)swap(q1,q3);
    if(*q2<*q3)swap(q2,q3);
}
main()
{
    int a,b,c,*p1,*p2,*p3;
    scanf("%d,%d,%d",&a,&b,&c);
    p1=&a;p2=&b; p3=&c;
    exchange(p1,p2,p3);
    printf("\n%d,%d,%d \n",a,b,c);
}
```

运行结果如下。

```
10,20,30

30,20,10
```

8.2.4　void 指针类型

ANSI 新标准增加了一种“void”指针类型，可以定义一个指针变量，但不指定它是指向哪一种类型数据。

void 为“空类型”，void *则为“空类型指针”，void *能够指向任何类型的数据。void 的作用为对函数返回的限定和对函数参数的限定。

8.3　指针与数组

一个变量有一个地址，一个数组包含若干元素，每个数组元素都在内存中占用存储单元，它们都有相应的地址。所谓数组的指针是指数组的起始地址，数组元素的指针是数组元素的地址。

8.3.1　指向数组元素的指针变量

一个数组是由连续的一块内存单元组成的。数组名就是这块连续内存单元的首地址。一个数组也是由各个数组元素（下标变量）组成的。每个数组元素按其类型不同占有几个连续的内存单元。一个数组元素的地址也是指它所占有的几个内存单元的首地址。

定义一个指向数组元素的指针变量的方法，与以前介绍的指针变量相同。

例如：

```
int a[10];      /*定义 a 为包含 10 个整型数据的数组*/
int *p;         /*定义 p 为指向整型变量的指针*/
```

应当注意，因为数组为 int 型，所以指针变量也应为指向 int 型的指针变量。下面是对指针变量赋值：

```
p=&a[0];
```

把 a[0]元素的地址赋给指针变量 p。也就是说，p 指向 a 数组的第 0 号元素，如图 8-14 所示。

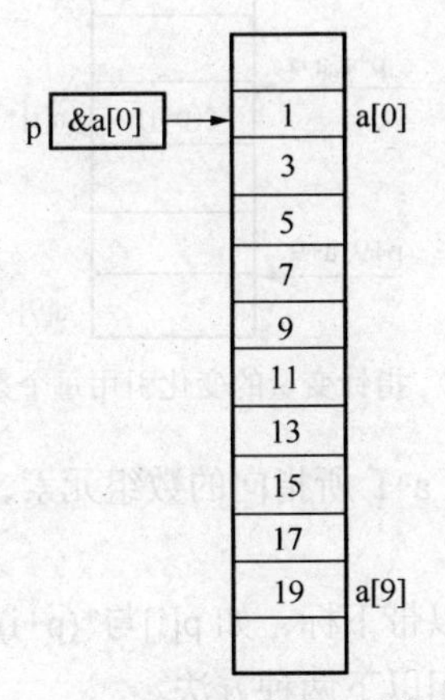

图 8-14　指针变量指向一维数组

C 语言规定，数组名代表数组的首地址，也就是 a[0]的地址。因此，下面两个语句等价：

```
p=&a[0];
p=a;
```

在定义指针变量时可以赋给初值：

```
int *p=&a[0];
```

等效于：

```
int *p;
p=&a[0];
```

当然定义时也可以写成：

```
int *p=a;
```

从图 8-14 中我们可以看出有以下关系：

p，a，&a[0]均指向同一单元，它们是数组 a 的首地址，即 a[0]的地址。应该说明的是 p 是变量，而 a，&a[0]都是常量。在编程时应特别注意。

数组指针变量说明的一般形式为：

类型说明符　*指针变量名；

其中类型说明符表示所指数组的类型。从一般形式可以看出指向数组的指针变量和指向普通变量的指针变量的说明是相同的。

8.3.2　指向数组的指针变量

C 语言规定：如果指针变量 p 已指向数组中的一个元素，则 p+1 指向同一数组中的下一个元素。

引入指针变量后，就可以用两种方法来访问数组元素了。

如果 p 的初值为&a[0]，则 p+i 和 a+i 就是 a[i]的地址，或者说它们指向 a 数组的第 i 个元素，如图 8-15 所示。

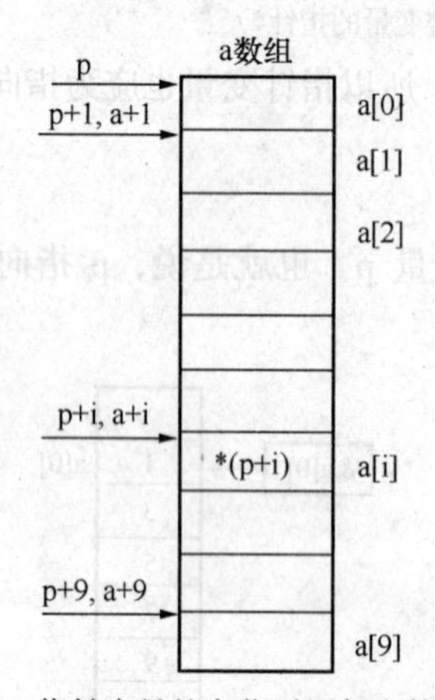

图 8-15　指针变量的变化引用每个数组元素

（1）*(p+i)或*(a+i)就是 p+i 或 a+i 所指向的数组元素，即 a[i]。例如，*(p+5)或*(a+5)就是 a[5]。

（2）指向数组的指针变量也可以带下标，如 p[i]与*(p+i)等价。

因此，引用一个数组元素可以用以下两种方法。

下标法：即用 a[i]形式访问数组元素。在前面介绍数组时都是采用这种方法。

指针法：即采用*(a+i)或*(p+i)形式，用间接访问的方法来访问数组元素，其中 a 是数组名，p 是指向数组的指针变量，其初值 p=a。

【例 8.6】 输出数组中的全部元素（下标法）。

```
/* p8_6.c */
main()
{
    int a[10],i;
    for(i=0;i<10;i++)
        a[i]=i;
    for(i=0;i<5;i++)
```

```
    printf("a[%d]=%d\n",i,a[i]);
}
```

【例 8.7】 输出数组中的全部元素（通过数组名计算元素的地址，找出元素的值）。

```
/* p8_7.c */
main()
{
    int a[10],i;
    for(i=0;i<10;i++)
    *(a+i)=i;
    for(i=0;i<10;i++)
    printf("a[%d]=%d\n",i,*(a+i));
}
```

8.3.3 指针的算术运算和关系运算

指针变量和其他变量一样，也可以进行算术运算及关系运算。

（1）算术运算

算术运算主要是利用指针运算符与“+”、“-”、“++”、“--”等算术运算符进行混合运算，其运算结果主要涉及两个方面：一是指针变量值的变化，其结果是使指针的指向发生改变；二是指针变量所指的内存单元的变化，其结果是使指针指向的变量值发生改变。

对于指向数组的指针变量，可以加上或减去一个整数 n。设 pa 是指向数组 a 的指针变量，则 pa+n，pa-n，pa++，++pa，pa--，--a 运算都是合法的。指针变量加或减一个整数 n 的意义是把指针指向的当前位置（指向某数组元素）向前或向后移动 n 个位置。应该注意，数组指针变量向前或向后移动一个位置和地址加 1 或减 1 在概念上是不同的。因为数组可以有不同的类型，各种类型的数组元素所占的字节长度是不同的。如指针变量加 1，即向后移动 1 个位置表示指针变量指向下一个数据元素的首地址，而不是在原地址基础上加 1。例如：

```
int a[5],*pa;
pa=a;         /*pa 指向数组 a，也是指向 a[0]*/
pa=pa+2;      /*pa 指向 a[2]，即 pa 的值为&pa[2],同时 pa 下移了 2*4 个内存单元*/
```

指针变量的加减运算只能对数组指针变量进行，对指向其他类型变量的指针变量做加减运算是毫无意义的。

两指针变量相减结果是两个指针所指数组元素之间相差的元素个数。实际上是两个指针值（地址）相减之差再除以该数组元素的长度（字节数）。例如 pf1 和 pf2 是指向同一浮点数组的两个指针变量，设 pf1 的值为 2010H，pf2 的值为 2000H，而浮点数组每个元素占 4 个字节，所以 pf1-pf2 的结果为（2000H-2010H）/4=4，表示 pf1 和 pf2 之间相差 4 个元素。两个指针变量不能进行加法运算。例如，pf1+pf2 是什么意思呢？毫无实际意义。

（2）关系运算

两指针变量之间也能进行关系运算：指向同一数组的两指针变量进行关系运算可表示它们所指数组元素之间的关系。

例如：

pf1==pf2 表示 pf1 和 pf2 指向同一数组元素；

pf1>pf2 表示 pf1 处于高地址位置；

pf1<pf2 表示 pf2 处于低地址位置。

指针变量还可以与 0 比较。

设 p 为指针变量，则 p==0 表明 p 是空指针，它不指向任何变量；p!=0 表示 p 不是空指针。空指针是由对指针变量赋予 0 值而得到的。

例如：

```
#define NULL 0
int *p=NULL;
```

对指针变量赋 0 值和不赋值是不同的。指针变量未赋值时，可以是任意值，是不能使用的，否则程序出错。而指针变量赋 0 值后，则可以使用，只是它不指向具体的变量而已。

8.3.4 数组名作为函数参数

数组名可以作函数的实参和形参。例如：

```
main()
{
    int array[10];
    ……
    ……
    f(array,10);
    ……
    ……
}
f(int arr[],int n);
{
……
……
}
```

array 为实参数组名，arr 为形参数组名。在学习指针变量之后就更容易理解这个问题了。数组名就是数组的首地址，实参向形参传送数组名实际上就是传送数组的地址，形参得到该地址后也指向同一数组。这就好象同一件物品有两个彼此不同的名称一样，如图 8-16 所示。

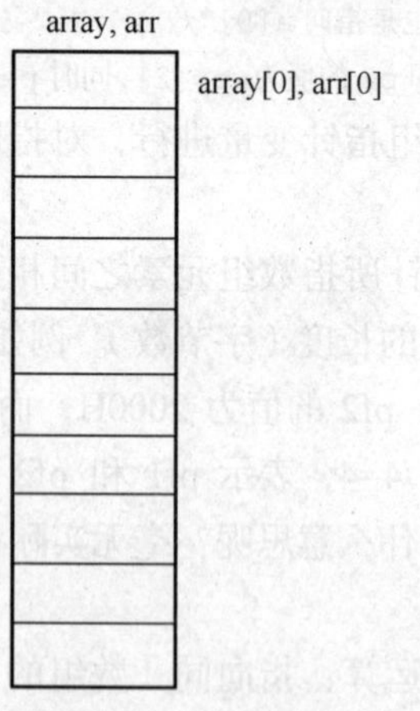

图 8-16　数组名可以作函数的实参和形参

同样，指针变量的值也是地址，数组指针变量的值即为数组的首地址，当然也可作为函数的参数使用。

【例 8.8】 从键盘输入 5 个数字，求其平均值。

```
/* p8_8.c */
float aver(float *pa);
```

```
main()
{
    float sco[5],av,*sp;
    int i;
    sp=sco;
    printf("\ninput 5 scores:\n");
    for(i=0;i<5;i++) scanf("%f",&sco[i]);
          av=aver(sp);
    printf("average score is %5.2f",av);
}
float aver(float *pa)
{
    int i;
    float av,s=0;
    for(i=0;i<5;i++) s=s+*pa++;
          av=s/5;
    return av;
}
```

运行结果如下。

```
input 5 scores:
1 2 3 4 5
average score is  3.00
```

【例 8.9】 将数组 a 中的 n 个整数按相反顺序存放。

算法思想：将 a[0]与 a[n−1]对换，再将 a[1]与 a[n−2] 对换……直到将 a[(n−1/2)]与 a[n−int((n−1)/2)]对换。用循环处理此问题，设两个“位置指示变量”i 和 j，i 的初值为 0，j 的初值为 n−1。将 a[i]与 a[j]交换，然后使 i 的值加 1，j 的值减 1，再将 a[i]与 a[j]交换，直到 i=(n−1)/2 为止，如图 8-17 所示。

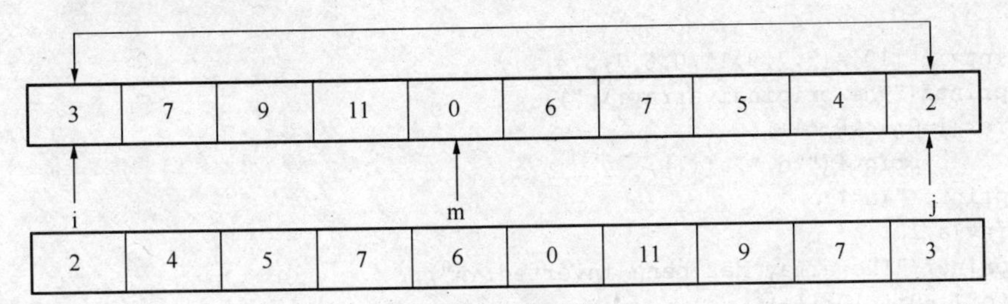

图 8-17　交换示意图

```
/* p8_9.c */
void inv(int x[],int n)    /*形参 x 是数组名*/
{
    int temp,i,j,m=(n-1)/2;
    for(i=0;i<=m;i++)
    {
        j=n-1-i;
        temp=x[i];
        x[i]=x[j];
        x[j]=temp;
    }
}
main()
```

```
{
    int i,a[10]={3,7,9,11,0,6,7,5,4,2};
    printf("The original array:\n");
    for(i=0;i<10;i++)
         printf("%d,",a[i]);
    printf("\n");
    inv(a,10);
    printf("The array has benn inverted:\n");
    for(i=0;i<10;i++)
              printf("%d,",a[i]);
    printf("\n");
}
```

运行结果如下。

```
The original array:
3,7,9,11,0,6,7,5,4,2,
The array has benn inverted:
2,4,5,7,6,0,11,9,7,3,
```

【例 8.10】 对例 8.9 可以作一些改动。将函数 inv 中的形参 x 改成指针变量。

```
/* p8_10.c */
void inv(int *x,int n)    /*形参 x 为指针变量*/
{
    int *p,temp,*i,*j,m=(n-1)/2;
    i=x;j=x+n-1;p=x+m;
    for(;i<=p;i++,j--)
    {
              temp=*i;*i=*j;*j=temp;
    }
}
main()
{
    int i,a[10]={3,7,9,11,0,6,7,5,4,2};
    printf("The original array:\n");
    for(i=0;i<10;i++)
         printf("%d,",a[i]);
    printf("\n");
    inv(a,10);
    printf("The array has benn inverted:\n");
    for(i=0;i<10;i++)
         printf("%d,",a[i]);
    printf("\n");
}
```

运行结果与例 8.9 相同。

【例 8.11】 从 10 个数中找出其中的最大值和最小值。

调用一个函数只能得到一个返回值，用全局变量在函数之间“传递”数据，程序如下：

```
/* p8_11.c */
int max,min;       /*全局变量*/
void max_min_value(int array[],int n)
{
    int *p,*array_end;
    array_end=array+n;
    max=min=*array;
    for(p=array+1;p<array_end;p++)
```

```
        if(*p>max)
            max=*p;
        else if (*p<min)
            min=*p;
}
main()
{
    int i,number[10];
    printf("enter 10 integer umbers:\n");
    for(i=0;i<10;i++)
        scanf("%d",&number[i]);
    max_min_value(number,10);
    printf("\nmax=%d,min=%d\n",max,min);
}
```

说明

（1）在函数 max_min_value 中求出的最大值和最小值存放在 max 和 min 中。由于它们是全局，因此在主函数中可以直接使用。

（2）函数 max_min_value 中的语句：

```
max=min=*array;
```

其中，array 是数组名，它接收从实参传来的数组 number 的首地址。

array 相当于（&array[0]）。上述语句与 max=min=array[0];等价。

（3）在执行 for 循环时，p 的初值为 array+1，也就是使 p 指向 array[1]。以后每次执行 p++，使 p 指向下一个元素。每次将*p 和 max、min 比较。将大者存放入 max，小者存放 min，如图 8-18 所示。

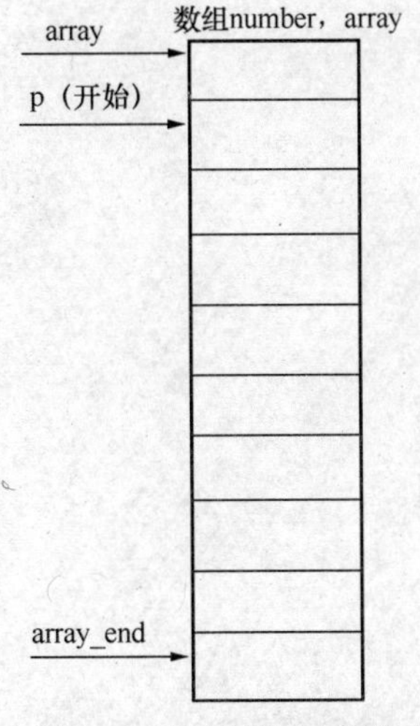

图 8-18 指针变化示意图

（4）函数 max_min_valuc 的形参 array 可以改为指针变量类型。实参也可以不用数组名，而用指针变量传递地址，如例 8.12 所示。

【例 8.12】 例 8.11 的程序可改为：

```
/* p8_12.c */
int max,min;        /*全局变量*/
void max_min_value(int *array,int n)
```

```
{
    int *p,*array_end;
    array_end=array+n;
    max=min=*array;
    for(p=array+1;p<array_end;p++)
        if(*p>max)
            max=*p;
        else if (*p<min)
            min=*p;
}
main()
{
    int i,number[10],*p;
    p=number;              /*使p指向number数组*/
    printf("enter 10 integer numbers:\n");
    for(i=0;i<10;i++,p++)
        scanf("%d",p);
    p=number;
    max_min_value(p,10);
    printf("\nmax=%d,min=%d\n",max,min);
}
```

归纳起来，如果有一个实参数组，想在函数中改变此数组的元素的值，实参与形参的对应关系有以下4种。

（1）形参和实参都是数组名。

```
main()
{
   int a[10];
    ……
   f(a,10)
    ……
}
f(int x[],int n)
{
 ……
}
```

a和x指的是同一组数组。

（2）实用数组，形参用指针变量。

```
main()
{
  int a[10];
  ……
 f(a,10)
  ……
}
f(int *x,int n)
{
……
}
```

（3）实参、形参都用指针变量。

（4）实参为指针变量，形参为数组名。

【例 8.13】 用实参指针变量将 n 个整数按相反顺序存放。

```
/* p8_13.c */
void inv(int *x,int n)
{
    int *p,m,temp,*i,*j;
    m=(n-1)/2;
    i=x;
    j=x+n-1;
    p=x+m;
    for(;i<=p;i++,j--)
    {
        temp=*i;
        *i=*j;
        *j=temp;
    }
    return;
}
main()
{
    int i,arr[10]={3,7,9,11,0,6,7,5,4,2},*p;
    p=arr;
    printf("The original array:\n");
    for(i=0;i<10;i++,p++)
        printf("%d,",*p);
    printf("\n");
    p=arr;
    inv(p,10);
    printf("The array has benn inverted:\n");
    for(p=arr;p<arr+10;p++)
        printf("%d,",*p);
    printf("\n");
}
```

运行结果如下。

```
The original array:
3,7,9,11,0,6,7,5,4,2,
The array has benn inverted:
2,4,5,7,6,0,11,9,7,3,
```

注意：main 函数中的指针变量 p 是有确定值的。即如果用指针变量作实参，必须先使指针变量有确定值，指向一个已定义的数组。

【例 8.14】 用选择法对 10 个整数排序。

```
/* p8_14.c */
main()
{
    int *p,i,a[10]={3,7,9,11,0,6,7,5,4,2};
    printf("The original array:\n");
    for(i=0;i<10;i++)
        printf("%d,",a[i]);
    printf("\n");
    p=a;
    sort(p,10);
    for(p=a,i=0;i<10;i++)
    {
        printf("%d  ",*p);p++;
```

```
    }
    printf("\n");
}
sort(int x[],int n)
{
    int i,j,k,t;
    for(i=0;i<n-1;i++)
    {
        k=i;
        for(j=i+1;j<n;j++)
        if(x[j]>x[k])
                k=j;
        if(k!=i)
        {
                t=x[i];x[i]=x[k];x[k]=t;
        }
    }
}
```

运行结果如下。

```
The original array:
3,7,9,11,0,6,7,5,4,2,
11  9  7  7  6  5  4  3  2  0
```

说明：函数 sort 用数组名作为形参，也可改为用指针变量，这时函数的首部可以改为 sort(int *x,int n)，其他可一律不改。

8.4 通过指针引用多维数组

本小节以二维数组为例介绍多维数组的指针变量。

（1）多维数组的地址

设有整型二维数组 a[3][4]如下：

0　1　2　3

4　5　6　7

8　9　10　11

它的定义为：

```
int a[3][4]={{0,1,2,3},{4,5,6,7},{8,9,10,11}}
```

设数组 a 的首地址为 1000，各下标变量的首地址及其值如图 8-19 所示。

1000 0	1004 1	1008 2	1012 3
1016 4	1020 5	1024 6	1028 7
1032 8	1036 9	1040 10	1044 11

图 8-19　下标变量的首地址及其值

前面介绍过，C 语言允许把一个二维数组分解为多个一维数组来处理。因此数组 a 可分解为 3 个一维数组，即 a[0]，a[1]，a[2]。每一个一维数组又含有 4 个元素，如图 8-20 所示。

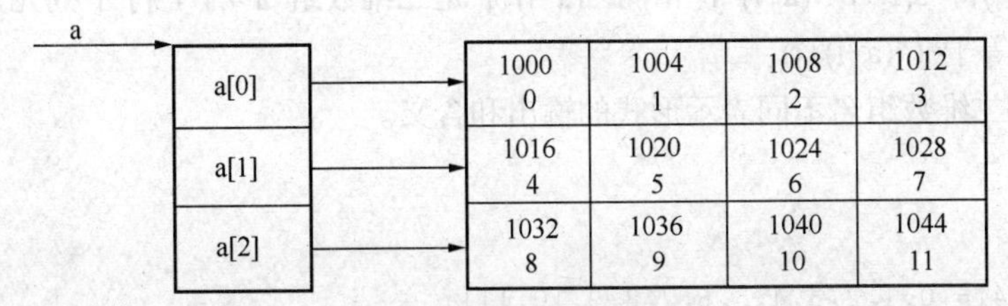

图 8-20　每行元素首地址

例如 a[0]数组，含有 a[0][0]，a[0][1]，a[0][2]，a[0][3]四个元素。

数组及数组元素的地址表示如下。

从二维数组的角度来看，a 是二维数组名，a 代表整个二维数组的首地址，也是二维数组第 0 行的首地址，等于 1000。a+1 代表第一行的首地址，等于 1016，如图 8-21 所示。

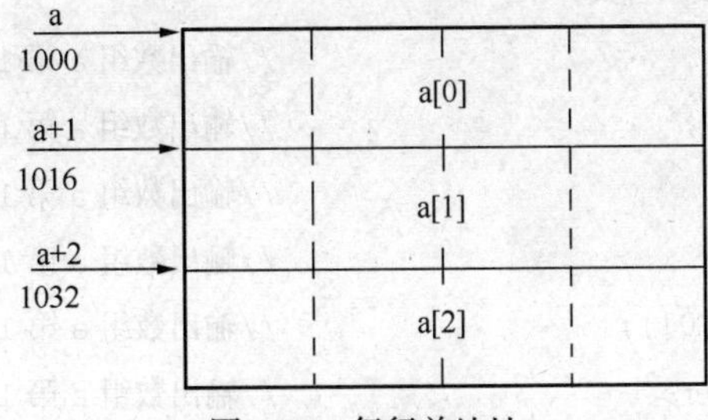

图 8-21　每行首地址

a[0]是第一个一维数组的数组名和首地址，因此也为 1000。*(a+0)或*a 是与 a[0]等效的，它表示一维数组元素 a[0][0]的首地址，也为 1000。&a[0][0]是二维数组 a 的 0 行 0 列元素首地址，同样是 1000。因此 a，a[0]，*(a+0)，*a，&a[0][0]是等价的。

同理，a+1 是二维数组第 1 行的首地址，等于 1016。a[1]是第二个一维数组的数组名和首地址，因此也为 1016。&a[1][0]是二维数组 a 的第 1 行第 0 列元素地址，也是 1016。因此 a+1，a[1]，*(a+1)，&a[1][0]是等价的。

由此可得出：a+i，a[i]，*(a+i)，&a[i][0]是等价的。

&a[i]和 a[i]也是等价的。因为在二维数组中不能把&a[i]理解为元素 a[i]的地址，不存在元素 a[i]。C 语言规定，它是一种地址计算方法，表示数组 a 第 i 行首地址。由此，我们得出：a[i]，&a[i]，*(a+i)和 a+i 也都是等价的。

另外，a[0]也可以看成是 a[0]+0，是一维数组 a[0]的 0 号元素的首地址，而 a[0]+1 则是 a[0]的第 1 号元素首地址，由此可得出 a[i]+j 则是一维数组 a[i]的第 j 号元素首地址，等价于 &a[i][j]，如图 8-22 所示。

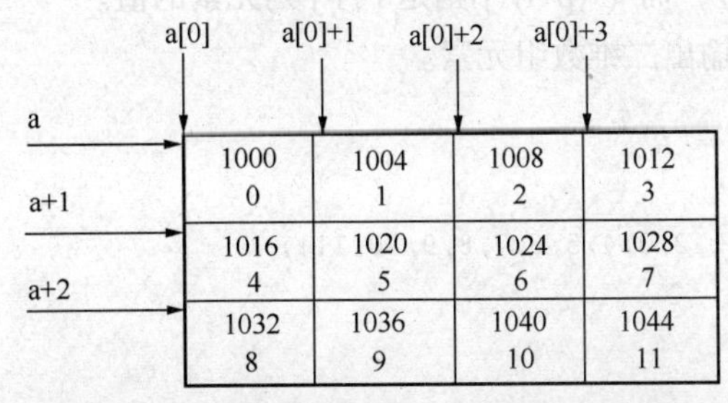

图 8-22　元素地址及内容与元素名称对应关系

由 a[i]=*(a+i)得 a[i]+j=*(a+i)+j。由于*(a+i)+j 是二维数组 a 的 i 行 j 列元素的首地址，所以，该元素的值等于*(*(a+i)+j)。

【例 8.15】 二维数组名不同表示形式的输出和含义。

```
/* p8_15.c */
main()
{
 int a[3][4]={0,1,2,3,4,5,6,7,8,9,10,11};
 printf("%d,",a);                              //输出数组 a 的首地址，也是第 0 行的行首地址
 printf("%d,",*a);                             //输出数组 a 第 0 行的行首元素地址
 printf("%d,",a[0]);                           //输出数组 a 第 0 行的行首元素地址
 printf("%d,",&a[0]);                          //输出数组 a 第 0 行的行首地址
 printf("%d\n",&a[0][0]);                      //输出数组 a 第 0 行的行首元素地址
 //以上输出结果一样，但表示含义并不一样
 printf("%d,",a+1);                            //输出数组 a 第 1 行的行首地址
 printf("%d,",*(a+1));                         //输出数组 a 第 1 行的行首元素地址
 printf("%d,",a[1]);                           //输出数组 a 第 1 行的行首元素地址
 printf("%d,",&a[1]);                          //输出数组 a 第 1 行的行首地址
 printf("%d\n",&a[1][0]);                      //输出数组 a 第 1 行的行首元素地址
 printf("%d,",a[1]+1);                         //输出数组 a 第 1 行 1 列元素地址
 printf("%d\n",*(a+1)+1);                      //输出数组 a 第 1 行 1 列元素地址
 printf("%d,%d\n",*(a[1]+1),*(*(a+1)+1));      //输出数组 a 第 1 行 1 列元素值
}
```

（2）指向多维数组的指针变量

二维数组指针变量说明的一般形式为：

类型说明符 (*指针变量名)[长度]

其中“类型说明符”为所指数组的数据类型。“*”表示其后的变量是指针类型。“长度”表示二维数组分解为多个一维数组时，一维数组的长度，也就是二维数组的列数。应注意“(*指针变量名)”两边的括号不可少，如缺少括号则表示是指针数组（本章后面介绍），意义就完全不同了。

把二维数组 a 分解为一维数组 a[0]，a[1]，a[2]之后，设 p 为指向二维数组的指针变量。可定义为：

```
int (*p)[4]
```

它表示 p 是一个指针变量，它指向包含 4 个元素的一维数组。若指向第一个一维数组 a[0]，其值等于 a，a[0]或&a[0][0]等。而 p+i 则指向一维数组 a[i]。从前面的分析可得出*(p+i)+j 是二维数组 i 行 j 列的元素的地址，而*(*(p+i)+j)则是 i 行 j 列元素的值。

【例 8.16】 用行指针输出二维数组元素。

```
/* p8_16.c */
main()
{
    int a[3][4]={0,1,2,3,4,5,6,7,8,9,10,11};
    int(*p)[4];
    int i,j;
    p=a;
    for(i=0;i<3;i++)
```

```
    {
    for(j=0;j<4;j++)
          printf("%2d  ",*(*(p+i)+j));
    printf("\n");
    }
}
```

运行结果如下。

```
0   1   2   3
4   5   6   7
8   9  10  11
```

8.5　通过指针引用字符数组

8.5.1　字符串的引用方式

在 C 语言中，可以用两种方法访问一个字符串。

（1）用字符数组存放一个字符串，然后输出该字符串。

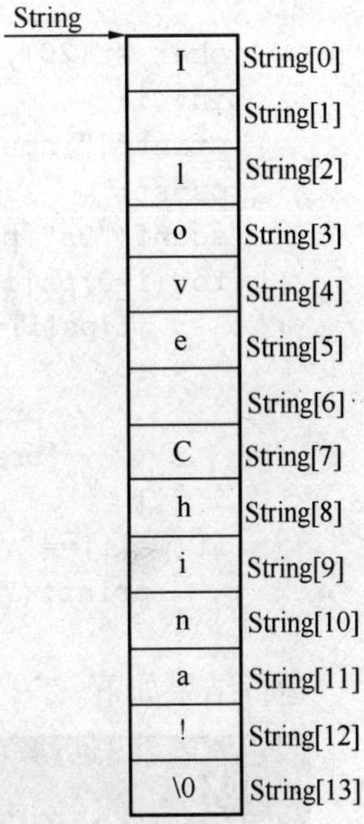

【例 8.17】 用 printf 函数输出字符串。

```
/* p8_17.c */
main()
{
  char string[]="I love China!";
  printf("%s\n",string);
}
```

说明：与前面介绍的数组属性一样，string 是数组名，它代表字符数组的首地址，如图 8-23 所示。

String →

I	String[0]
	String[1]
l	String[2]
o	String[3]
v	String[4]
e	String[5]
	String[6]
C	String[7]
h	String[8]
i	String[9]
n	String[10]
a	String[11]
!	String[12]
\0	String[13]

图 8-23　数组处理字符串

（2）用字符串指针指向一个字符串。

【例 8.18】 指向字符串的指针的应用。

```
/* p8_18.c */
main()
{
    char *string="I love China!";
    printf("%s\n",string);
}
```

字符串指针变量的定义说明与指向字符变量的指针变量说明是相同的。只能按对指针变量的赋值不同来区别。对指向字符变量的指针变量应赋予该字符变量的地址。

例如：char c,*p=&c;

表示 p 是一个指向字符变量 c 的指针变量。

例如：char *s="C Language";

则表示 s 是一个指向字符串的指针变量。把字符串的首地址赋予 s。

例 8.18 中，首先定义 string 是一个字符指针变量，然后把字符串的首地址赋予 string（应写出整个字符串，以便编译系统把该串装入连续的一片内存单元），并把首地址送入 string。

例如：char *ps="C Language";

等效于：char *ps;

ps="C Language";

【例 8.19】 输出字符串中 n 个字符后的所有字符。

```
/* p8_19.c */
main()
{
    char *ps="this is a book";
    int n=10;
    ps=ps+n;
    printf("%s\n",ps);
}
```

运行结果如下。

```
book
```

说明：在程序中对 ps 初始化时，即把字符串首地址赋予 ps，当 ps= ps+10 之后，ps 指向字符“b”，因此输出为“book”。

【例 8.20】 在输入的字符串中查找有无‘k’字符。

```
/* p8_20.c */
main()
{
    char st[20],*ps;
    int i;
    printf("input a string:\n");
    ps=st;
    scanf("%s",ps);
    for(i=0;ps[i]!='\0';i++)
        if(ps[i]=='k')
        {
            printf("there is a 'k' in the string\n");
            break;
        }
    if(ps[i]=='\0')
        printf("There is no 'k' in the string\n");
}
```

运行结果如下。

```
input a string:
ppqijklm
there is a 'k' in the string
```

【例 8.21】 本例是将指针变量指向一个格式字符串，用在 printf 函数中，用于输出二维数组的各种地址表示的值。但在 printf 语句中用指针变量 PF 代替了格式串。 这也是程序中常用的方法。

```
/* p8_21.c */
main()
{
    static int a[3][4]={0,1,2,3,4,5,6,7,8,9,10,11};
    char *PF;
    PF="%d,%d,%d,%d,%d\n";
    printf(PF,a,*a,a[0],&a[0],&a[0][0]);
    printf(PF,a+1,*(a+1),a[1],&a[1],&a[1][0]);
    printf(PF,a+2,*(a+2),a[2],&a[2],&a[2][0]);
    printf("%d,%d\n",a[1]+1,*(a+1)+1);
```

```
    printf("%d,%d\n",*(a[1]+1),*(*(a+1)+1));
}
```

运行结果如下。

```
4344368,4344368,4344368,4344368,4344368
4344384,4344384,4344384,4344384,4344384
4344400,4344400,4344400,4344400,4344400
4344388,4344388
5,5
```

8.5.2　字符指针作为函数参数

C 语言中许多字符串操作可以通过指针运算来实现。因为对字符串来说，一般都是按顺序存储的。将字符实参传递给函数的形式参数，可以将字符数组名或指向字符串的指针变量作为参数。在函数中进行处理后，主调函数中也能得到处理的结果。

【例 8.22】 要求把一个字符串的内容复制到另一个字符串中（不能使用 strcpy 函数）。

```
/* p8_22.c */
cpystr(char *pss,char *pds)
{
    while((*pds=*pss)!='\0')
    {
        pds++;
        pss++;
    }
}
main()
{
    char *pa="CHINA",b[10],*pb;
    pb=b;
    cpystr(pa,pb);
    printf("string a=%s\nstring b=%s\n",pa,pb);
}
```

在本例中，程序完成了两项工作：一是把 pss 指向的源字符串复制到 pds 所指向的目标字符串中；二是判断所复制的字符是否为‘\0’，若是则表明源字符串结束，不再循环，否则，pds 和 pss 都加 1，指向下一字符。在主函数中，以指针变量 pa、pb 为实参，分别取得确定值后调用 cprstr 函数。由于采用的指针变量 pa 和 pss，pb 和 pds 均指向同一字符串，因此在主函数和 cprstr 函数中均可使用这些字符串。也可以把 cprstr 函数简化为以下形式：

```
cprstr(char *pss,char*pds)
{
    while ((*pds++=*pss++)!='\0');
}
```

即把指针的移动和赋值合并在一个语句中。进一步分析还可发现‘\0’的 ASCⅡ码为 0，对于 while 语句只看表达式的值为非 0 就循环，为 0 则结束循环，因此也可省去“!= ‘\0’”这一判断部分，而写为以下形式：

```
cprstr (char *pss,char *pds)
{
    while (*pdss++=*pss++);
}
```

表达式的意义可解释为：源字符向目标字符赋值，移动指针，若所赋值为非 0 则循环，否则结束循环。这样使程序更加简洁。

【例 8.23】 简化后的程序如下所示。

```
/* p8_23.c */
cpystr(char *pss,char *pds)
{
    while(*pds++=*pss++);
}
main()
{
    char *pa="CHINA",b[10],*pb;
    pb=b;
    cpystr(pa,pb);
    printf("string a=%s\nstring b=%s\n",pa,pb);
}
```

8.5.3 指针在字符串处理中的综合应用

【例 8.24】 假定输入的字符串中只包含字母和*号。请编写函数 fun，它的功能是：使字符串中尾部的*号不得多于 n 个；若多于 n 个，则删除多余的*号；若少于或等于 n 个，则什么也不做，字符串中间和前面的*号不删除。

例如，字符串中的内容为：****A*BC*DEF*G*******，若 n 的值为 4，删除后，字符串中的内容应当是：****A*BC*DEF*G****；若 n 的值为 7，则字符串中的内容仍为：****A*BC*DEF*G*******。n 的值在主函数中输入。

```
/* p8_24.c */
#include <stdio.h>
void fun( char *a,int  n )
{
    int i=0,j;
    while(*a)
    {
        if(*a=='*')
            i++;
        else
            i=0;
        a++;
    }
    if(i>n)
    for(j=0;j<i-n;j++)
        a--;
    *a=0;
}
main()
{
    char  s[81];  int  n;
    printf("Enter a string:\n");gets(s);
    printf("Enter n :  ");scanf("%d",&n);
    fun( s,n );
    printf("The string after deleted:\n");puts(s);
}
```

【例 8.25】 假定输入的字符串中只包含字母和*号。请编写函数 fun，它的功能是：删除字符串中所有的*号。在编写函数时，不得使用 C 语言提供的字符串函数。

例如，字符串中的内容为：****A*BC*DEF*G*******，删除后，字符串中的内容应当是：ABCDEFG。

```
/* p8_25.c */
#include <stdio.h>
void fun( char *a )
{
    char *b=a;
    while(*a)
    {
        if(*a=='*')
            a++;
        else
        {
            *b=*a;
            a++;
            b++;
        }
    }
    *b=0;
}
main()
{
    char  s[81];
    printf("Enter a string:\n");gets(s);
    fun( s );
    printf("The string after deleted:\n");puts(s);
}
```

8.6 指针数组

8.6.1 指针数组的定义

一个数组的元素值为指针则是指针数组。 指针数组是一组有序的指针的集合。 指针数组的所有元素都必须是具有相同存储类型和指向相同数据类型的指针变量。

指针数组说明的一般形式为：

```
类型说明符 *数组名[数组长度]
```

其中类型说明符为指针值所指向的变量的类型。

例如：

```
int *pa[3];
```

表示 pa 是一个指针数组，它有三个数组元素，每个元素值都是一个指针，指向整型变量。

【例 8.26】 通常可用一个指针数组来指向一个二维数组。指针数组中的每个元素被赋予二维数组每一行的首地址，因此也可理解为指向一个一维数组。

```
/* p8_26.c */
```

```
main()
{
    int a[3][3]={1,2,3,4,5,6,7,8,9};
    int *pa[3]={a[0],a[1],a[2]};
    int *p=a[0];
    int i;
    for(i=0;i<3;i++)
        printf("%d,%d,%d\n",a[i][2-i],*a[i],*(*(a+i)+i));
    for(i=0;i<3;i++)
        printf("%d,%d,%d\n",*pa[i],p[i],*(p+i));
}
```

程序中，pa 是一个指针数组，三个元素分别指向二维数组 a 的各行。然后用循环语句输出指定的数组元素。其中*a[i]表示 i 行 0 列元素值；*(*(a+i)+i)表示 i 行 i 列的元素值；*pa[i]表示 i 行 0 列元素值；由于 p 与 a[0]相同，故 p[i]表示 0 行 i 列的值；*(p+i)表示 0 行 i 列的值。读者可仔细领会元素值的各种不同的表示方法。

注意：指针数组和二维数组指针变量是有区别的。这两者虽然都可用来表示二维数组，但是其表示方法和意义是不同的。

二维数组指针变量是单个的变量，其一般形式中“(*指针变量名)”两边的括号不可少。而指针数组类型表示的是多个指针（一组有序指针）在一般形式中“*指针数组名”两边不能有括号。

例如：int (*p)[3];

表示一个指向二维数组的指针变量。该二维数组的列数为 3 或分解为一维数组的长度为 3。

例如：int *p[3]

表示 p 是一个指针数组，有三个下标变量 p[0]，p[1]，p[2]均为指针变量。

指针数组也常用来表示一组字符串，这时指针数组的每个元素被赋予一个字符串的首地址。指向字符串的指针数组的初始化更为简单。

例如：char *name[]={"Illagal day",
"Monday",
"Tuesday",
"Wednesday",
"Thursday",
"Friday",
"Saturday",
"Sunday"};

完成这个初始化赋值之后，name[0]即指向字符串“Illegal day”，name[1]指向“Monday”……

8.6.2 指针数组作为函数参数

指针数组也可以用作函数参数。

【例 8.27】指针数组作指针型函数的参数。在本例主函数中，定义了一个指针数组 name，并对 name 做了初始化赋值。其每个元素都指向一个字符串。然后又以 name 作为实参调用指针型函数 day_name，在调用时把数组名 name 赋予形参变量 name，输入的整数 i 作为第二个实参赋予形参 n。在 day_ name 函数中定义了两个指针变量 pp1 和 pp2，pp1 被赋予 name[0]的值（即

name），pp2 被赋予 name[n]的值即(name+ n)。由条件表达式决定返回 pp1 或 pp2 指针给主函数中的指针变量 ps。最后输出 i 和 ps 的值。

```
/* p8_27.c */
main()
{
    static char *name[]={ "Illegal day",
                          "Monday",
                          "Tuesday",
                          "Wednesday",
                          "Thursday",
                          "Friday",
                          "Saturday",
                          "Sunday"};
    char *ps;
    int i;
    char *day_name(char *name[],int n);
    printf("input Day No:\n");
    scanf("%d",&i);
    if(i<0) exit(1);
        ps=day_name(name,i);
    printf("Day No:%2d-->%s\n",i,ps);
}
char *day_name(char *name[],int n)
{
    char *pp1,*pp2;
    pp1=*name;
    pp2=*(name+n);
    return((n<1||n>7)? pp1:pp2);
}
```

运行结果如下。

```
input Day No:
5
Day No: 5-->Friday
```

【例 8.28】 输入 5 个国名并按字母顺序排列后输出。现编程如下：

```
/* p8_28.c */
#include"string.h"
main()
{
    void sort(char *name[],int n);
    void print(char *name[],int n);
    static char *name[]={ "CHINA","AMERICA","AUSTRALIA",
                          "FRANCE","GERMAN"};
    int n=5;
    sort(name,n);
    print(name,n);
}
void sort(char *name[],int n)
{
    char *pt;
    int i,j,k;
    for(i=0;i<n-1;i++)
```

```
    {
        k=i;
        for(j=i+1;j<n;j++)
        if(strcmp(name[k],name[j])>0)
             k=j;
        if(k!=i)
        {
            pt=name[i];
            name[i]=name[k];
            name[k]=pt;
        }
    }
}
void print(char *name[],int n)
{
    int i;
    for (i=0;i<n;i++)
        printf("%s\n",name[i]);
}
```

运行结果如下。

```
AMERICA
AUSTRALIA
CHINA
FRANCE
GERMAN
```

说明：在以前的例子中采用了普通的排序方法，逐个比较之后交换字符串的位置。交换字符串的物理位置是通过字符串复制函数完成的。反复的交换将使程序执行的速度很慢，同时由于各字符串的长度不同，又增加了存储管理的负担。用指针数组能很好地解决这些问题。把所有的字符串存放在一个数组中，把这些字符数组的首地址存放在一个指针数组中，当需要交换两个字符串时，只须交换指针数组相应两元素的内容即可，而不必交换字符串本身。

本程序定义了两个函数，一个名为 sort，用来完成排序，其形参为指针数组 name，即为待排序的各字符串数组的指针，形参 n 为字符串的个数。另一个函数名为 print，用于排序后字符串的输出，其形参与 sort 的形参相同。主函数 main 中，定义了指针数组 name 并做了初始化赋值，然后分别调用 sort 函数和 print 函数完成排序和输出。值得说明的是在 sort 函数中，对两个字符串比较采用了 strcmp 函数，strcmp 函数允许参与比较的字符串以指针方式出现。name[k]和name[j]均为指针，因此是合法的。字符串比较后需要交换时，只交换指针数组元素的值，而不交换具体的字符串，这样将大大减少时间的开销，提高了运行效率。

8.7 返回指针的函数

一个函数可以返回一个整型值、字符型值、实型值等，也可以返回指针型的数据。

这种返回指针值的函数，一般定义形式为：

类型名 * 函数名 (参数列表)

例如：int *a(int x,int y);

a 是函数名，调用它以后能得到一个指向整型数据的指针（地址）。( ) 的优先级高于 *，所以 a(int x,int y)是函数，前面加个 *，表示此函数是指针型函数（函数值是指针）。最前面的 int 表示返回的指针指向整型变量。

【例 8.29】 有若干学生的成绩（每个学生有 4 门成绩），要求用户在输入学生序号以后，能输出该学生的全部成绩。用指针函数来实现。

```
/* p8_29.c */
#include <stdio.h>
#include <stdlib.h>
int main()
{
    float score[][4]={{60,70,80,90},{56,89,67,88},{34,78,90,66}};
    float *search(float(*pointer)[4],int n);          /*函数声明*/
    float *p;
    int i,m;
    printf("enter the number of student:");
    scanf("%d",&m);
    printf("The score of No.%d are:\n",m);
    p=search(score,m);                                /*函数调用*/
    for(i=0;i<4;i++)
        printf("%5.2f\t",*(p+i));
    printf("\n");
}
float *search(float(*pointer)[4],int n)
{
    float *pt;
    pt=*(pointer+n);
    return (pt);
}
```

运行结果如下。

```
enter the number of student:2
The score of No.2 are:
34.00   78.00   90.00   66.00
```

函数 “float *search(float (*pointer)[4] , int n);” 中 search 被定义为指针型函数，它的形参 float (*pointer)[4] 中 pointer 是指向包含 4 个 float 元素的一维数组的指针变量。pointer+1 指向 score 数组序号为 1 的行。*(pointer + 1)指向 1 行 0 列元素，加了 * 号后，指针从行控制转化为了列控制。search 函数中的 pt 是指向实型变量（而不是指向一维数组）的指针变量。main 函数调用 search 函数，将 score 数组的首行地址传递给形参 pointer（注意 score 也是指向行的指针，而不是指向列元素的指针）。m 是要查找的学生序号。调用 search 函数后，得到一个地址（指向第 m 个学生第 0 门成绩），返回给 p。然后将此学生的 4 门成绩输出。注意：p 是指向列元素的指针变量，*(p+i)表示该学生的第 i 门成绩。

注意：指针变量 p，pt 和 pointer 的区别。

8.8 指向函数的指针

在 C 语言中，一个函数总是占用一片连续的内存区，而函数名就是该函数所占内存区的首地址。我们可以把函数的这个首地址（或称入口地址）赋予一个指针变量，使该指针变量指向该函数。然后通过指针变量就可以找到并调用这个函数。我们把这种指向函数的指针变量称为“函数指针变量”。

函数指针变量定义的一般形式为：

```
类型说明符  (*指针变量名)();
```

其中“类型说明符”表示被指函数的返回值的类型。“(* 指针变量名)”表示“*”后面的变量是定义的指针变量。最后的空括号表示指针变量所指的是一个函数。

例如：

```
int (*pf)();
```

表示 pf 是一个指向函数入口的指针变量，该函数的返回值（函数值）是整型。

【例 8.30】 本例用来说明用指针形式实现对函数调用的方法。

```
/* p8_30.c */
int max(int a,int b)
{
    if(a>b)
        return a;
    else
        return b;
}
main()
{
    int max(int a,int b);
    int(*pmax)();
    int x,y,z;
    pmax=max;
    printf("input two numbers:\n");
    scanf("%d%d",&x,&y);
    z=(*pmax)(x,y);
    printf("maxmum=%d",z);
}
```

运行结果如下。

```
input two numbers:
10 20
maxmum=20
```

从上述程序可以看出用函数指针变量形式调用函数的步骤如下。

（1）先定义函数指针变量，如程序中 int (*pmax)();定义 pmax 为函数指针变量。

（2）把被调函数的入口地址（函数名）赋予该函数指针变量，如程序中 pmax=max;。

（3）用函数指针变量形式调用函数，如程序中 z=(*pmax)(x,y);。

调用函数的一般形式为：

```
(*指针变量名) (实参表)
```

使用函数指针变量还应注意以下两点。

（1）函数指针变量不能进行算术运算，这是与数组指针变量不同的。数组指针变量加减一个整数可使指针移动指向后面或前面的数组元素，而函数指针的移动是毫无意义的。

（2）函数调用中“(*指针变量名)”两边的括号不可少，其中的*不应该理解为求值运算，在此处它只是一种表示符号。

定义一个指向函数的指针变量时，一定要使用括号。比较下面的两个定义：

```
float (*p1)(int x, long y);
float *p2(int x, long y);
```

第一个语句定义了一个指向函数的指针变量 p1；第二个语句声明了一个函数 p2，p2 的形式参数为(int x, long y)，返回值为一个 float 型的指针。

8.9 多级指针

如果一个指针变量存放的是另一个指针变量的地址，则称这个指针变量为指向指针的指针变量。

在前面已经介绍过，通过指针访问变量称为间接访问。由于指针变量直接指向变量，所以称为“单级间址”。而如果通过指向指针的指针变量来访问变量则构成“二级间址”，如图 8-24 所示。

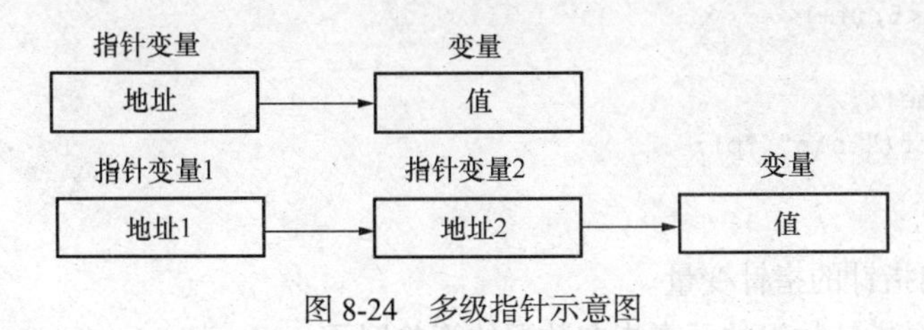

图 8-24　多级指针示意图

指向指针型数据的指针变量定义一般形式：

```
char **指针变量名;
```

例如：char **p;

p 前面有两个*号，相当于*(*p)。显然*p 是指针变量的定义形式，如果没有最前面的*，那就是定义了一个指向字符数据的指针变量。现在它前面又有一个*号，表示指针变量 p 是指向一个字符指针型变量的。*p 就是 p 所指向的另一个指针变量。

图 8-25 中，name 是一个指针数组，它的每一个元素都是一个指针型数据，其值为地址。name 是一个数组，它的每一个元素都有相应的地址。数组名 name 代表该指针数组的首地址。name+i 是 name[i]的地址。name+1 就是指向指针型数据的指针。还可以设置一个指针变量 p，使它指向指针数组元素，P 就是指向指针型数据的指针变量，如图 8-25 所示。

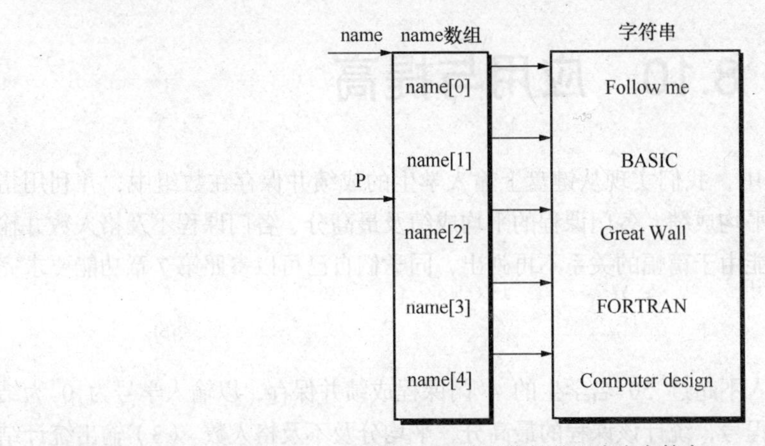

图 8-25　多级指针处理多个字符串

如果有：

```
p=name+2;
printf("%o\n",*p);
printf("%s\n",*p);
```

第一个 printf 语句输出 name[2]的地址，第二个 printf 语句以字符串形式（%S）输出字符串“Great Wall”。

【例 8.31】 使用指向指针的指针。

```
/* p8_31.c */
main()
{
    char *name[]={"Follow me","BASIC","Great Wall","FORTRAN",
                  "Computer desighn"};
    char **p;
    int i;
    for(i=0;i<5;i++)
    {
        p=name+i;
        printf("%s\n",*p);
    }
}
```

说明：p 是指向指针的指针变量。

【例 8.32】 一个指针数组的元素指向数据的简单例子。

```
/* p8_32.c */
main()
{
    static int a[5]={1,3,5,7,9};
    int *num[5]={&a[0],&a[1],&a[2],&a[3],&a[4]};
    int **p,i;
    p=num;
    for(i=0;i<5;i++)
    {
        printf("%d\t",**p);p++;
    }
}
```

说明：指针数组的元素只能存放地址。

8.10 应用与提高

在本章的成绩管理系统中，我们实现从键盘上输入学生的成绩并保存在数组中，并利用指针相关知识计算出各学生的平均成绩、各门课程的平均成绩及最高分、各门课程不及格人数并输出，上一章所提供的其他功能由于篇幅的关系不再列出，同学们自己可以参照第 7 章功能要求完成相应功能。

1. 功能要求

成绩输入：从键盘上输入不超过 50 名学生的 4 门课程成绩并保存，以输入学号为 0 为结束。（2）成绩统计：根据课程号，统计该课程的最高分、平均分及不及格人数。（3）输出统计结果，均以表格形式在屏幕上输出，另外成绩保留一位小数。

系统的功能结构如图 8-26 所示。

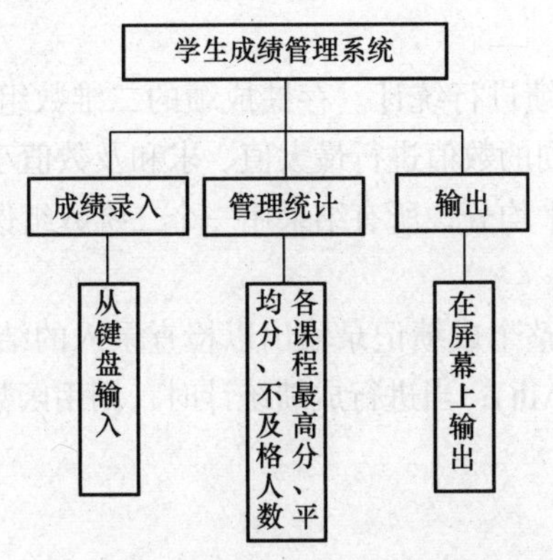

图 8-26　成绩管理系统功能结构图

2. 设计过程

主函数 main()执行流程：首先执行提示函数，用于说明该系统操作过程中功能键的规定。在判断功能键值时，有效的输入为 0~2 之间的任意数值，其他输入被认为错误输入。

若输入 0 即为退出系统；若输入 1 则完成成绩录入功能，它将能一次录入多名学生的成绩，直到学生学号输入为小于 1 的值为止。该功能的执行过程是：调用 inputC()函数从键盘上录入学生成绩，录入完成后，自动调用函数 printAll()将所有学生成绩输出；若输入 2 则完成各课程成绩统计功能。该功能执行过程是：调用 stat()统计对应课程的最高分、平均分及不及格人数，并将统计结果输出；若输入 0~2 以外的值，则调用 worng()函数，给出按键错误的提示。

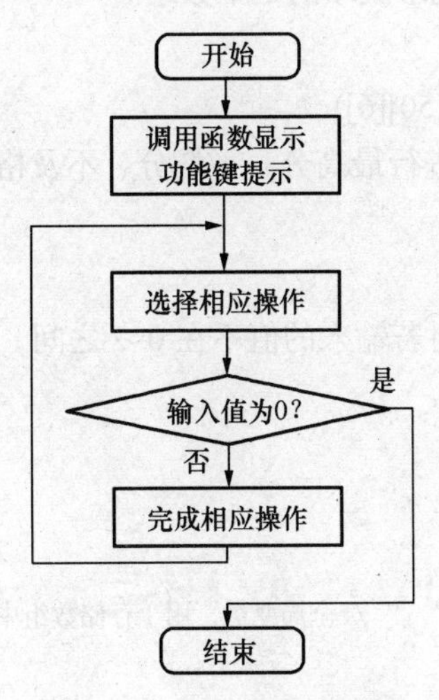

图 8-27　主函数执行流程图

3. 各模块设计

（1）成绩录入

在系统操作过程中，数据需要一直保存下来，因此，从键盘中输入的成绩需要保存在一个数组中。因需要保存多名学生的 4 门成绩，故应定义一个二维数组来保存成绩。

根据功能要求，该二维数组定义为 float 类型。为了能准确地记录数组中学生的人数，还需要定义一个全局型整型变量用来保存数组的数。

成绩录入一次可录入多名学生的成绩，可以利用一个死循环来实现，当输入的学号为小于或等于 0 时，系统完成成绩的录入。

（2）管理统计

通过课程号来对该课程成绩进行统计。存储成绩的二维数组中相同的列存储的是同一门课程成绩，在统计时对数组的该列的数值进行最大值、求和及数值小于 60 的个数进行处理，将和除以数组的行数即为该课程的平均分，所有结果用一个二维数组保存。

（3）输出

在成绩录入完成时需要对整个成绩记录输出以检查录入的结果，因此系统中将整个数组记录输出专门定义一个函数 printAll()；当进行成绩统计时，调用函数 printSta()输出统计结果。

4. 各功能函数描述

（1）judge( )

函数原型：int judge(float cord[50][6],int stuN)

judge( )函数用于判断某一学号学生成绩在数组中是否已经存在。

（2）inputC( )

函数原型：void inputC(float k[50][6])

inputC( )函数用于录入连续多名学生的成绩，在每一个学生学号的录入时均要调用函数 judge( )来判断学号是否已存在，若该学号不存在，则存储该成绩并继续下一个学生成绩的录入；若存在，则需要重新输入学号。

（3）printAll( )

函数原型：void printAll(float *p)

printAll( )函数用于输出整个记录成绩的二维数组。

（4）stat( )

函数原型：void stat(float cord[50][6])

stat( )函数用于对各课程成绩进行最高分、平均分、不及格人数的统计并输出。

（5）wrong()

函数原型：void wrong()

wrong()函数用于在功能选择时若输入的值不在 0~2 之间，则显示错误提示信息。

5. 源程序

```
#include<stdio.h>
#include<string.h>
#include<conio.h>
#include<stdlib.h>
static int n;                           /*全局变量，用于存储数组中记录数*/
main()
{
    void menu(),inputC(int[][6]),printAll(int[][6]),
    stat(int[50][6]),wrong();
    float cor[50][6],*pcord;    /*二维数组，用于存储 50 名学生的成绩，*pcord 为指向数组的指针*/
    int ordN;                       /*ordN:保存命令值*/
    //system("cls");
    menu();
    while(1)
    {
        printf("请选择您要的操作(0--7): ");     /*显示提示信息*/
        scanf("%d",&ordN);
```

```
        pcord=&cor[0][0];
        if(ordN==0)
            break;
        switch(ordN)
        {
        case 1:inputC(cor);
            printAll(pcord);
            printf("\n\n");
            break;
        case 2:stat(cor);
            printf("\n\n");
            break;
        default:wrong();
            break;
        }
        getchar();
    }
}

void menu()
{
    system("cls");   /*调用 DOS 命令清屏，与 clrscr()功能相同*/
    cprintf("                        学生成绩管理系统\n");
    cprintf("          **********菜单*********************\n");
    cprintf("          *   1  成绩录入          2   成绩统计        *\n");
    cprintf("          *   0  退出系统                             *\n");
    cprintf("          **********************************\n");
}
int judge(float cord[50][6],int stuN)
{
    int i,temp=1;
    for(i=0;i<n;i++)
      if((int)(*(cord[i]+0))==stuN)
      {
          temp=0;
          break;
      }
    return temp;
}
void inputC(float k[50][6])
{
    int t,m;
    while(1)
    {
        printf("学号(输入 0 结束成绩录入): ");
        scanf("%d",&t);
        if(judge(k,t)==1)                        /*调用函数判断输入的学号是否已经存在*/
        {
            if(t>0&&n<=50)
            {
                *(k[n]+0)=t;                /*下标为 0 的列保存学号*/
                printf("该同学四门课程成绩: ");
                scanf("%f%f%f%f",*(k+n)+1,k[n]+2,k[n]+3,k[n]+4);   /*保存四门课程成绩*/
```

```
                k[n][5]=*(*(k+n)+1)+*(k[n]+2)+*(k[n]+3)+*(k[n]+4); /*下标为 5 的列保存总分*/
                n++;
            }
            else
                break;
        }
        else
            printf("您输入的学号已经存在，请重新输入。\n");
    }
}

void printAll(float *p)
{
    int i;
    cprintf("                        学生成绩表\n");
    printf("\t 学号\t 课程 1\t 课程 2\t 课程 3\t 课程 4\t 总分\n");
    for(i=0;i<n;i++)
    printf("\t%.0f\t%.1f\t%.1f\t%.1f\t%.1f\t%.1f\n",*(p+i*6+0),*(p+i*6+1),*(p+i*6+2
),*(p+i*6+3),*(p+i*6+4),*(p+i*6+5));
}
void stat(float cord[50][6])
{
    int i,j,sum,num;
    float result[4][4]={0};
    for(j=1;j<5;j++)                         /*列优先，处理下标为 1、2、3、4 这四列的值*/
    {
        sum=0;
        num=0;
        result[j-1][0]=j;                    /*下标为 0 的列保存课程号*/
        for(i=0;i<n;i++)
        {
            sum+=cord[i][j];                 /*计算一列中所有数值的和*/
            if(result[j-1][1]<cord[i][j])    /*下标为 1 的列保存最高分*/
                result[j-1][1]=cord[i][j];
            if(cord[i][j]<60)
                num++;                       /*记录不及格数*/
        }
        result[j-1][2]=(float)sum/n;         /*求平均分保存在下标为 2 的列中*/
        result[j-1][3]=num;                  /*下标为 3 的列保存不及格人数*/
    }
    cprintf("                        统计结果\n");
    printf("\t 课程号\t 最高分\t 平均分\t 不及格人数\n");
    for(i=0;i<4;i++)
        printf("\t%.0f\t%.1f\t%.1f\t%.0f\n",result[i][0],result[i][1],result[i][2],
result[i][3]);
}

void wrong()
{
    printf("对不起，您选择的功能值不正确，请重新选择。\n");
}
```

运行结果如图 8-28 所示。

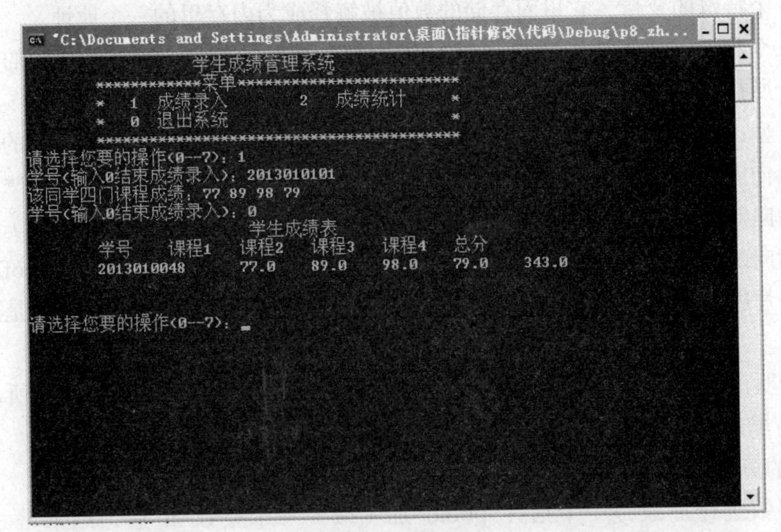

图 8-28 运行结果

8.11 本章小结

1. 指针类型分析

int p;	这是一个普通的整型变量
int *p;	首先从 p 处开始，先与*结合，所以说明 p 是一个指针，然后再与 int 结合，说明指针所指向的内容的类型为 int 型。所以 p 是一个返回整型数据的指针
int p[3];	首先从 p 处开始，先与[]结合，说明 p 是一个数组，然后与 int 结合，说明数组里的元素是整型的，所以 p 是一个由整型数据组成的数组
int *p[3];	首先从 p 处开始，先与[]结合，因为其优先级比*高，所以 p 是一个数组，然后再与*结合，说明数组里的元素是指针类型，然后再与 int 结合，说明指针所指向的内容的类型是整型的，所以是一个由返回整型数据的指针所组成的数组
int (*p)[3];	首先从 p 处开始，先与*结合，说明 p 是一个指针，然后再与[]结合（与“()”这步可以忽略，只是为了改变优先级），说明指针所指向的内容是一个数组，然后再与 int 结合，说明数组里的元素是整型的。所以 p 是一个指向由整型数据组成的数组的指针
int **p;	首先从 p 开始，先与*结合，说明 p 是一个指针,然后再与*结合，说明指针所指向的元素是指针，然后再与 int 结合，说明该指针所指向的元素是整型数据。所以 p 是一个返回指向整型数据的指针的指针
int p(int);	从 p 处起，先与()结合，说明 p 是一个函数，然后进入()里分析，说明该函数有一个整型变量的参数然后再与外面的 int 结合，说明函数的返回值是一个整型数据。所以 p 是一个有整型参数且返回类型为整型的函数
int (*p)(int);	从 p 处开始，先与指针结合，说明 p 是一个指针，然后与()结合，说明指针指向的是一个函数，然后再与()里的 int 结合，说明函数有一个 int 型的参数，再与最外层的 int 结合，说明函数的返回类型是整型，所以 p 是一个指向有一个整型参数且返回类型为整型的函数的指针

2. 指针分析

指针是一个特殊的变量，它里面存储的数值被解释成为内存里的一个地址。

要搞清一个指针需要搞清指针的 4 方面的内容：指针的类型、指针所指向的类型、指针的值或者叫指针所指向的内存区、指针本身所占据的内存区。

指针的类型：把指针声明语句里的指针名字去掉，剩下的部分就是这个指针的类型。

指针所指向的类型：把指针声明语句中的指针名字和名字左边的指针声明符*去掉，剩下的就是指针所指向的类型（在指针的算术运算中，指针所指向的类型有很大的作用）。

指针所指向的内存区：从指针的值所代表的那个内存地址开始，长度为 sizeof（指针所指向的类型）的一片内存区（一个指针指向了某块内存区域，就相当于说该指针的值是这块内存区域的首地址）。

指针本身所占据的内存区：用函数 sizeof（指针的类型）可以测出指针本身所占据的内存区（在 32 位平台里，指针本身占据了 4 个字节的长度）。

3. 指针的算术运算

指针和整数进行加减：一个指针 ptrold 加（减）一个整数 n 后，结果是一个新的指针 ptrnew，ptrnew 的类型和 ptrold 的类型相同，ptrnew 所指向的类型和 ptrold 所指向的类型也相同，ptrnew 的值将比 ptrold 的值增加（减少）了 n 乘 sizeof（ptrold 所指向的类型）个字节。

指针和指针进行加减：两个指针不能进行加法运算，这是非法操作；两个指针可以进行减法操作，但必须类型相同，一般用在数组方面。

4. 运算符&和*

&是取地址运算符，*是间接运算符。

&a 的运算结果是一个指针，指针的类型是 a 的类型加个*，指针所指向的类型是 a 的类型，指针所指向的地址就是 a 的地址。

*p 的运算结果就五花八门了，总之*p 的结果是 p 所指向的东西，这个东西有这些特点：它的类型是 p 指向的类型，它所占用的地址是 p 所指向的地址。

5. 数组和指针的关系

数组的数组名其实可以看作一个指针。

声明了一个数组 TYPE array[n]，则数组名称 array 就有了以下两重含义。

第一，它代表整个数组，它的类型是 TYPE[n]。

第二，它是一个常量指针，该指针的类型是 TYPE*，该指针指向的类型是 TYPE，也就是数组单元的类型，该指针指向的内存区就是数组第 0 号单元，该指针自己占有单独的内存区，注意它和数组第 0 号单元占据的内存区是不同的。该指针的值是不能修改的，即类似 array++的表达式是错误的。

6. 指针和函数的关系

可以把一个指针声明成为一个指向函数的指针，从而通过函数指针调用函数，让我们举一个例子来说明。

```
int fun(char *,int);
int (*pfun)(char *,int);
pfun=fun;
int a=(*pfun)("abcdefg",7);
```

例中，定义了一个指向函数 fun 的指针 pfun，把 pfun 作为函数的形参，把指针表达式作为实参，从而实现了对函数 fun 的调用。

习 题 八

一、选择题

1. 变量的指针，其含义是指该变量的（　　）。

A. 值　　B. 地址

C. 名　　D. 一个标志

2. 若有语句 int*point,a=4;和 point=&a;，均代表地址的一组选项是（　　）。

A. a,point,*&a　　B. &*a,&a,*point

C. *&point,*point,&a　　D. &a,&*point,point

3. 若有说明;int *p,m=5,n;，以下正确的程序段的是（　　）。

A. p=&n;
scanf("%d",&p);

B. p=&n;
scanf("%d",*p);

C. scanf("%d",&n);

D. p=&n;　*p=n;　*p=m;

4. 以下程序中调用 scanf 函数给变量 a 输入数值的方法是错误的，其错误原因是（　　）。

```
main()
{int*p,*q,a,b;p=&a;
printf("input a:");
scanf("%d",*p); …… }
```

A. *p 表示的是指针变量 p 的地址

B. *p 表示的是变量 a 的值，而不是变量 a 的地址

C. *p 表示的是指针变量 p 的值

D. *p 只能用来说明 p 是一个指针变量

5. 已有变量定义和函数调用语句：int a=25; print_value(&A);，下面函数的正确输出结果是（　　）。

```
void print_value(int*x)
{printf("%d\n",++*x);}
```

A. 23　　B. 24　　C. 25　　D. 26

6. 若有说明：long*p,a;，则不能通过 scanf 语句正确给输入项读入数据的程序段是（　　）。

A. *p=&a; scanf("%ld", p);　　B. p=(long*)malloc(8); scanf("%ld", p);

C. scanf("%ld", p=&A);　　D. scanf("%ld", &A);

7. 有以下程序：

```
#include<stdio.h>
main()
{int m=1,n=2,*p=&m,*q=&n,*r;
r=p;p=q;q=r;
printf("%d,%d,%d,%d\n",m,n,*p,*q);}
```

程序运行后的输出结果是（　　）。

A. 1，2，1，2　　B. 1，2，2，1

C. 2，1，2，1　　D. 2，1，1，2

8. 有以下程序：

```
main()
```

```
{ int  a=1,b=3,c=5;
  int  *p1=&a,*p2=&b,*p=&c;
  *p=*p1*(*p2);
  printf("%d\n",C);
}
```

执行后的输出结果是（　　）。

A. 1　　B. 2　　C. 3　　D. 4

9. 有以下程序：

```
main()
{int a,k=4,m=4,*p1=&k,*p2=&m;
a=p1==&m;
printf("%d\n",A);}
```

程序运行后的输出结果是（　　）。

A. 4　　B. 1　　C. 0　　D. 运行时出错，无定值

10. 在 16 位编译系统上，若有定义 int　a[]={10,20,30},*p=&a;，当执行 p++;后，下列说法错误的是（　　）。

A. p 向高地址移了一个字节　　B. p 向高地址移了一个存储单元

C. p 向高地址移了两个字节　　D. p 与 a+1 等价

11. 有以下程序段：

inta[10]={1,2,3,4,5,6,7,8,9,10},*p=&a[3],b;b=p[5];，b 中的值是（　　）。

A. 5　　B. 6　　C. 8　　D. 9

12. 若有以下定义，则对 a 数组元素引用正确的是（　　）。

```
int a[5],*p=a;
```

A. *&a[5]　　B. a+2　　C. *(p+5)　　D. *(a+2)

13. 若有以下定义，则 p+5 表示（　　）。

```
int  a[10],*p=a;
```

A. 元素 a[5]的地址　　B. 元素 a[5]的值

C. 元素 a[6]的地址　　D. 元素 a[6]的值

14. 设已有定义:int a[10]={15,12,7,31,47,20,16,28,13,19}，*p;下列语句中正确的是（　　）。

A. for(p=a;a<(p+10);a++);　　B. for(p=a;p<(a+10);p++);

C. for(p=a,a=a+10;p<a;p++);　　D. for(p=a;a<p+10; ++A);

15. 有以下程序段：

```
#include <stdio.h> int main()
{int x[]={10, 20, 30};int*px = x;
printf("%d,",++*px);printf("%d,",*px);px = x;
printf("%d,", (*px)++);printf("%d,", *px);px = x;
printf("%d,", *px++);printf("%d,", *px);px = x;
   printf("%d,", *++px);    printf("%d\n", *px);     return 0; }
```

程序运行后的输出结果是（　　）。

A. 11,11,11,12,12,20,20,20　　B. 20,10,11,10,11,10,11,10

C. 11,11,11,12,12,13,20,20　　D. 20,10,11,20,11,12,20,20

16. 设有如下定义：int arr[]={6,7,8,9,10}; int *ptr; ptr=arr;

```
*(ptr+2)+=2;
```

printf ("%d,%d\n",*ptr,*(ptr+2));，则程序段的输出结果为（ ）。

A. 8,10　　B. 6,8　　C. 7,9　　D. 6,10

17. 若有定义:int a[]={2,4,6,8,10,12},*p=a;，则*(p+1)的值是（ ）。

A. 2　　B. 4　　C. 6　　D. 8

18. 若有以下说明和语句，int c[4][5],(*p)[5];p=c;，能正确引用 c 数组元素的是（ ）。

A. p+1　　B. *(p+3)　　C. *(p+1)+3　　D. *(p[0]+2))

19. 若有定义：int a[2][3]，则对 a 数组的第 i 行 j 列元素地址的正确引用为（ ）。

A. *(a[i]+j)　　B. (a+i)　　C. *(a+j)　　D. a[i]+j

20. 若有以下定义:int a[2][3]={2,4,6,8,10,12};，则 a[1][0]、*(*(a+1)+0)的值是（ ）。

A. 2、2　　B. 8、8　　C. 4、4　　D. 6、6

21. 有以下定义 char a[10],*b=a;

不能给数组 a 输入字符串的语句是（ ）。

A. gets(A)　　B. gets(a[0])　　C. gets(&a[0]);　　D. gets(B);

22. 下面程序段的运行结果是（ ）。

```
char *s="abcde";s+=2;printf("%d",s);
```

A. cde　　B. 字符'c'　　C. 字符'c'的地址　　D. 无确定的输出结果

23. 以下程序段中，不能正确赋字符串（编译时系统会提示错误）的是（ ）。

A. char s[10]="abcdefg";　　B. char t[]="abcdefg",*s=t;

C. char s[10];s="abcdefg";　　D. char s[10];strcpy(s,"abcdefg");

24. 设已有定义:char *st="how are you";，下列程序段中正确的是（ ）。

A. char a[11], *p; strcpy(p=a+1,&st[4]);　　B. char a[11]; strcpy(++a, st);

C. char a[11]; strcpy(a, st);　　D. char a[], *p; strcpy(p=&a[1],st+2);

25. 有以下程序：

```
main(){
char a[]="programming",b[]="language";
char *p1,*p2;
int i;
p1=a;
p2=b;
for(i=0;i<7;i++)
 if(*(p1+i)==*(p2+i))
 printf("%c",*(p1+i));}
```

输出结果是（ ）。

A. gm　　B. rg　　C. or　　D. ga

26. 设 p1 和 p2 是指向同一个字符串的指针变量，c 为字符变量，则以下不能正确执行的赋值语句是（ ）。

A. c=*p1+*p2;　　B. p2=c　　C. p1=p2　　D. c=*p1*(*p2);

27. 若有说明语句：

```
char a[]="It is mine";    char *p="It is mine";
```

则以下叙述不正确的是（ ）。

A. a+1 表示的是字符 t 的地址

B. p 指向另外的字符串时，字符串的长度不受限制

C. p 变量中存放的地址值可以改变

D. a 中只能存放 10 个字符

28. 以下正确的程序段是（　　）。

A. char str[20];
   scanf("%s",&str);

B. char *p;
   scanf("%s",p);

C. char str[20];
   scanf("%s",&str[2]);

D. char str[20],*p=str;
   scanf("%s",p[2]);

29. 若有以下函数声明：

```
int fun(double x[10],int *n)
```

则下面针对此函数的函数声明语句中正确的是（　　）。

A. int fun(double x, int *n);

B. int fun(double ,int);

C. intfun(double*x,int n);

D. int fun(double *, int *);

30. 有以下程序：

```
void sum(int *a)
{a[0]=a[1];}
main()
{ int aa[10]={1,2,3,4,5,6,7,8,9,10},i;
for(i=2;i>=0;i--)
sum(&aa[i]);
printf("%d\n",aa[0]);}
```

执行后的输出结果是（　　）。

A. 4　　B. 3　　C. 2　　D. 1

31. 下段代码的运行结果是（　　）。

```
int main() {
char a;
char *str=&a;
strcpy(str,"hello");
printf(str);return 0;}
```

A. hello　　B. null　　C. h　　D. 发生异常

32. 下段程序的运行结果是（　　）。

```
void main()
{
    char *p,*q;
    char str[]="Hello,World\n";
    q=p=str;
    p++;
    printf(q);
    printf(p);
}
void print(char *s)
{
    printf("%s",s);
}
```

A. H　e

B. Hello，World　ello，World

C. Hello，World　Hello，World

D. ello，World　ell，World

33. 有以下程序：

```
void fun(char*c,int d){
*c=*c+1; d=d+1;
printf("%c,%c,",*c,d);}
void  main(){
char a='A',b='a'; fun(&b,a);
printf("%c,%c\n",a,b);}
```

程序运行后的输出结果是（　　）。

A. B,a,B,a　　B. a,B,a,B　　C. A,b,A,b　　D. b,B,A,b

34. 下面选项属于函数指针的是（　　）。

A. (int*)p(int, int)　　B. int *p(int, int)

C. 两者都是　　D. 两者都不是

35. 若有函数 max(a,B)，并且已使函数指针变量 p 指向函数 max，当调用该函数时，正确的调用方法是（　　）。

A. (*p)max(a,B);　　B. *pmax(a,B);

C. (*p)(a,B);　　D. *p(a,B);

36. 下面几个选项中的代码能通过编译的是（　　）。

A.
```
int* fun(){
int s[3]={1,3,4};; return s;}
int main() {
int * result; result = fun();
for(int I =0;i<3;i++) printf("%d\n",result[i]); return 0;}
```

B.
```
int& fun(){
int s[3]={1,3,4};; return s;}
int main(){
int * result; result = fun();
for(int I =0;i<3;i++) printf("%d\n",result[i]); return 0;}
```

C.
```
int* fun(){
int s[3]={1,3,4};; return &s;}
int main(){
int * result; result = fun();
for(int i =0;i<3;i++) printf("%d\n",result[i]);  return  0;}
```

D.
```
int& fun(){
int s[3]={1,3,4};;  return &s;}
int main(){
int * result;  result=fun();
for(int i =0;i<3;i++)   printf("%d\n",result[i]);
return0;}
```

37. 下列选项中声明了一个指针数组的是（　　）。

A. int *p[2];　　B. int (*p)[2];

C. int *p;　　D. int **p;

38. 下面代码能通过编译的是：

A.
```
int main() {
int a[3]={1,2,3};
int *b[3]={&a[1],&a[2],&a[3]};  int **p = b;  return  0; }
```

B.
```
int main() {
int a[3]={1,2,3};
int *b[3]={a[1],a[2],a[3]};  int **p = b;  return  0; }
```
C.
```
int main() {
int a[3]={1,2,3};
int *b[3]={&a[1],&a[2],&a[3]};  int *p = b;  return  0; }
```
D.
```
int main() {
int a[3]={1,2,3};
int *b[3]={&a[1],&a[2],&a[3]};  int *p = &b;  return  0; }
```
39. 对于语句 int *pa[5];，下列描述中正确的是（　　）。

A. pa 是一个指向数组的指针，所指向的数组是 5 个 int 型元素

B. pa 是一个指向某数组中第 5 个元素的指针，该元素是 int 型变量

C. pa [5]表示某个元素的第 5 个元素的值

D. pa 是一个具有 5 个元素的指针数组，每个元素是一个 int 型指针

40. 若有以下定义且 0≤i＜4，则不正确的赋值语句是（　　）。
```
int b[4][6], *p, *q[4];
```
A. q[i] = b[i];　　　　B. p = b;

C. p = b[i]　　　　D. q[i] = &b[0][0];

41. 若要对 a 进行++运算，则 a 应具有下面说明（　　）。

A. `int a[3][2];`　　　　B. `char *a[ ] = { "12" ,ab" };`

C. `char (*A)[3];`　　　　D. `int b[10], *a = b;`

42. 若有以下说明语句：
```
char *language[ ] = {"FORTRAN","BASIC","PASCAL","JAVA","C"};
 char **q;
q = language + 2;
```
则语句 printf("%o\n" , *q) 输出的是（　　）。

A. language[2]元素的地址；

B. 字符串 PASCAL

C. language[2]元素的值，它是字符串 PASCAL 的首地址

D. 格式说明不正确，无法得到确定的输出

43. 若有以下程序：
```
void main() {
char *a[3] = {"I","love","China"};
char **ptr = a;
printf("%c  %s" , *(*(a+1)+1), *(ptr+1) ); }
```
这段程序的输出是（　　）。

A. I　l　　　　B. o　o　　　　C. o love　　　　D. I　love

二、编程题

1. 计算字符串中子串出现的次数。要求：用一个子函数 subString()实现，参数为指向字符串和要查找的子串的指针，返回次数。

2. 加密程序：由键盘输入明文，通过加密程序转换成密文并输出到屏幕上。算法：明文中的字母转换成其后的第 4 个字母，例如，A 变成 E（a 变成 e），Z 变成 D，非字母字符不变；同时将密文每两个字符之间插入一个空格。例如，China 转换成密文为 Glmre。要求：在函数

change 中完成字母转换，在函数 insert 中完成增加空格，用指针传递参数。

3. 字符替换：要求用函数 replace 将用户输入的字符串中的字符 t（T）都替换为 e（E），并返回替换字符的个数。

4. 编写一个程序，输入星期，输出该星期的英文名。用指针数组处理。

5. 已知输入的符号串为： ***A*B*C*** 通过函数将其变为：ABC***。

6. 定义一个动态数组，长度为变量 n，用随机数给数组各元素赋值，然后对数组各单元排序，定义 swap 函数交换数据单元，要求参数使用指针传递。

第9章 构造数据类型

程序设计过程中，最重要的一个步骤是选择合适的数据类型。在实际应用中，仅使用整型、实型、字符型和数组是不够的，如将学生的基本信息作为一个数据处理时就不可以用上述数据类型来表示。C 语言使用丰富的构造数据类型来增强数据的表达方式，C 的构造数据类型还有结构体、共用体和枚举类型。C 的构造数据类型可以灵活地表示各种数据，本章将阐述上述 3 种构造类型的定义及其应用。

9.1 结构体数据类型

9.1.1 示例问题：打印学生基本信息

某学委需要打印整个班级的详细情况表，该情况表中每个学生的信息都包括学号、姓名、性别、年龄、家庭住址、联系方式、各个科目的成绩。这些项目中姓名、家庭住址可以用字符串表示，性别可以用字符表示，学号成绩可以用数值数组表示。使用 7 个数组存储一个班级所有学生的信息是非常复杂的。尤其是班长需要打印以不同项目排序的表时，就更复杂了。一个好的解决办法就是用一个数组表示班级中所有学生的信息，每一个数组元素存储的是一个学生的完整信息。

为了解决以上问题需要有一种数据形式，可以包含数值型数据、字符数据等。C 为我们提供了一个构造类型——结构体，利用结构体就可以解决以上问题。

9.1.2 结构体类型的定义

（1）结构体的一般定义：

```
struct 结构体名
{
    成员表列
};              /*花括号后必须有一个分号*/
```

成员类型的声明一般为：

```
类型名   成员名;
```

【例 9.1】 示例问题中学生基本情况的数据类型可以定义如下：

```
struct stu
{
    int num;
```

```
    char name[20];
    char sex;
    int age;
    char addr[30];
    char tel[15];
    float score[20];
};
```

（2）结构体可以嵌套定义。

在结构体定义中可以定义另一个结构体类型，一般形式如下：

```
struct 结构体名
{
  成员表列
  stuct 结构体名
  {
    成员表列
  }成员名;
  成员表列
};
```

【例 9.2】 例 9.1 定义的结构中的年龄成员可以改为出生日期，定义如下：

```
struct stu
{
    int num;
    char name[20];
    struct date
    {
        int year;
        int month;
        int day;
    } birth;
    char tel[15];
    char addr[30];
    float score[20];
};
```

【例 9.3】 中药中六君子汤、香砂六君子汤都是四君子汤加味而来，若将 4 个汤药分别定义，则可以定义如下：

```
struct DecoctionofFourMildDrugs
{
   int renshen;
   int baizhu;
   int fulin;
   int zhigancao;
};
```

六君子汤可以嵌套定义如下：

```
struct DecoctionofSixMildDrugs
{
   struct struct DecoctionofFourMildDrugs{
   int renshen,baizhu,fulin, zhigancao;} DFMD;
   int chenpi;
   int banxia;
}
```

一般如上已经先有四君子汤的定义，六君子汤也可定义如下：

```
struct DecoctionofSixMildDrugs
{
   struct DecoctionofFourMildDrugs DFMD;
   int chenpi;
   int banxia;
};
```

可以根据以上六君子汤的定义自己写出香砂六君子汤的结构体定义。

结构体类型可以在函数体内定义，也可以在函数之外定义。若在函数体内定义，则此结构体类型只能在该函数体内使用。若定义在函数之外，则可以被本文件中定义处之后的所有函数使用。

9.1.3 结构体变量的定义和结构体变量的声明

结构体类型的定义只是告诉编译器如何表示数据，并没有让系统为数据分配内存，当定义结构体变量时系统才为其分配内存单元。结构体类型可以像其他类型那样定义变量，在使用结构体变量时，也必须遵循先定义后使用的原则。结构体类型定义变量的方式有以下 3 种。

（1）先声明结构体类型再定义变量名

一般形式为：

```
struct 结构体名
  {成员表列};
struct 结构体名  结构体变量名列表;
```

若已有结构体类型 struct student 的定义如下，则可以定义变量 stu1 和 stu2，如例 9.4。

【例 9.4】 定义结构体类型后再定义结构体变量。

```
struct student
{
   int num;
   char name[20];
   char sex;
   int age;
   float score[3];
};
struct student stu1,stu2;
```

定义结构体变量后，系统会为其分配内存单元，例如定义了 stu1 和 stu2 为结构体类型 struct student 的变量，则它们就具有结构体类型 struct student 的结构如图 9-1 所示，stu1 和 stu2 在内存中各占 41（4+20+1+4+3 × 4=41）个字节。

stu1:	201403	张三	m	19	90	88	70
stu2:	201404	李四	m	20	95	89	80

图 9-1 struct student 的存储结构

结构体变量的定义与基本类型变量的定义是不同的。定义结构体变量之前，必须定义结构体类型，结构体类型是构造类型，可以根据不同的数据需要定义不同的结构体类型，然后再用结构体类型定义结构体变量。

需要注意的是类型与变量的区别，只能对变量赋值、存取或运算，不能对类型赋值、存取或运算。结构体类型中的成员名可以与所在程序中的变量名相同，二者互不干扰。

（2）在声明类型的同时定义变量

一般形式为：

```
struct 结构体名
{
  成员表列
} 结构体变量名列表;
```

例如上例对变量 stu1 和 stu2 的声明可以改为如下形式，此时定义的结构体类型还可以像上例一样定义其他结构体变量。

```
struct student
{
  int num;
  char name[20];
  char sex;
  int age;
  float score[3];
}stu1,stu2;
```

（3）直接定义结构体类型变量

一般形式为：

```
struct {成员表列} 结构体变量名列表;
```

上例对变量 stu1 和 stu2 的声明可以改为如下形式，此时定义的结构体变量只能在定义结构体类型时定义，不能如（1）中那样再去定义结构体变量。

```
struct
{
  int num;
  char name[20];
  char sex;
  int age;
  float score[3];
}stu1,stu2;
```

9.1.4 结构体变量的引用

在 ANSI C 中只允许同类型的结构体变量相互赋值，不允许直接引用结构体变量，只能引用结构体变量成员，以成员为基本操作单位。

引用结构体变量成员的一般形式为：

```
结构体变量名.成员名
```

“.”是成员运算符（也称分量运算符），对结构体变量成员的操作跟对一般变量的操作一样。引用结构体变量说明如下。

（1）结构体变量不能作为整体使用，只能使用其成员，如对例 9.4 中变量 stu1 的引用如下：

```
stu1=78;（错误）          stu1.score[0]=78;（正确）
```

（2）若成员本身也属于结构体类型，则使用若干个成员运算符，如已有例 9.2 的定义，则有：

```
struct stu s;
s.birth.year=1993;
```

（3）对结构体变量的成员可以像普通变量一样进行各种运算。若例 9.2 中已有 int age;的声明，则可进行如下计算：

```
age=2014-s.date.year;     /*计算 2014 年学生 s 的年龄*/
```

（4）可以引用结构体变量的地址，也可以引用结构体成员的地址，如已有例 9.1 的定义，则：

```
struct stu st,*p=&st;                              //引用结构体变量的地址
scanf("%d,%s,%d",&st.num,st.name,&st.age);  //引用结构体成员地址
```

9.1.5 结构体变量的初始化和应用举例

1. 结构体的初始化

结构体变量可以在定义时指定初始值，称为结构体变量的初始化，如例 9.5 所示。

2. 应用举例

【例 9.5】 初始化例 9.4 中变量 stu1，并输出。

```
/* p9_5.c */
#include<stdio.h>
struct student
{
     int num;
     char name[20];
     char sex;
     int age;
     float score[3];
}stu1={200903,"张三",'m',19,90,88,70}; //结构体变量初始化
main()
{
     printf("学号：%d\n 姓名：%s\n 性别：%c\n 年龄：%d\n\
             成绩 1：%f\n 成绩 2：%f\n 成绩 3：%f\n",\
             stu1.num,stu1.name,stu1.sex,stu1.age,\
             stu1.score[0],stu1.score[1],stu1.score[2]);
     //程序行一行写不完时，要在行末加"\"后回车另起一行继续写
}
```

运行结果如下。

```
学号：200903
姓名：张三
性别：m
年龄：19
成绩1：90.000000
成绩2：88.000000
成绩3：70.000000
```

9.2 结构体数组

9.2.1 结构体数组的定义

当数组的每个元素都是相同的结构类型时，可以声明结构体数组，结构体数组的声明也有 3 种形式。

形式一，定义结构体类型后再定义结构体数组，如：

```
struct student
{
   int num;
   char name[20];
   char sex;
```

```
    int age;
    float score[3];
} ;
struct student  stu[3];
```

形式二，定义结构体类型同时定义结构体数组，此时可以不定义结构体名，如：

```
struct
{
    int num;
    char name[20];
    char sex;
    int age;
    float score[3];
} stu[3];
```

形式三，定义结构体类型同时定义结构体数组，如：

```
struct student
{
    int num;
    char name[20];
    char sex;
    int age;
    float score[3];
} stu[3];
```

定义结构体类型数组和定义其他任何类型数组一样，可以在定义结构体的同时声明结构体数组，如上例中定义结构体类型同时声明了含有 3 个元素的结构体数组。

【例 9.6】 结构如图 9-2 所示的结构体数组的初始化。

	num	name	sex	age	score[0]	score[1]	score[2]
stu[0]:	201403	张三	m	19	90	88	70
stu[1]:	201404	李四	m	20	95	89	80
stu[2]:	201405	王五	m	19	87	90	69

图 9-2　数组 stu 的结构

```
struct student
{
    int num;
    char name[20];
    char sex;
    int age;
    float score[3];
} stu[3]={{201403,"张三",'m',19,90,88,70},
          {201404,"李四",'m',20,95,89,80},
          {201405,"王五",'m',19,87,90,69}};
```

对结构体数组的初始化也可以先定义结构体，然后声明结构体数组的同时给该数组以初值。若所有结构体数组元素都有初值（每个数组元素的成员都有值），则一维数组的维数可以省略，如上例可以改为如下形式。

```
struct student
{
    int num;
    char name[20];
```

```
        char sex;
        int age;
        float score[3];
    };
    struct student  stu[]={{201403,"张三",'m',19,90,88,70},
                           {201404,"李四",'m',20,95,89,80},
                           {201405,"王五",'m',19,87,90,69}};
```

9.2.2 结构体数组应用举例

【例 9.7】有 N 个学生，每个学生的数据包括学号（num），姓名（name[20]），性别（sex），年龄（age），三门功课的成绩（score[3]）。要求在 main 函数中输入这 N 个学生的数据，然后调用一个函数 fun，在该函数中找出所有不及格成绩的学生，并打印该学生的所有数据。

```
/* p9_7.c */
struct student
{
    int num;
    char name[20];
    char sex;
    int age;
    float score[3];
};
#define STU struct student  /*用宏名 STU 替代结构体类型 struct student*/
#include<stdio.h>
void fun(STU a[],int n)
{
    int i,j;
    printf("num      name  sex  age score[0]  score[1]  score[2]\n");
    for(i=0;i<n;i++)
    {
    for(j=0;j<3;j++)
    if(a[i].score[j]<60)
    {
         printf("%d   %s   %c   %d %f %f %f\n",\
           a[i].num,a[i].name,a[i].sex,a[i].age,\
           a[i].score[0],a[i].score[1],a[i].score[2]);
         break;
       }
    }
}

main()
 {
    STU stu[3];
    int i;
       for(i=0;i<3;i++)
        scanf("%d%s%*c%c%d%f%f%f",\
          &stu[i].num,stu[i].name,&stu[i].sex,&stu[i].age,\
        &stu[i].score[0],&stu[i].score[1],&stu[i].score[2]);
    fun(stu,3);
}
```

若有如下输入：

```
201303 Mike m 19 56 78 90
```

```
201304 Lily w 20 50 60 55
201305 Kate w 19 90 87 89
```

则输出结果如下。

```
num      name   sex  age  score[0]   score[1]   score[2]
201303   Mike    m   19   56.000000  78.000000  90.000000
201304   Lily    w   20   50.000000  60.000000  55.000000
```

9.3　结构体指针

9.3.1　指向结构体变量的指针

1. 结构体指针变量的声明

指向结构体变量的指针成为结构体指针变量，结构体指针变量是用来存放指向的结构体变量的首地址的。声明结构体指针变量的一般形式为：

结构体类型 *指针名;

如有如下定义：

```
struct stud
{
   int num;
   char  name[20];
   char  sex;
   float  score;
};
struct stud stu,*p=&stu;
```

p 指向 stu 的结构如图 9-3 所示，p 存储的是 stu 的首地址。

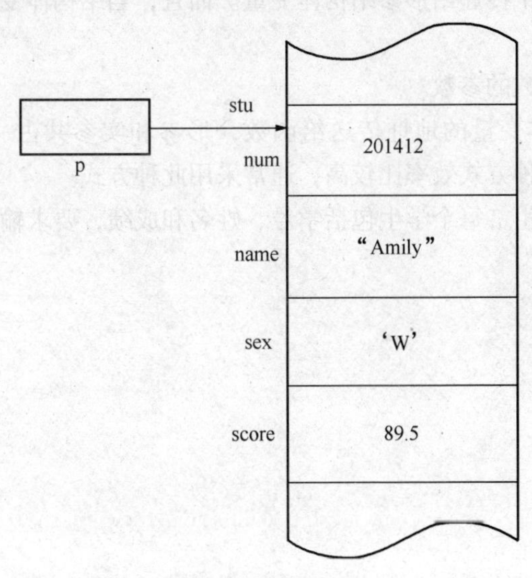

图 9-3　p 指向 stu

2. 用结构体指针变量引用结构成员

一般形式为：

(*指针变量名).成员名

如上例中的定义，则有如下引用：

```
stu.score=89.5;
```

等价于：

```
(*p).score=89.5;
```

用结构体指针变量引用结构成员，也可以采用指向结构体成员运算符“->”，一般形式如下：

```
指针变量名->成员名
```

则 stu.score=89.5;也等价于：

```
p->score=89.5;
```

9.3.2 指向结构体数组的指针

1. 指向结构体数组的指针

指向结构体数组的指针可以进行加减运算，如有上面结构体 struct stud 的定义，则可以有如下声明和运算。

```
struct stud stu[3];
struct stud *p = stu;      /* p指向stu[0] */
p++;                       /* 指向stu[1] */
p->num=200921;             /* 引用stu[1].num */
```

2. 用结构指针作函数的参数

（1）结构体变量的成员作函数的参数。

与普通变量作函数参数的用法相同，也是“值传递”。

（2）结构体变量作函数的参数。

结构体变量作为函数的参数的方式传值效率低，这是因为此时采用的是“值传递”，实参结构体变量需要将成员值逐个传递给形参结构体变量。而且，当结构体变量规模很大时，内存开销会很可观。

（3）结构体指针作函数的参数。

此时实参是将结构体变量的地址传送给函数，形参和实参共占一组内存单元，形参值改变，实参值也会改变。这种方式效率比较高，通常采用此种方式。

【例 9.8】 有 4 个学生，每个学生包括学号、姓名和成绩，要求输出成绩最高者的学号、姓名和成绩。

```
/* p9_8.c */
#include<stdio.h>
struct stu
{
    int num;
    char name[20];
    float score;
};

void input(struct stu *p)       /* 指向结构体的指针变量作形参 */
{
    scanf("%d %s %f", &p->num, p->name, &p->score);
}

void output(struct stu s)       /* 结构体变量作形参 */
```

```
{
   printf("No.: %d,name: %s,score: %f\n",s.num,s.name,s.score);
}

void find(struct stu *p,int n)
{
    int i;
    float max=p->score;          /* max 表示最高成绩 */
    struct stu *t=p;             /* 用 t 指向最高成绩的学生 */
    for(i=0;i<n;i++,p++)
    if(max<p->score)
    {
        t=p;
        max=p->score;
    }
    printf("最高成绩的学生数据如下: \n");
    output(*t);                  /* 输出成绩最高学生的数据 */
}

void main()
{
    struct stu st[4];
    int i;
    printf("请输入 4 个学生的学号、姓名、成绩: \n");
    for(i=0;i<4;i++)
        input(&st[i]);
    find(st,4);
}
```

9.4　链　　表

9.4.1　链表的概念

1. 链表概述

结构体与指针的结合可以构成非常丰富的数据结构，如链表、树、图等。其中链表是将多个数据按一定的规则连接起来的表，是一种常用的重要数据结构，它可以实现数据的动态存储。众所周知，数组可以用于存储一组数据，但数组长度（元素个数）是固定的，不能适应数据动态增减的情况。当数据增加时，可能超出原先定义的元素个数；当数据减少时，造成内存浪费。在数组中插入、删除数据项时，需要移动其他数据项。链表不仅可以动态存储数据，适应数据动态增减情况，而且方便插入、删除数据项。

链表有单向链表、双向链表、环形链表等形式。由于篇幅问题，本书只讨论单向链表。链表有一个“头指针”变量，如图 9-4 所示的头指针 Head。Head 指向链表的第一个元素（通常称为“结点”，结点分为两个部分，第一个部分为数据，第二个部分为地址），第一个结点又指向第二结点……也就是说链表中前一个结点存储着后一个结点的地址，最后一个结点的地址部分存放一个“NULL（空地址）”。

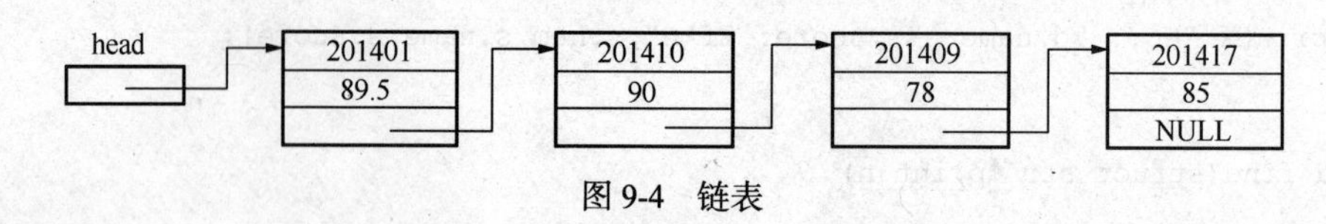

图 9-4　链表

图 9-4 中链表的结点可以用如下结构体类型表示：

```
struct stu
{
    int num;
    float score;
    struct stu *next;
 };
```

2. 动态分配存储单元函数简介

在 C 语言中，可以使用函数 malloc()、calloc()和 free()动态分配和释放存储单元，实现链表动态存储数据，这些函数的定义在 alloc.h 或 stdlib.h 中，使用这些函数的程序需要包含这两个头文件。

```
void * malloc(unsign size)
```

在动态存储区分配长度为 size 的连续空间，并返回指向该空间起始地址的指针。若分配失败（系统不能提供所需内存），则返回 NULL。

```
void * calloc(unsign n, unsign size)
```

在动态存储区分配 n 个长度为 size 的连续空间，并返回指向该空间起始地址的指针。若分配失败（系统不能提供所需内存），则返回 NULL。

```
void free(void * p)
```

释放 p 指向的内存空间。p 可以是 malloc()或 calloc()函数返回的值。

注意：malloc 和 calloc 函数中的参数 size 一般为 sizeof 运算符运算所得值，例如要为图 9-4 中的结点动态分配存储单元则可以定义如下：

```
struct stu *p=( struct stu *)malloc(sizeof(struct stu ));
```

9.4.2　链表的创建和使用

1. 创建链表

【例 9.9】 写一个函数 creat()，建立如图 9-4 所示的有 4 个学生的单向链表，已输入学号的值为 0 作为链表创建结束标志。

设有 3 个指针变量 head、last 和 new，head 表示头结点，new 指向新创建的结点，last 指向链表的最后一个结点。先创建第一结点，用 new 指向该结点，若该结点的学号不为零则插入链表尾部，反复生成新的结点直到新结点中学号成员的值为零则停止。实现函数如下：

```
/* p9_9.c */
#include<stdio.h>
#include<malloc.h>
#include<stdlib.h>
struct student
{
     long num;
     float score;
     struct student *next;
```

```
};
#define LEN sizeof(struct student)
int n=0; /* 用n记录学生的个数 */
struct student *creat(void)
{
    struct student *head,*pnew,*last;
    last=head=NULL;
    pnew=(struct student *)malloc(LEN);
    if(pnew==NULL)
        exit(0);
    scanf("%d,%f",&pnew->num,&pnew->score);
    while(pnew->num!=0)
    {
        n++;
        if(n==1)
            head=pnew;
        else
            last=pnew;
        pnew=(struct student *)malloc(LEN);
        scanf("%d,%f",&pnew->num,&pnew->score);
    }
    last->next=NULL;
    free(pnew);
    return head;
}
```

2. 输出链表

只要已知表头结点，通过 p->next 可以找到下一个结点，从而可以输出链表的全部结点数据。

【例 9.10】 将例 9.9 中的所有结点输出。输出函数如下：

```
/* p9_10.c */
void print(struct student *head)
{
    struct student *p;
    p=head;
    while(p)
    {
        printf("%d,%f\n",p->num,p->score);
        p=p->next;
    }
}
```

3. 删除一个结点

【例 9.11】 输入一个学号，若例 9.9 创建的链表中有结点的学号等于该学号，则删除该结点。

删除一个结点首先要找到该结点，若结点在链表中则删除该结点并释放所占内存单元完成删除，删除结点有如下 3 种情况。

（1）链表中没有需要删除的结点，此时直接返回 head。

（2）要删除的结点是第一个结点，则只需该结点的 next 成员值赋给 head 即可，过程如图 9-5 所示。

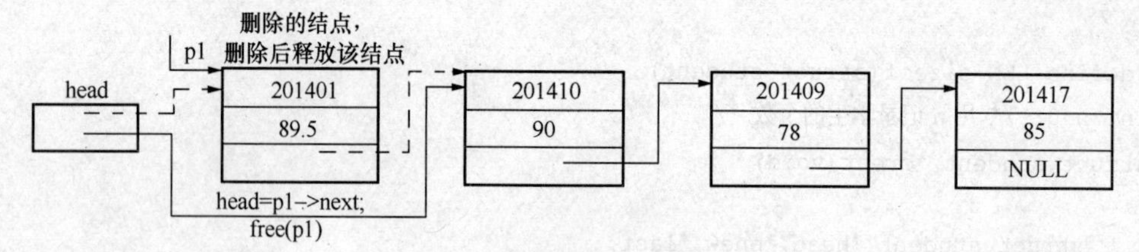

图 9-5　删除第一个结点

（3）要删除的结点不是第一个结点，则用 p1 指向该结点，并用 p2 指向 p1 的前一个结点，如图 9-6 所示。

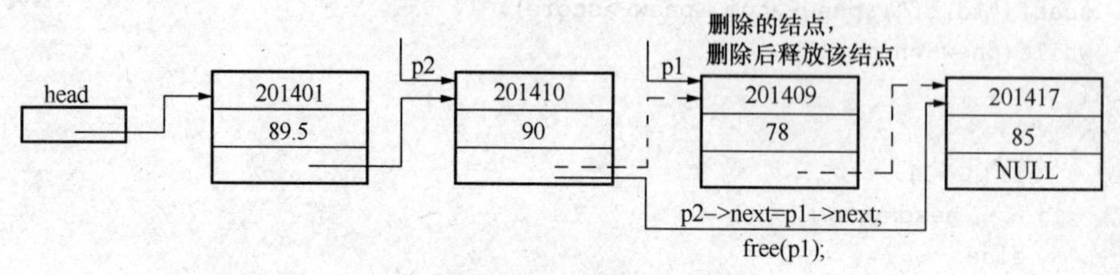

图 9-6　删除链表中非第一个结点

根据以上情况分析，删除结点函数代码清单如下：

```
/* p9_11.c */
struct student * del(struct student *head, int num)
{
    struct student *p1;                          /* 指向要删除的结点 */
    struct student *p2;                          /* 指向 p1 的前一个结点 */
    if (head==NULL)                              /* 空表 */
    {
        printf("\n 这是个空表! \n");
        return head;
    }
    p1 = head;
    while(num!=p1->num && p1->next!=NULL)        /* 查找要删除的结点 */
    {
        p2=p1;
        p1=p1->next;
    }
    if (num==p1->num)                            /* 找到了 */
    {
        if (p1 == head)                          /* 要删除的是头结点 */
            head = p1->next;
        else                                     /* 要删除的不是头结点 */
            p2->next=p1->next;
        free(p1);                                /* 释放被删除结点所占的内存空间 */
        printf("被删除学生的学号为: %d\n", num);
        n=n-1;
    }
    else                                         /* 在表中未找到要删除的结点 */
        printf("找不到学号为%d 的结点 \n",num);
    return head;                                 /* 返回新的表头 */
}
```

4．对链表的插入操作

【例 9.12】 假设在例 9.9 中创建的链表是按学号升序排列的，要求在链表中插入一个新结点，使链表仍保持升序排序。

在链表中插入新结点，若没有插入位置限制则可以将新结点插入到表尾或表头，这种插入就非常简单。但例题中要求插入新结点后链表仍然保持升序排列，那么必须先找到插入位置，然后才把新建结点插入链表。在此用指针 pnew 指向待插入结点，p1 指向带插入位置后一个结点，也即 pnew 结点要插在 p1 结点之前，结点插入位置有如下 3 种。

（1）将 pnew 插入到第一个结点之前，如图 9-7 所示。

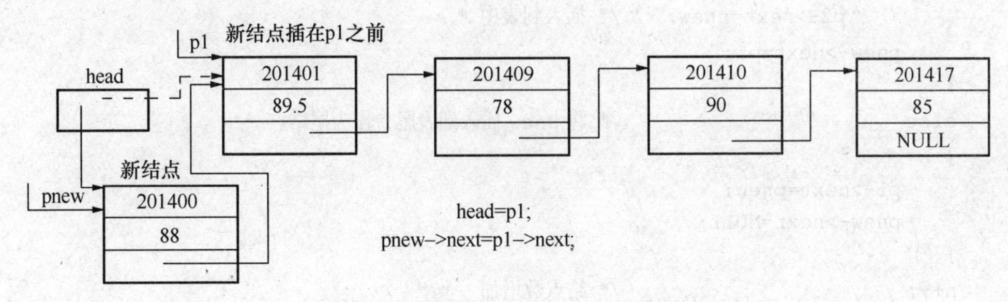

图 9-7　在第一个结点之前插入新结点

（2）将 pnew 插入表尾结点之后，如图 9-8 所示。

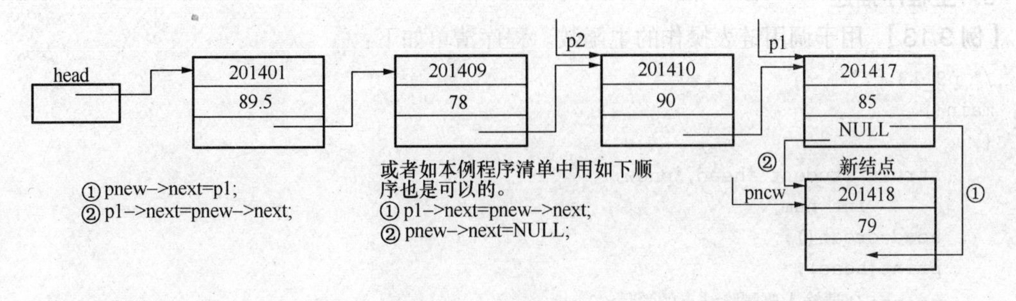

图 9-8　在表尾插入结点

（3）在链表中间插入新结点，则可以用一个指针变量 p2 指向 p1 之前的结点，则新结点可插在 p1 和 p2 中间，同学们可以根据上面两个图将这种插入方式的图画出来。

在链表中，各结点按成员 num（学号）由小到大顺序存放，从第一个结点开始，把待插入结点 pnew->num 与每一个结点 p1->num 比较，若(pnew->num) > (p1->num)，则 p2 指向 p1，p1 移到下一个结点，直到找到合适的插入位置，插入函数程序清单如下：

```
/* p9_12.c */
struct student *insert(struct student *head,struct student *pnew)
{
    struct student *p1,*p2;
    p1=head;
    if(head==NULL)              /* 若是一个空表，则将 pnew 作为表中唯一结点 */
    {
        pnew->next=head;
        head=pnew;
        return head;
    }
```

```
    while(pnew->num>p1->num && p1->next!=NULL)
    {
        p2=p1;                      /* 若没有找到插入点，则用 p2 指向 p1 */
        p1=p1->next;                /* p1 指向下一个结点 */
    }
    if(pnew->num<=p1->num)
    {
        if(p1==head)
            head=pnew;              /* 插入到表头，作为第一个结点 */
        else
            p2->next=pnew;          /* 插入到表中 */
        pnew->next=p1;
    }
    else                            /* 将 pnew 插入到表尾，作为尾结点 */
    {
        p1->next=pnew;
        pnew->next=NULL;
    }
    n++;                            /* 结点数增加一个 */
    return head;
}
```

5. 主程序描述

【例 9.13】 用于调用链表操作的主函数。程序清单如下：

```
/* p9_13.c */
main()
{
    struct student *head,*pnew;
        int num;
    head=creat();
    print(head);
    printf("请输入要删除结点的学号：\n");
    scanf("%d",&num);
    del(head,num);
    print(head);
    printf("请输入要插入学生的学号和成绩：\n");
    pnew=(struct student *)malloc(sizeof(struct student));
    scanf("%d,%f",pnew->num,pnew->score);
    insert(head,pnew);
    print(head);
}
```

9.5 共用体数据类型简介

共用体是一个能让不同类型的数据使用一段相同的内存单元的数据类型。对共用体的一个典型应用就是表的应用，C 通常用数组表示表。表存储的数据通常是些没有规律、事先也没有制定顺序的混合数据，如存储某学校师生数据的表，对于职业一栏就可以分为“教师”和“学生”，对于学生来讲，“单位”一栏就可以用整数表示班级编号，而老师的则可以是字符串。

9.5.1　共用体的定义和共用体变量的声明

共用体类型的定义及其变量的定义都与结构体相似。共用体的定义一般形式为：

```
union 共用体名
{
    成员列表;
};
```

共用体变量的定义一般形式如下：

```
union 共用体名.变量名;
```

可以在定义共用体类型的同时定义变量，此时共用体名可以省略。

例如有如下定义，则其内存结构描述如图 9-9 所示，i，ch，f 共占一段内存单元，所占字节数为成员中占内存字节数最多的字节数。如下例中共用体变量 d 所占字节数为 4。

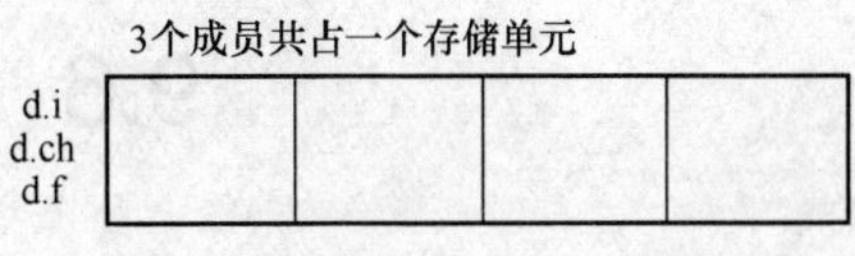

图 9-9　共用体变量 d 的成员存储结构图

```
union data
{
  int i;
  char ch;
  float f;
};
union data d;
```

共用体和结构体的区别如下。

共用体：各成员占相同的起始地址，所占内存长度等于最长的成员所占内存。

结构体：各成员占不同的地址，所占内存长度等于全部成员所占内存之和。

9.5.2　引用共用体变量

定义共用体变量后只能引用共用体变量的成员，如：

```
union data d;
d.f=3.14159;
printf("%f",d.f); /* 输出结果为 3.141590 */
```

共用体类型数据的特点如下。

（1）共用体变量中的值是最后一次存放的成员的值，如：

```
d.i = 10;
d.ch = 'h';
d.f = 3.14;
```

完成以上 3 个赋值语句后，最后共用体变量的值是 3.14，之前存入的数据都被最后一个数据覆盖了。

（2）共用体变量不能初始化，如下定义是错的：

```
union data
{
   int i;
   char ch;
   float f;
}a={10,'h', 3.14};
```

（3）不能将共用体变量作为函数参数，也不能使函数带回共用体类型的值。可以使用指向结构体变量的指针，如下例所示：

```
Union data d,*p=&d;
p->i=12;
```

等价于：

```
(*p).i=12; 或 d.i=12;
```

（4）共用体和结构体可以互相嵌套定义，如：

```
union{
    int age;                        /* 表示年龄 */
    struct{
    int year,mon,day;}birth;        /* 表示出生年月 */
};
```

9.6 枚举类型

9.6.1 枚举类型定义

如果一个变量只有几种可能的值，可以定义为枚举类型，枚举类型可以增加程序的可读性，如一周的星期用 sun、mon、tue 等表示比用数字 7、1、2 等具有更好的可读性。枚举的意思就是将变量可能的值一一列举出来。枚举变量的值只能取列举出来的值之一。枚举类型的定义一般形式为：

```
enum 枚举类型名{枚举常量列表};
```

例如，每个星期有 7 天，可以将星期说明为枚举类型，定义如下：

```
enum weekday{sun,mon,tue,wed,thu,fri,sat};
```

其中 sun、mon.... sat 称为“枚举元素”或“枚举常量”，它们是用户定义的标识符。C 编译器按枚举元素定义的顺序给它们 0、1、2、3…的值。

9.6.2 引用枚举类型变量

以下为枚举变量的声明：

```
enum weekday workday;
```

定义了一个枚举变量 workday, 它只能取 sun 到 sat 之一，如：

```
weekday = mon;
week_end = sun;
```

说明如下。

（1）枚举元素是常量。枚举元素的值可以在定义枚举类型时指定，如：

```
enum weekday{sun=7,mon=1,tue,wed,thu,fri,sat};
enum weekday workday =wed;
printf("%d", workday);  /* 输出结果为 3 */
```

（2）枚举元素是常量，不是变量，因此不能赋值。

下面的赋值是不允许的：

```
sun=0; mon=1;
```

（3）枚举值可以作比较，如：

```
if (workday == mon)....
if (workday > sun)....
```

（4）整型常量是不能直接赋给枚举变量的。这是因为整型常量和枚举变量的类型不一致。如下面的赋值是不允许的：

```
workday=2;
```

但可以通过强制类型转换赋值，如：

```
workday=(enum weekday)2;
```

9.6.3　枚举类型举例

【例 9.14】 某天是星期四，编写程序求从这天开始后的第 n 天是星期几？

解题思路：求从某天开始第 n 天计算是星期几的问题只需将 n 加上某天对应的星期数，如本题中为 n+4，然后用 n+4 去模 7 求余，余数为 0 则为星期日，余数为 1 则为星期一，依此类推，程序如下：

```
/*p9_14.c*/
#include<stdio.h>
void main()
{
  enum weekday{sunday,monday,tuesday,wednesday,thursday,friday,saturday};
  int n;
  scanf("%d",&n);
  n+=4;
  if(n%7==sunday)
        printf("该天后第%d 天是%s\n",n-4,"星期日");
  else
        if(n%7==monday)
               printf("该天后第%d 天是%s\n",n-4,"星期一");
        else
               if(n%7==tuesday)
                    printf("该天后第%d 天是%s\n",n-4,"星期二");
               else
                    if(n%7==wednesday)
                         printf("该天后第%d 天是%s\n",n-4,"星期三");
                    else
                         if(n%7==thursday)
                              printf("该天后第%d 天是%s\n",n-4,"星期四");
                         else
                              if(n%7==friday)
                                   printf("该天后第%d 天是%s\n",n-4,"星期五");
                              else
                                   if(n%7==saturday)
                                        printf("该天后第%d 天是%s\n",n-4,"星期六");
}
```

9.7　typedef 简介

定义变量时通常使用标准类型名，如 int，char 等。除此之外，也可以用 typedef 对已有的类型声明一个新的类型名，然后用新的类型名定义变量。

（1）typede 和#define

宏命令#define 可以为类型名定义一个宏名。例如：

```
#define INTEGER int
```

有了上述定义，在程序中就可以用 INTERGER 代替 int 来定义整型变量，如：

```
INTEGER i,j;        /* 编译预处理后 INTEGER 替换为 int，该语句变为：int i,j; */
```

typedef 可以为已有的类型创建新的类型名，相当于重命名类型名。例如有如下两个语句，第一个语句为 int 类型创建了一个新名称 INTEGER，第二个语句为 float 创建了一个新名称 REAL。

```
typedef int INTEGER;
typedef float REAL;
```

有了上述定义后，就可以使用新的类型名定义变量，如：

```
INTEGER i,j;        /* 等价于：int i,j; */
REAL  a, b;         /* 等价于：float a,b; */
```

从上述实例可以看出 typedef 和#define 非常类似，但实际上两者有本质的区别。

① typedef 只能对已有类型说明一个新的类型名，#define 具有更广泛的应用。

② typedef 的解释是由编译器进行的，而#define 是在预编译中处理的。

③ typedef 是为已有类型命名，而#define 是定义宏，只能做简单的字符替换。

（2）typedef 定义新类型名的步骤

用 typedef 创建新的类型名可以采用如下步骤。

① 按定义变量的方法写出定义体，如：int i;。

② 将变量名换成新类型名，如：int INTEGER;。

③ 在定义之前加上 typedef，如：typedef int INTEGER;。

例如：

① char *str;

② char *STRING;

③ typedef char *STRING;

下面就可以用 STRING 来定义变量了，如：

```
STRING p,name[3];      /* 等价于：char *p,*name[3]; */
```

（3）典型用法

① 为专用于某一类型的变量统一说明一个类型名，可增加程序的可移植性。如：

```
typedef unsigned int size_t;
```

定义 size_t 数据类型，专用于内存字节计数。

```
size_t size;           /* 变量 size 用于内存字节计数 */
```

② 简化数据类型的书写。

如对结构体类型重命名：

```
typedef struct
{
    int month;
    int day;
    int year;
}DATE ;
DATE birthday;      /* 用 typedef 创建类型名后就可以很方便地定义相关变量 */
```

结构体变量 birthday 的定义等价于：

```
struct
{
```

```
    int month;
    int day;
    int year;
}birthday;
```

③ 常见类型用 typedef 创建新类型名举例。

```
typedef int N[10][100];
NUM array;                  /* array 是含有 1000 个元素的二维数组 */
typedef char *STR[5];
STR s;                      /* s 为含有 5 个元素的指针数组 */
typedef int (*POINTER)(); /* POINTER 是指向函数的指针类型，该函数返回整型 */
POINTER p1,p2;              /* p1,p2 为指向函数的指针变量 */
```

上述定义等价于：

```
int array[10][100];
char s[5];
int (*p1)(),(*p2)();
```

9.8　应用与提高

学习结构体后，一个学生的基本信息就可以作为一个数据处理。在学生成绩管理系统中可以用数组或链表来存储一个班级的学生基本信息，但用数组不能动态存储一个班级的学生信息，从 9.4 节的例题可以看到用链表存储学生信息便于学生信息的动态处理。本节将讨论如何采用链表实现学生成绩管理系统。

为了简化处理，本章实现的学生成绩管理系统中学生信息只包含学号、姓名、4 门课程成绩、总分、平均分、名次。根据简单的应用需求，学生成绩管理系统可以分为成绩维护、成绩查询、成绩统计、成绩输出及退出 5 个模块，如图 9-10 所示。同学们可以根据 9.4 节中的创建链表、插入、删除、输出函数实现此系统中成绩维护模块中的成绩录入、插入记录、删除记录 3 个子模块和输出模块，也可以根据本书提供的本章学生成绩管理系统的源程序来实现，在此不作赘述。成绩查询系统和管理统计由同学们参考本书提供的源程序完成，本节主要阐述成绩维护模块中修改记录、排序记录如何实现。

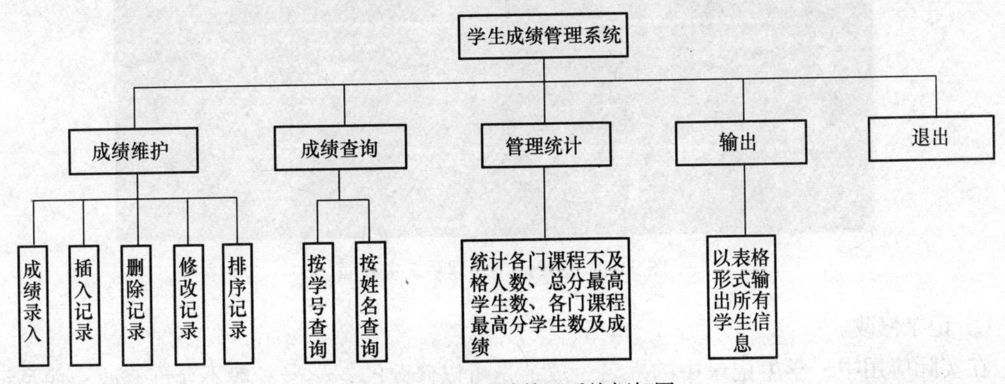

图 9-10　学生成绩管理系统框架图

（1）变量定义分析

学生基本信息的数据类型表示已在本章中有详细的描述，同学们可以非常迅速地定义这种类型，根据本系统学生基本信息的内容可以定义学生基本信息数据类型为如下两种形式。在实际系统中，学生课程数肯定不止 4 门，若按类型一方式定义则需要定义多个成绩成员，因此实际系统中成绩成员应该是一个一维数组。本节中以类型一形式定义学生结构体，同学们可以采用类型二的定义形式模仿实现本系统。

类型一：

```
struct student
{
    char num[10];         /*学号*/
    char name[15];        /*姓名*/
    int chgrade;          /*语文成绩*/
    int cgrade;           /*C 语言成绩*/
    int mgrade;           /*数学成绩*/
    int egrade;           /*英语成绩*/
    int total;            /*总分*/
    float ave;            /*平均分*/
    int mingci;           /*名次*/
};
```

类型二：

```
struct student
{
    char num[10];         /*学号*/
    char name[15];        /*姓名*/
    int score[4];         /*数组元素依次对应语文成绩、C 语言成绩、数学成绩、英语成绩*/
    int total;            /*总分*/
    float ave;            /*平均分*/
    int mingci;           /*名次*/
};
```

本系统用链表存储学生信息，则需要定义链表中的结点，由于本系统的处理只需要单链表就可以实现，则结点定义如下：

```
typedef struct node
{
    struct student data;    /*数据域*/
    struct node *next;      /*指针域*/
}Node;
```

（2）模块分析与实现

图 9-10 中的各个子模块在系统中是可以通过如图 9-11 所示界面选择运行的，如输入 1 则执行输入记录模块，输入 0 则退出系统，本节只分析如何实现修改记录、记录排序，其他模块自行实现。

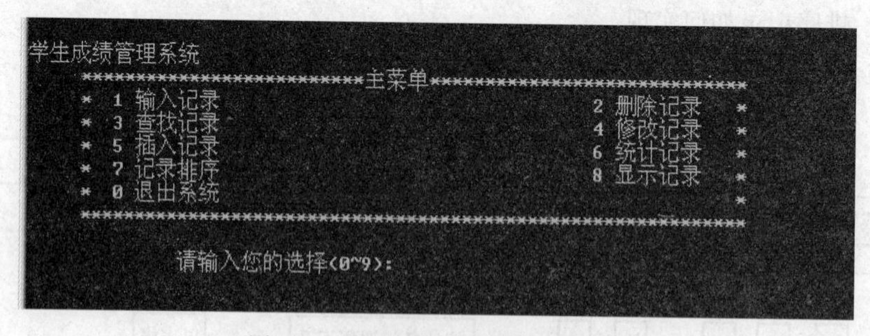

图 9-11　学生成绩管理系统主界面

① 记录修改。

在实际应用中，学生记录中的姓名、成绩是可以修改的，学号一般不允许修改；而且记录的修改是有权限的，也就是说记录不能被任意修改，只有管理员才可以修改以保证数据的安全性。在本系统中仅仅简单实现记录修改，步骤如下。

■ 输入需要修改记录的学生学号。

■ 在链表中查找是否有该学生记录，若没有则输出“系统中没有该学生记录!”并返回主界面。
■ 修改学生信息，为了简化算法，在修改学生记录时对于无需修改的信息要求按原信息重新输入。同学们也可以仿照主界面的模式根据输入的数字选择修改哪个数据，在此不作阐述。

修改记录函数清单如下：

```
void Modify(NODE *l)
{
    Node *p;
    char findmess[20];
    if(!l->next)
    {
        system("cls");
        printf("\n 链表为空! \n");
        return;
    }
    system("cls");
    printf("请输入需要修改学生记录的学号: ");
    scanf("%d",&num);
    p=find(l,num);      //在链表 l 中查找 num，若找到则返回该记录的指针，否则返回 NULL
    if(!p)
    {
    scanf("%s%d%d%d%d",&p->date.name,&p->date.chgrade,&p->date.cgrade,&p->date.mgrade,
&p->date.egrade);
            //输入新的成绩后更新总分和平均分
            p->data.total=p->data.chgrade+p->data.egrade+p->data.cgrade+p->data.mgrade;
            p->data.ave=(float)(p->data.total/4);
            p->data.mingci=0;     //名次未计算，所以赋值为 0
            printf("\n=====>修改成功!\n");
        }
        else
            printf("\n 系统中没有该学生记录!\n");
  }
```

② 记录排序。

记录排序是实现记录按学生成绩总分降序排序的功能，链表的排序不同于数组的排序，数组元素在内存中是连续存储的，而链表的结点在内存中非连续存储的，也就是说我们可以通过指针修改调整结点的位置达到降序排序的目的。链表降序排序的方法有多种，在此我们采用从第一个结点开始逐个将原链表中的结点插入到新的按降序排序的链表中的方法排序；若需要保留原链表不被破坏，则可以新建结点存放需要插入的结点的信息，然后将新结点插入到新排好序的链表中。此处我们采用后者，链表的按总分降序排序步骤如下。

■ 判断链表是否为空，为空则显示“没有学生记录”，否则排序。
■ 定义 Node *ll；用 ll 指向排好序的链表。
■ 新建结点，将 l 中取得的第一个结点的信息存储到新结点中，并给新结点的 next 赋 NULL 的值。
■ 在 ll 中找到新结点插入位置后插入该结点，l 指向下一个结点。
■ 判断链表 l 是否为空，若不空则返回第三步，否则排序结束，打印排序结果。

记录排序函数清单如下：

```
/*利用插入排序法实现单链表的按总分字段的降序排序，从高到低*/
void Sort(Node * l)
{
  Node *p,*rr,*s,*ll;
  int i=0;
  if(l==NULL)                                    //判断链表是否为空
  {
      system("cls");
      printf("\n=====>没有学生成绩!\n");
      getchar();
      return ;
  }
  ll=(Node*)malloc(sizeof(Node));               /*用于创建新的结点*/
  if(!ll)
  {
      printf("\n 内存申请失败! ");               /*如没有申请到，打印提示信息*/
      return ;                                   /*返回主界面*/
  }
  ll->next=NULL;
  system("cls");
  Disp(l);                                       /*显示排序前的所有学生记录*/
  p=l->next;
  while(p)                                       /*p!=NULL*/
  {
      s=(Node*)malloc(sizeof(Node));             /*新建结点用于保存从原链表中取出的结点信息*/
      if(!s)                                     /*s==NULL*/
      {
          printf("\n内存申请失败! ");             /*如没有申请到，打印提示信息*/
          return ;                               /*返回主界面*/
      }
      s->data=p->data;                           /*填数据域*/
      s->next=NULL;                              /*指针域为空*/
      rr=ll;
    /*rr链表于存储插入单个结点后保持排序的链表，ll是这个链表的头指针，每次从头开始查找插入位置*/
      while(rr->next!=NULL && rr->next->data.total>=p->data.total)
      {
          rr=rr->next;
      }                                          /*指针移至总分比p所指的结点的总分小的结点位置*/
      if(rr->next==NULL)                         /*若新链表 ll 中的所有结点的总分值都比 p->data.total
大时，就将p所指结点加入链表尾部*/
          rr->next=s;
      else                                       /*否则将该结点插入至第一个总分字段比它小的结点的前面*/
      {
          s->next=rr->next;
          rr->next=s;
      }
      p=p->next;                                 /*原链表中的指针下移一个结点*/
  }
```

```
    l->next=l1->next;              /*l1 中存储的是已排序的链表的头指针*/
    p=l->next;                     /*已排好序的头指针赋给 p，准备填写名次*/
    while(p!=NULL)                 /*当 p 不为空时，进行下列操作*/
    {
        i++;                       /*结点序号*/
        p->data.mingci=i;          /*将名次赋值*/
        p=p->next;                 /*指针后移*/
    }
    printf("\n\n    --------------------    排序结果    --------------------------\n");
    Disp(l);
}
```

9.9 本 章 小 结

C 的结构体为含有不同类型数据的一个数据对象的存储提供了存储方法。成员运算符（.）使程序可以访问结构体变量的成员。指向结构体变量的指针增加了结构体变量应用的灵活性。

结构体、共用体和枚举类型丰富了 C 的数据类型，使数据的描述更加灵活，更贴近现实。typedef 可以为已有类型创建新的类型名称，但不能产生新的类型；使用 typedef 重命名数据类型增加了程序的可移植性、简化了数据类型的书写，但要注意与宏命令 define 的区别。

应用提高篇中的实例可以提高学生的使用 C 开发应用程序的能力。

习 题 九

一、选择题

1. 定义一个结构体变量，系统为它分配的内存空间是（　　）。

A. 结构中一个成员所需的内存容量

B. 结构中第一个成员所需的内存容量

C. 结构体中占内存容量最大者所需的容量

D. 结构中各成员所需内存容量之和

2. 以下对结构体类型变量的定义中，不正确的是（　　）。

A. `typedef  struct aa{int n;float m;}AA; AA td1;`

B. `#define AA  struct aa`

　 `AA{int n;float m;}td1;`

C. `struct{int n;float m;}aa;`

　 `struct aa td1;`

D. `struct{int n;float m;}td1;`

3. 设有如下说明：

```
typedef struct
{  int  n;  char  c;  double  x;}STD;
```

则以下选项中，能正确定义结构体数组并赋初值的语句是（　　）。

A. STD tt[2]={{1,'A',62},{2,'B',75}};

B. STD tt[2]={1,"A",62,2,"",75};

C. struct tt[2]={{1,'A'},{2,'B'}};

D. struct tt[2]={{1,"A",62.5},{2,"B",75.0}};

4. 有以下程序：

```
main()
{
   union
   {
       unsigned  int  n;
       unsigned  char  c;
   }ul;
   ul.c='A';
   printf("%c\n",ul.n);
}
```

执行后输出结果是（　　）。

A. 产生语法错　　B. 随机值　　C. A　　D. 65

5. 以下程序的输出结果是（　　）。

```
union myun
{
   struct { int x,y,z;}u;
   int  k;
}a;
main(0
{
   a.u.x=4;a.u.y=5;a.u.z=6;
   a.k=0;
   printf("%d\n",a.u.x);
}
```

A. 4　　B. 5　　C. 6　　D. 0

6. 设有如下枚举类型定义：

```
enum language {Basic=3,Assembly=6,Ada=66,COBOL,Fortran};
```

枚举量 Fortran 的值为（　　）。

A. 4　　B. 7　　C. 67　　D. 68

二、简答题

1. 结构体和共用体的区别。

2. #define 和 typedef 的区别。

3. 定义一个枚举类型，枚举类型名为 choice，将枚举元素 no、yes 和 maybe 值分别设为0、1、2。

4.《伤寒论》中桂枝汤组成为：桂枝 9g，炙甘草 6g，生姜 9g，大枣 4 枚。请用结构体定义桂枝汤，并定义一个桂枝汤汤方。

三、编程题

1. 定义一个结构体表示年、月、日，给定一个日期，编写程序计算该日是该年的第几天。

2. 一个数组含有 10 个学生记录，每个学生记录都包括学号和出生年月，编写程序输出 10 个学生中年龄最大学生的记录（学号和出生年月）。

3. N 个人（按 1，2，3，…，N 编号）围成一圈，从 1~3 报数。凡报到 3 的人退出圈子，编写程序找出最后退出人的编号。

4. 设有 10 个产品销售记录，每个产品销售记录由产品代码 num（字符型 4 位）、产品名称 name（字符型 10 位）、单价 price（整型）、数量 amount（整型）、金额 sum（整型）5 部分组成。编写程序实现如下功能。

（1）写一函数 input()，输入 10 个产品记录（用结构数组表示）的产品代码、产品名称、单价、数量。

（2）编写函数 fun()，用于计算金额，计算公式为：金额=单价 × 数量。

（3）编写函数 SortDat()，其功能要求：10 个产品按金额从大到小进行排列。

第10章 文件

前面章节编写的程序中需要输入的数据都是由用户从键盘输入，程序运行结果也是直接在显示器显示的。在实际应用中，为了提高数据的处理效率，需要将数据（源数据或结果数据）永久保存起来，为程序的再次运行提供支持。为此，C语言提供了将数据存储在文件的功能。本章将介绍C语言中关于文件的相关操作。

10.1 文件的概念

10.1.1 示例问题：将某同学的C语言成绩保存到文本文件中（永久保存）

先看这样一个程序：

```
#include<stdio.h>
void main()
{
    float score;
    printf("请输入该学生的成绩：");
    scanf("%f",&score);
    printf("该学生的成绩是：%6.2f \n",score);
}
```

这是我们一直在使用的数据输入输出方式。但是，score 变量中的数据会随着程序的结束而消失，屏幕输出的数据也不可能永久保存在屏幕上，如果以后需要这个数据，就不得不重新输入。那该怎么办呢？值得高兴的是，C语言为我们提供了解决这一难题的办法：文件操作。下面的程序将学生的C语言成绩保存至student.txt文件中。

```
#include<stdio.h>
void main()
{
    float score;
    FILE *fp;
    fp=fopen("student.txt","w");
    printf("请输入该学生的成绩：");
```

```
    scanf("%f",&score);
    fprintf(fp,"%6.2f",score);
    fclose(fp);
}
```

在这一程序中，建立了一个名为“student.txt”的文件（与源文件在同一文件夹中），通过“fprintf(fp,"%6.2f",score);”语句将score变量的值输出到“student.txt”文件中保存起来。

10.1.2 文件是什么

文件是程序设计中的一个重要概念。通常文件就是存储在外部介质上的数据的集合。这个数据集有一个名称，即文件名。实际上在前面的学习中我们已经多次使用了文件，如：源程序文件（.c）、目标文件（.obj）、可执行文件（.exe）、库文件（头文件）（.h）等。文件通常是驻留在外部介质（如磁盘等）上的，在使用时才调入内存中来。

操作系统以文件为单位对数据进行管理，实行“按名存取”，也就是说，如果想寻找保存在外部介质上的数据，必须先按文件名找到指定的文件，然后从该文件中读取数据。向外部介质上存储数据也必须先以文件名标识建立一个文件，才能向它输出数据。上例中的“fopen("student.txt ","w");”即是如此。

10.1.3 文件的分类

从不同的角度可对文件做不同的分类。从用户的角度看，文件可分为普通文件和设备文件；从文件编码的方式看，文件可分为ASCII码文件和二进制码文件。

（1）普通文件和设备文件

普通文件是指驻留在磁盘或是其他外部介质上的一个有序数据集，也可以称为磁盘文件。按照保存的内容区分，磁盘文件可以分为程序文件和数据文件。对于源文件、目标文件、可执行文件都可以称作程序文件；而一组待输入处理的原始数据，或是一组输出结果可称作数据文件。程序文件的读写一般由系统完成，数据文件的读写由应用程序完成。

使用数据文件的好处如下。

① 数据文件的更改不会引起程序的改动——程序与数据分离。

② 不同程序可以访问同一数据文件中的数据——数据共享。

③ 数据文件能长期保存程序运行的中间数据或结果数据。

设备文件是指与主机相联的各种外部设备，如显示器、打印机、键盘等。操作系统把外部设备看作是一个文件进行管理，它们的输入、输出等同于对磁盘文件的读和写。通常把显示器定义为标准输出文件，一般情况下，在屏幕上显示信息就是向标准输出文件输出，如前面经常使用的printf、putchar函数就是这类输出。键盘通常被指定为标准的输入文件，从键盘上输入就意味着从标准输入文件上读取数据，scanf、getchar函数就属于这类输入。

C语言把文件看作一个字节序列，即由一个一个的字节数据顺序组成，称为“流”，以字节为单位处理，输入/输出数据流的开始和结束仅受程序控制而不受物理符号（如回车换行符）的控制，这种文件称为流式文件。

（2）ASCII码文件和二进制码文件

ASCII码文件也称为文本（text）文件，这种文件在磁盘中存放时每个字符对应一个字节，用于存放对应的ASCII码，输出时数据与字符一一对应，因而便于对字符进行逐个处理，但一般占用存储空间较多，而且要花费转换时间（二进制与ASCII码之间的转换）。例如，整数3579

的存储形式为：

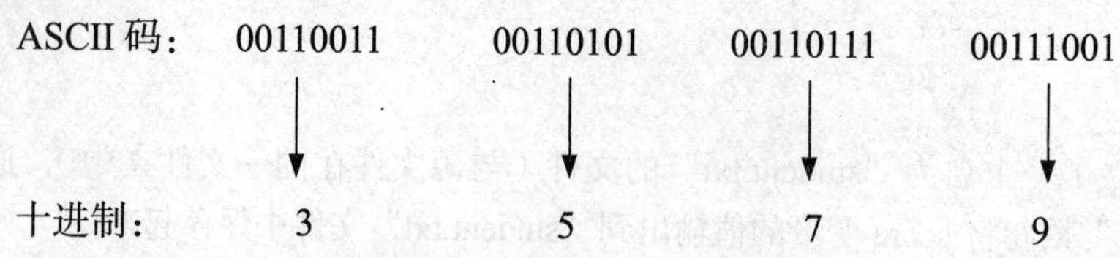

共占用 4 个字节。ASCII 码文件可在屏幕上按字符显示，例如 C 语言源程序文件就是 ASCII 码文件。

二进制文件是把内存中的数据按其在内存中的存储形式原样输出到磁盘上存放。例如，整数 3579 的存储形式为：00001101 11111011，只占两个字节。二进制文件可以节省存储空间和转换时间，但由于一个字节并不对应于一个字符，故不能直接输出字符形式。

10.1.4 C 语言对文件的处理方法

目前 C 语言所使用的磁盘文件系统有两大类：一类称为缓冲文件系统，又称为标准文件系统；另一类称为非缓冲文件系统。

缓冲文件系统是指系统在内存区为每一个正在使用的文件开辟一个缓冲区。所谓“缓冲区”，是系统在内存中为各文件开辟的一片存储区。内存向磁盘输出数据时，必须先将数据送到缓冲区，待装满缓冲区后才将数据送到磁盘。如果从磁盘向内存读入数据，则一次从磁盘文件中将一批数据读入到缓冲区（装满），然后再将缓冲区中的数据逐个送到程序数据区（给程序变量），如图 10-1 所示。缓冲区的大小随计算机及各个具体的 C 版本而定，一般为 512 字节。

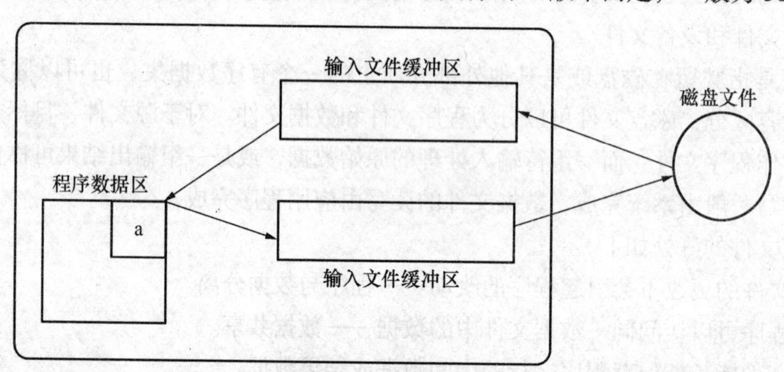

图 10-1　缓冲文件系统内存缓冲区示意图

非缓冲文件系统是指系统不自动开辟确定大小的缓冲区，而是程序为每个文件设定缓冲区。

在传统的 UNIX 系统下，用缓冲文件系统处理文本文件，用非缓冲文件系统处理二进制文件。1983 年 ANSI C 标准决定不采用非缓冲文件系统，而只采用缓冲文件系统，即用缓冲文件系统处理文本文件，又用它来处理二进制文件。也就是将缓冲文件系统扩充为可以处理二进制文件。本章主要讨论缓冲文件系统以及对文件的读写操作。

10.1.5 文件指针

在 C 语言中，系统为文件在内存中自动开辟一个缓冲区，用于存放文件的有关信息，如文件名、文件当前位置、与文件对应的内存缓冲区地址等。这些信息保存在一个结构体变量中，取名为 FILE，该结构体类型由系统定义在 stdio.h 文件里面，其形式为：

```
typedef struct
{
    int fd;                    /*文件号*/
    int cleft;                 /*缓冲区中剩下的字符*/
    int mode;                  /*文件操作模式*/
    char *nextc;               /*下一个字符位置*/
    char *buffer;              /*文件缓冲区位置*/
}FILE;
```

对于这个结构体类型的各个成员，我们不必弄清楚它们的具体含义和用法，因为在对文件进行操作时不需要直接存取和处理这个类型的各个成员。

在程序中，当需要对文件进行操作时，系统就会在内存中为此文件分配一个结构体名为 FILE 的存储单元。有几个文件，就分配几个这样的存储单元，分别用来存放各个文件的有关信息。这些结构体变量不用变量名来标识，而是通过指向结构体类型的指针变量去访问，这个指针称为文件指针。用该指针变量指向一个文件，通过指针就可对它所指向的文件进行各种操作。定义说明文件指针的一般形式为：

```
FILE *指针变量名;
```

小提示：定义说明文件指针时，“FILE”必须大写。

例如：

```
FILE *fp;
```

表示 fp 是指向 FILE 结构体的指针变量，通过 fp 即可找到存放某个文件信息的结构体变量，然后按照结构体变量提供的信息找到该文件，实施对文件的操作。习惯上也笼统地把 fp 称为指向一个文件的指针。

10.2 文件的打开与关闭

与其他高级语言一样，在 C 语言中，对文件进行操作之前，必须先打开该文件；当操作结束后，应该关闭该文件。

10.2.1 fopen 函数

在C语言中，打开一个文件需要调用库函数 fopen，其调用的一般形式为：

```
文件指针名=fopen("文件名","使用文件方式");
```

其中，“文件指针名”必须是被说明为 FILE 类型的指针变量（FILE *fp），“文件名”是被打开文件的文件名。“文件名”可以是字符串常量、字符型数组或字符型指针，也可以带路径，且必须用“”括起来。例如：

```
FILE *fp;
fp=fopen("file.txt","r");
```

表示以“只读”方式打开当前目录中的文件“file.txt”。fopen()函数返回值是指向文件“file.txt”的指针，赋值给文件指针 fp 后，fp 就指向了文件“file.txt”。

小提示：当所使用的文件与程序文件在同一目录下时，“文件名”可以直接用字符串给出，否则必须给出“文件名”所标识的盘符、路径，且根目录用“\\”表示。例如：

```
FILE *fp;
```

```
fp=fopen("c:\\test\file1.txt","r");
```

表示以“只读”方式打开 C 盘下 test 文件夹中的 file1.txt 文件，并将文件指针 fp 指向 file1.txt 文件。

“使用文件方式”是指文件的类型和操作要求，它规定了打开文件的目的，由 r、w、a、t、b、+六个字符组合而成，用“”括起来。各字符的含义如下：

r（read）：读。

w（write）：写。

a（append）：追加。

t（text）：文本文件，可省略不写。

b（banary）：二进制文件。

+：读和写。

在 C 语言中，常见的“使用文件方式”共有 12 种，如表 10-1 所示。

表 10-1　　文件使用方式及意义

文件使用方式	意　义
r（只读）	以只读方式打开一个文本文件
w（只写）	以只写方式打开一个文本文件
a（追加）	以追加方式打开一个文本文件
r+（读写）	以读/写方式打开一个文本文件
w+（读写）	以读/写方式建立一个新的文件
a+（读写）	以读/写方式打开一个文本文件
rb（只读）	以只读方式打开一个二进制文件
wb（只写）	以只写方式打开或新建一个二进制文件
ab（追加）	以追加方式打开一个二进制文件
rb+（读写）	以读/写方式打开一个二进制文件
wb+（读写）	以读/写方式打开或新建一个二进制文件
ab+（读写）	以读/写方式打开一个二进制文件

对于“使用文件方式”有以下几点说明。

（1）用“r”打开文件时，该文件必须存在，若指定文件不存在，则出错。当文件被成功打开后，文件的位置指针指向文件的起始处，失败则返回空指针。

（2）用“w”打开文件时，若打开的文件不存在，则以指定的文件名建立文件，若打开的文件已经存在，则将该文件删除后新建一个同名文件。当文件被成功打开后，文件的位置指针指向文件的起始处。

（3）若要向一个已经存在的文件追加新的信息，只能用“a”方式打开文件。但此时该文件必须存在，否则将出错。当文件被成功打开后，文件的位置指针指向文件的结尾处。

（4）在打开一个文件时，如果出错，fopen 将返回一个空指针 NULL。在程序中可以用这一信息来判断是否完成了打开文件的工作，并做相应处理。因此，常用以下程序段打开文件：

```
if((fp=fopen("file2","r"))==NULL)        /*以只读方式打开文件 file2 */
{
```

```
        printf("file2 failed to open!\n");        /*文件打开失败则输出提示信息*/
        getchar();                                /*等待任意字符的输入*/
        exit(0);                                  /*退出程序 */
}
```

这段程序的意义是：如果返回的指针为空，表示不能打开 file2 文件，则给出提示信息“file2 failed to open!”。下一行 getchar()的功能是从终端获取一个字符，其作用是等待，只有当用户输入一个任意字符后，程序才继续执行。因此用户可利用这个等待时间阅读出错提示，按任意键后执行 exit(1)退出程序。

（5）把一个文本文件读入内存时，需要将 ASCII 码转换成二进制码，而把文件以文本方式写入磁盘时，需要将二进制码转换成 ASCII 码，因此文本文件的读写要花费较多的转换时间。对二进制文件的读写不存在这种转换。

（6）程序开始运行时，系统自动打开 3 个文件：stdin（指向标准输入）、stdout（指向标准输出）、stderr（指向标准出错输出），即标准输入文件（键盘）、标准输出文件（显示器）、标准错误文件（出错信息）是由系统打开的，用户无须为其定义文件指针，可直接使用。

10.2.2　fclose 函数

对文件操作完成后，要将该文件关闭，否则可能造成文件中的数据丢失。关闭文件就是使文件指针不再指向该文件，同时将尚未写入磁盘的数据（缓冲区中的数据）写入磁盘，保证数据的完整性。文件关闭后，若想再使用该文件，则必须重新打开。

在 C 语言中，关闭一个文件需要调用库函数 fclose，其调用的一般形式为：

```
fclose（文件指针变量）;
```

如：

```
FILE *fp;
fclose(fp);
```

如果文件关闭成功，fclose 函数返回值为 0，否则返回 EOF(-1)。

【例 10.1】 文件的打开与关闭操作。

```
/* p10_1.c */
#include<stdio.h>
void main()
{
    FILE *fp;
       if((fp=fopen("mydata.txt","w"))==NULL)  /*以只写方式打开文件并判断是否成功*/
    {
        printf("mydata.txt failed to open!");
        getchar();
        exit(0);
    }
    else
    {
        printf("Mydata.txt opened successfully!");
            fclose(fp);                          /*关闭文件*/
    }
}
```

10.3 文件的顺序读写

对文件的读和写是最常用的文件操作。读操作是指从文件向内存输入数据的过程，写操作过程恰好相反，是指将内存中的数据输出到文件的过程。

文件的顺序读写是指对文件中数据的访问要按照数据在文件中的实际存放次序来进行，而不是以跳跃的方式来读取数据或在任意位置写入数据。当“打开”文件进行读/写操作时，一般总是从文件的开头开始，从头到尾顺序地读或写（以追加方式打开文件时，则是从文件尾部开始按顺序写文件）。

C 语言提供了多种文件的顺序读/写的函数。

字符读写函数：fgetc 和 fputc。

字符串读写函数：fgets 和 fputs。

格式化读写函数：fscanf 和 fprintf。

数据块读写函数：fread 和 fwrite。

在使用以上函数时，都要求包含头文件 stdio.h。

10.3.1 字符读写函数

1. 读字符函数 fgetc

fgetc 函数的功能是从文件中读取一个字符，调用结束时返回读取的字符，同时文件的位置指针将指向下一个字节的位置。函数调用格式为：

```
字符变量=fgetc（文件指针）;
```

例如：

```
    FILE *fp;
    char ch;
fp=fopen("file","r");
ch=fgetc(fp);
```

表示从文件指针 fp 指向的文件 file 中读取一个字符赋值给 ch。如果读取字符时文件已经结束，则返回一个文件结束标志 EOF。

对于 fgetc 函数的使用有以下几点说明。

（1）在 fgetc 函数调用中，读取的文件必须是以读或写方式打开的。

（2）读取字符的结果可以不向字符变量赋值，例如 fgetc(fp);，但是读出的字符不能保存。

（3）在文件内部有一个位置指针，用来指向文件的当前读写字节。在文件打开时，该指针总是指向文件的第一个字节，使用 fgetc 函数后，位置指针向后移动一个字节。因此可连续多次使用 fgetc 函数，读取多个字符。

小提示。

（1）文件指针和文件内部的位置指针不是一回事。文件指针是指向整个文件的，须在程序中定义说明，只要不重新赋值，文件指针的值是不变的。文件内部的位置指针是用来指示文件内部当前的读写位置，每读写一次，均向后移动，它不需要在程序中定义说明，由系统自动设置。

（2）每个文件末有一个结束标志 EOF（其值在头文件 stdio.h 中被定义为–1），当文件内部的位置指针指向 EOF 时，即表示文件结束。因此，我们可以用 EOF 来判断文件是否结束。

【例 10.2】 在屏幕上输出显示文件 file2.txt 的内容。

```
/* p10_2.c */
#include<stdio.h>
void main()
{
    FILE *fp;
    char ch;
    if((fp=fopen("file2.txt","r"))==NULL)        /*以只读方式打开文件并判断是否成功*/
    {
        printf("file2.txt failed to open!");
        getch();
        exit(0);
    }
    ch=fgetc(fp);                                /*从文件中读取一个字符赋值给 ch */
    while(ch!=EOF)                               /*判断文件是否结束*/
    {
        putchar(ch);                             /*在显示器上输出显示字符*/
        ch=fgetc(fp);
    }
    printf("\n");
    fclose(fp);                                  /*关闭文件*/
}
```

本程序的功能是从文件中逐个读取字符，在屏幕上显示。程序定义了文件指针 fp，以读的方式打开文件 file2.txt，并使 fp 指向该文件。如果打开文件出错，则给出提示并退出程序。如果文件打开正常，则通过 while 循环判断文件是否结束，并通过 putchar 函数逐个输出 fgetc 函数读取的字符。

由于字符的 ASCII 码不可能出现–1（EOF 的值为–1），故我们用“ch!=EOF”作为 while 循环的判断条件是合适的。但是在二进制文件中，有可能出现某一个数据为–1，而这恰好是 EOF 的值，如果还用 EOF 来判断文件是否结束，就会出错。所幸的是系统为我们提供了 feof 函数来判断文件是否真正结束，该函数的具体用法我们会在 10.5 节中做具体介绍。

2. 写字符函数 fputc

fputc 函数的功能是把一个字符写入文件中，同时文件的位置指针将指向下一个写入位置。函数调用格式为：

```
fputc（字符数据，文件指针）；
```

其中，字符数据可以是字符常量或变量。如果输出成功，函数的返回值是输出的字符；如果失败，则返回文件结束标志 EOF。

例如：fputc('a',fp)；表示将字符常量 a 写入文件指针 fp 所指向的文件中。

对于 fputc 函数的使用有以下几点说明。

（1）被写入的文件可以用写、读写、追加方式打开，用写或读写方式打开一个已存在的文件时将清除原有文件的内容，写入字符从文件首开始。如需保留原有文件内容，希望写入的字符从文件末开始存放，则必须以追加方式打开文件。被写入的文件若不存在，则创建该文件。

（2）每写入一个字符，文件内部位置指针向后移动一个字节。

【例 10.3】 从键盘输入字符，逐个存到磁盘文件中，直到输入“#”为止。

```
/* p10_3.c */
#include<stdio.h>
void main()
{
    FILE *fp;
    char ch;
    if((fp=fopen("out.txt","w"))==NULL)              /*打开文件并判断是否成功*/
    {
        printf("out.txt failed to open!");
        getch();
        exit(0);
    }
    printf("Please input string:");                  /*输出提示信息*/
      ch=getchar();
    while(ch!='#')                                    /*用"#"结束循环*/
    {
        fputc(ch,fp);                                 /*将字符写入文件*/
        putchar(ch);                                  /*将字符输出到显示器*/
           ch=getchar();
    }
    printf("\n");
    fclose(fp);                                       /*关闭文件*/
}
```

运行结果如下。

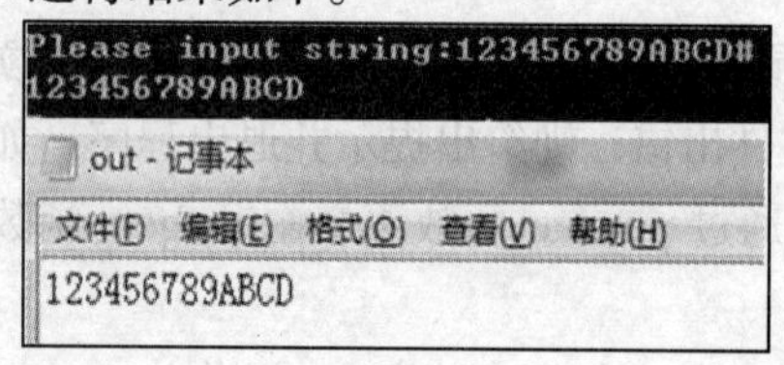

【例 10.4】 将磁盘文件上一个文件的内容复制到另一个文件中。

```
/* p10_4.c */
#include<stdio.h>
void main()
{
    FILE *in_fp,*out_fp;
    char ch;
    if((in_fp=fopen("infile.txt","r"))==NULL)           / *打开源文件并判断是否成功*/
    {
        printf("infile.txt failed to open!");
        getch();
        exit(0);
    }
    if((out_fp=fopen("outfile.txt","w"))==NULL)         /*打开目标文件并判断是否成功*/
    {
        printf("outfile.txt failed to open!");
        getch();
        exit(0);
    }
      ch=fgetc(in_fp);                                  /*从源文件中读取字符*/
```

```
    while(ch!=EOF)                                   /*判断文件是否结束*/
    {
        fputc(ch,out_fp);                            /*将字符写入目标文件*/
          ch=fgetc(in_fp);
    }
    printf("\n");
    fclose(in_fp);                                   /*关闭源文件*/
    fclose(out_fp);                                  /*关闭目标文件*/
}
```

小提示：为了书写方便，在 stdio.h 中，C 语言已把 fgetc 和 fputc 分别定义为宏名 putc（ ）和 getc（ ），因此在程序运行过程中，用 getc()和 fgetc()是一样的，用 putc()和 fputc()是一样的。一般可以把它们作为相同的函数来对待。

10.3.2　字符串读写函数

（1）读字符串函数 fgets

fgets 函数的功能是从文件中读一个字符串到字符数组中。函数调用格式为：

```
fgets(字符数组名,n,文件指针);
```

例如：fgets(str,n,fp);

其中，str 是字符数组名或字符数组指针，即字符串在内存中的地址；n 是一个整数，为读取字符的个数，表示从文件中读出的字符个数不超过 n–1，并在读入的最后一个字符后面加上串结束标志‘\0’；fp 为要读取文件的指针。所以，fgets(str,n,fp)表示从 fp 指向的文件中读 n–1 个字符送入字符数组 str 中。

关于 fgets 函数的两点说明如下。

① 在读出 n–1 个字符之前，如果遇到了换行符或 EOF，则读入结束。

② fgets 函数也有返回值，其返回值是字符数组的首地址。

【例 10.5】 从 file2.txt 中读取 10 个字符并输出。

```
/* p10_5.c */
#include<stdio.h>
void main()
{
    FILE *fp;
    char str[11];
    if((fp=fopen("file2.txt","r"))==NULL)
    {
        printf("file2.txt failed to open!");
        getch();
        exit(0);
    }
    fgets(str,11,fp);
    printf("%s\n",str);
    fclose(fp);
}
```

（2）写字符串函数 fputs

fputs 函数的功能是向文件写入一个字符串，字符串结束符‘\0’自动舍去，不写入文件中。函数调用格式为：

```
fputs(字符串,文件指针);
```

例如：fputs(str,fp);

其中，str 为要写入的字符串，可以是字符数组名或是指向字符串的指针变量，也可以是字符串常量，fp 是文件指针。该函数的功能是将 str 指向的字符串或字符串常量写入 fp 指向的文本文件中。如果调用成功，返回值为 0，否则为 EOF。

【例 10.6】 将字符串“Programming language：BASIC C# C++ PHP JAVA”写入文件 file3.txt。

```
/* p10_6.c */
#include<stdio.h>
void main()
{
    FILE *fp;
    char a[5][6]={"BASIC ","C# ","C++ ","PHP ","JAVA"};
    int k;
    if((fp=fopen("file3.txt","w"))==NULL)
    {
        printf("file3.txt failed to open!");
        getch();
        exit(0);
        }
        fputs("Programming language: ",fp);
      for(k=0;k<5;k++)
        fputs(a[k],fp);
    fclose(fp);
}
```

在程序中，用“w”方式打开文件 file3.txt，首先将字符串常量“Programming language:”写入文件，然后通过 for 循环将字符型二维数组 a 中的字符串写入文件。值得注意的是，写入时按照字符串中字符的实际个数写入，而不是按照数组定义的大小写入，且不写入字符串结束符。

10.3.3 格式化读写函数

格式化读写函数 fscanf 和 fprintf 与前面使用的 scanf 和 printf 函数的功能相似，两者的区别在于 fscanf 函数和 fprintf 函数的读写对象不是键盘和显示器，而是磁盘文件。

（1）格式化写函数 fprintf

fprintf 函数的功能是将输出列表中的数据按照格式字符串所规定的格式写入文件指针所指向的文件中。函数执行成功，返回值为实际写入的字符数，否则为负数。函数调用格式为：

```
fprintf(文件指针,格式字符串,输出列表);
```

例如：fprintf(fp,“%d%c”,j,k);

【例 10.7】 将某班学生的信息（包括学号、姓名及 3 科成绩）写入“student.txt”。

```
/* p10_7.c */
#include<stdio.h>
#include<stdlib.h>
struct student                          /*定义结构体*/

{
    char num[15];                       /*学号*/
    char name[10];                      /*姓名*/
    int English;                        /*英语成绩*/
```

```
    int Computer;                                          /*计算机成绩*/
    int Maths;                                             /*数学成绩*/
};
void main()
{
    struct student stu[50];                                /*定义结构体变量*/
    FILE *fp;
    int i,n;
    if((fp=fopen("student.txt","w"))==NULL)                /*打开文件并判断是否成功*/
    {
        printf("student.txt failed to open!");
        getch();
        exit(0);
    }
    printf("Input the num of students:");                  /*输出提示信息*/
    scanf("%d",&n);
    fprintf(fp,"%12s\t%10s\t%10s\t%10s\t%10s\t",\
    "Number","Name","English","Computer","Maths");
    /*将学生信息头部（即字段名）按格式写入文件，此部分可省略*/
    fputs("\n",fp);
    printf("Input the student information:\n"); /*输出提示信息*/
    for(i=0;i<n;i++)                                       /*通过循环从键盘输入学生信息*/
    {
        printf("No.=");
        scanf("%s",&stu[i].num);
        printf("Name=");
        scanf("%s",&stu[i].name);
        printf("English=");
        scanf("%d",&stu[i].English);
        printf("Computer=");
        scanf("%d",&stu[i].Computer);
        printf("Maths=");
        scanf("%d",&stu[i].Maths);
        fprintf(fp,"%12s\t%10s\t%10d\t%10d\t%10d\t",\
        stu[i].num,stu[i].name,stu[i].English,stu[i].Computer,stu[i].Maths);
        /*将数据按格式写入文件*/
        fputs("\n",fp);
    }
    fclose(fp);                                            /*关闭文件*/
}
```

运行结果如下。

```
Input the num of students:2
Input the student information:
No.=201201020103
Name=chenli
English=95
Computer=91
Maths=85
No.=201201020123
Name=wangwei
English=84
Computer=90
Maths=98
```

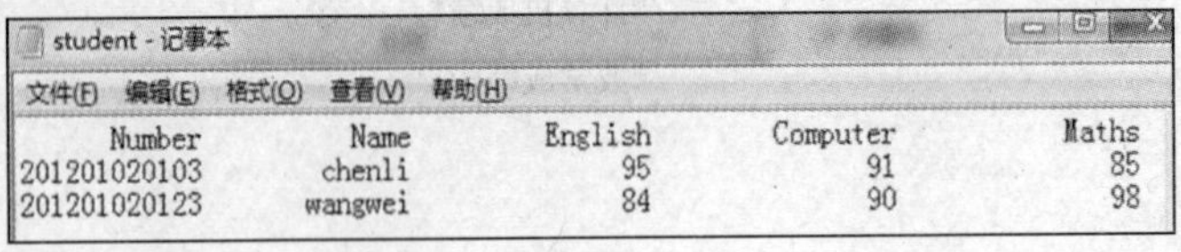

```
student - 记事本
文件(F) 编辑(E) 格式(O) 查看(V) 帮助(H)
    Number        Name        English      Computer      Maths
201201020103     chenli          95           91           85
201201020123     wangwei         84           90           98
```

（2）格式化读函数 fscanf

fscanf 函数的功能是从文件指针指向的文件中读取数据，按格式字符串所规定的格式将数据赋给输入列表中对应的变量。函数执行成功，返回值为实际读取的数据个数，否则为 EOF 或 0。函数调用格式为：

```
fscanf(文件指针,格式字符串,输入列表);
```

例如：fscanf(fp,"%s%d", s, &a);

【例 10.8】 在屏幕上显示例 10.7 中“student.txt”文件的内容。

```
/* p10_8.c */
#include<stdio.h>
void main()
{
    char t_num[20],t_name[20],t_English[20],t_Computer[20],t_Maths[20];
    FILE *fp;
    if((fp=fopen("student.txt","r"))==NULL)
    {
        printf("student.txt failed to open!");
        getch();
        exit(0);
    }
    printf("The file is:\n");
      while(fscanf(fp,"%s\t%s\t%s\t%s\t%s\n",t_num,t_name,t_English,t_Computer,
t_Maths)\
      !=-1)
    {
      printf("%12s\t%10s\t%10s\t%10s\t%10s\n",\
      t_num,t_name,t_English,t_Computer,t_Maths);
    }
    fclose(fp);
}
```

运行结果如下。

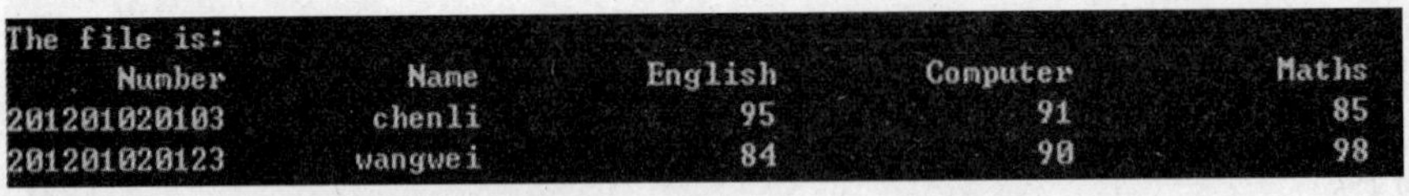

```
The file is:
      Number          Name         English        Computer         Maths
201201020103        chenli              95              91            85
201201020123       wangwei              84              90            98
```

10.3.4 数据块读写函数

C 语言提供了用于整块数据的读写函数。可以用来读写一组数据，如一个数组元素、一个结构体变量的值等。

（1）数据块读函数 fread

fread 函数的作用是从已经打开的文件中读取数据到内存缓冲区中。函数调用格式为：

```
fread(buffer,size,count,fp);
```

例如：fread(&stu[i],sizeof(struct student),1,fp);

其中，buffer 为从文件中读取的数据在内存中存放的起始地址；size 为一次读取的字节数；

count 为读取次数；fp 为文件指针。

该函数的功能是从文件指针所指向的文件中，读取 size*count 个字节存放到 fp 所指的内存单元中。函数执行成功时，返回值为实际读出的数据项个数，否则出错。

（2）数据块写函数 fwrite

fwrite 函数的作用是将内存缓冲区中的数据写入文件指针指向的文件中。函数调用格式为：

```
fwrite (buffer, size, count, fp) ;
```

例如：fwrite(&s[i],sizeof(struct student),1,fp);

其中，buffer 是一个指针，表示存放输出数据的首地址，可以是数组名或是指向数组的指针；size 为一次要写入的字节数；count 为写入次数；fp 为文件指针。

该函数的功能是从 buffer 指向的内存中取出 count 个数据项写入 fp 指向的文件中，每个数据项的长度为 size，即总共写入 size*count 个字节数据。函数执行成功时，返回值为实际写入的数据项个数，否则出错。

【例 10.9】 从键盘输入以下 2 个方剂数据，并转存到磁盘文件中。

方剂 1：

【方源】太平惠民和剂局方

【方名】四君子汤

【功效】益气健脾

【组成】人参、白术、茯苓（各 9g），炙甘草（6g）

【用法】共为细末，每次 15g，水煎服

方剂 2：

【方源】内外伤辨惑论

【方名】当归补血汤

【功效】补气生血

【组成】黄芪一两（30g），酒当归二钱（6g）

【用法】水煎 3 次，早、午、晚空腹时温服

```
/* p10_9.c */
#include<stdio.h>
#define SIZE 2
struct recipe
{
    char source[30];                    /*方源*/
    char name[20];                      /*方名*/
    char effect[20];                    /*功效*/
    char comprise[50];                  /*组成*/
    char direction[50];                 /*用法*/
    char a;                             /*定义一个字符变量存放回车符*/
}g_rec[SIZE];                           /*定义结构体变量*/
void save()                             /*存数据（函数）：将键盘输入的信息写入文件*/
{
    FILE *fp;
    int i;
    if((fp=fopen("gm_recipe.txt","w"))==NULL)       /*打开文件并判断是否成功*/
```

```
    {
        printf("gm_recipe.txt failed to open!");
        getch();
        exit(0);
    }
    for(i=0;i<SIZE;i++)
        if(fwrite(&g_rec[i],sizeof(struct  recipe),1,fp)!=1)
          /*将一个结构体变量的所有数据写入文件*/
            printf("write error!\n");
    fclose(fp);        /*关闭文件*/
}
void display()        /*读数据（函数）：从文件中读取数据并输出到显示器*/
{
    FILE *fp;
    int i;
    if((fp=fopen("gm_recipe.txt","r"))==NULL)          /*打开文件并判断是否成功*/
    {
        printf("gm_recipe.txt failed to open!");
        getch();
        exit(0);
    }
    for(i=0;i<SIZE;i++)
    {
        fread(&g_rec[i],sizeof(struct recipe),1,fp);  /*读取一个结构体变量的所有数据*/
          printf("%s\n%s\n%s\n%s\n%s\n",g_rec[i].source,\
          g_rec[i].name,g_rec[i].effect,g_rec[i].comprise,g_rec[i].direction);
          printf("\n");
    }
  fclose(fp);        /*关闭文件*/
}
void main()        /*主函数*/
{
    int i;
        for(i=0;i<SIZE;i++)
    {
        printf("input the recipe of no.%d \n",i+1);
          printf("方源：");
          scanf("%s",g_rec[i].source);
        printf("方名：");
        scanf("%s",g_rec[i].name);
          printf("功效：");
        scanf("%s",g_rec[i].effect);
          printf("组成：");
        scanf("%s",g_rec[i].comprise);
        printf("用法：");
        scanf("%s",g_rec[i].direction);
        g_rec[i].a='\n';
    }
```

```
        save();                    /*调用存数据函数*/
        display();                 /*调用读数据函数*/
    }
```

程序运行结果如下。

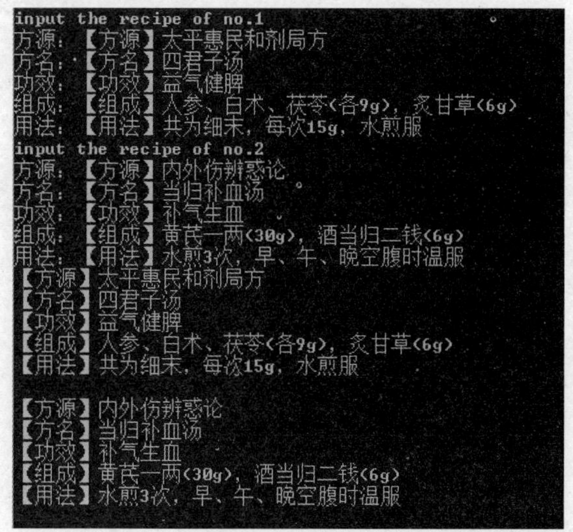

该程序用结构体中的数组元素分别定义方剂中的方源、方名、功效、组成和用法，通过 fwrite 函数将每个结构体变量中的所有数据以块的方式写入文件，同时利用 fread 函数读出每个结构体变量中的全部数据。

10.4　文件的随机读写

前面介绍的对文件的读写方式都是顺序读写，读写文件只能从头开始，即要读第 N 个字节，先要读取前 N–1 个字节，而不能一开始就读到第 N 个字节。但在实际问题中常常要求只读写文件中某一指定的部分。为了解决这一问题，C 语言提供了文件的随机读写。所谓“文件的随机读写”，是指将文件内部的位置指针移动到需要读写的位置，再进行读写。实现随机读写的关键是按要求移动位置指针，也称为文件的定位。

（1）重返文件头函数 rewind

rewind 函数的功能是把文件内部的位置指针移动到文件的起始位置，并清除文件结束标志和出错标志。若 fp 已指向一个正确打开的文件，函数调用格式为：

```
rewind(fp);
```

（2）指针位置移动函数 fseek

fseek 函数用来移动文件内部位置指针，将文件指针重新定位，并清除文件结束标志。函数调用成功，则返回 0，否则返回非零。函数调用格式为：

```
fseek(文件指针，位移量，起始点);
```

其中，“文件指针”指向被移动的文件；“位移量”表示移动的字节数，ANSI C 规定在位移量的末尾加上字母 L 表示位移量是 long 型数据，以便在读写大于 64K 的文件时不会出错；"起始点"表示从何处开始计算位移量，规定的"起始点"值只能用下列符号或数字表示。

文件开头用 SEEK_SET 或 0 表示。

文件当前位置用 SEEK_CUR 或 1 表示。

文件末尾用 SEEK_END 或 2 表示。

例如：

```
fseek(fp,100L,0);          /*将位置指针从文件开始处向后移动 100 个字节*/
fseek(fp,-50L,2);          /*将位置指针从文件末尾处向前移动 50 个字节*/
fseek(fp,-10L,1);          /*将位置指针从当前位置向前移动 10 个字节*/
fseek(fp,10L,1);           /*将位置指针从当前位置向后移动 10 个字节*/
```

【例 10.10】在屏幕上显示例 10.9 中 gm_recipe.txt 文件的第 2 个方剂数据。

```
/* p10_10.c */
#include<stdio.h>
#define SIZE 2
struct recipe
{
    char source[30];            /*方源*/
    char name[20];              /*方名*/
    char effect[20];            /*功效*/
    char comprise[50];          /*组成*/
    char direction[50];         /*用法*/
    char a;                     /*定义一个字符变量存放回车符*/
}g_rec[SIZE];
void main()
{
    FILE *fp;
    int i=1;
/*i 用来确定移动的数据块个数，当 gm_recipe.txt 文件中方剂数据较多时，i 可以要求用户输入，以增加程序的智能效果*/
    if((fp=fopen("gm_recipe.txt","r"))==NULL)     /*打开文件并判断是否成功*/
    {
        printf("gm_recipe.txt failed to open!");
        getch();
        exit(0);
    }
    fseek(fp,i*sizeof(struct recipe)*1L+1,0);
     /*将位置指针从文件开始处向后移动 i*sizeof(struct recipe)*1L+1 个字节*/
    fread(&g_rec[i],sizeof(struct recipe),1,fp);
     /*读取一个结构体变量的所有数据*/
     printf("%s\n%s\n%s\n%s\n%s\n",g_rec[i].source,\
     g_rec[i].name,g_rec[i].effect,g_rec[i].comprise,g_rec[i].direction);
/*输出数据*/
    printf("\n");
    fclose(fp);     /*关闭文件*/
}
```

程序运行结果如下。

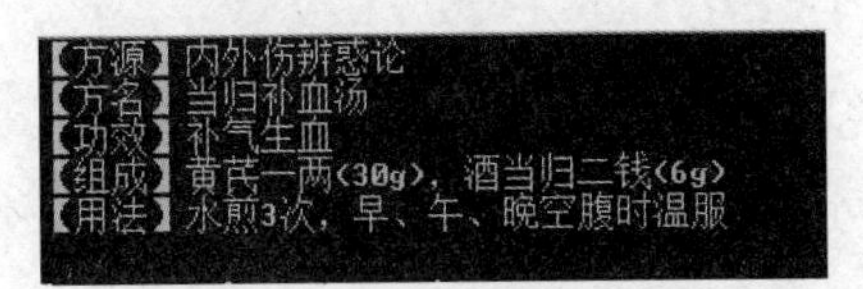

（3）取指针当前位置函数 ftell

ftell 函数的功能是返回文件指针的当前位置。由于在文件的随机读写过程中，位置指针不断移动，往往很难确定其当前位置，这时就可以使用 ftell 函数得到文件指针的当前位置。ftell 函数返回值为一个长整型数，表示当前位置相对于文件头的字节数，出错时返回-1L。若 fp 已指向一个正确打开的文件，函数调用格式为：

```
long k;
k=ftell (fp);
```

10.5　文件操作的错误检测

C 标准中提供了一些用于出错检测的函数。

（1）ferror 函数

ferror 函数的功能是当系统调用输入输出函数时，用于出错检测。函数调用格式为：

```
ferror（文件指针）;
```

如果函数返回值为 0，表示未出错；否则表示出错。值得注意的是，对同一个文件，每一次调用输入输出函数，均产生一个新的 ferror 函数值，因此，应在调用一个输入输出函数结束后立刻检查 ferror 的值，否则信息会丢失。

（2）clearerr 函数

clearerr 函数的功能是将文件的错误标志和文件结束标志置 0。函数调用格式为：

```
clearerr（文件指针）;
```

（3）feof 函数

在文本文件中，C 编译系统定义 EOF 为文件结束标志，其值为-1。由于 ASCII 码不可能取负值，所以它在文本文件中不会产生冲突。但是在二进制文件中，-1 有可能是一个有效数据。为此，C 编译系统定义了 feof 函数用做二进制文件的结束标志。函数调用格式为：

```
feof（文件指针）;
```

如果文件指针处于文件结束位置，函数返回值为 1，否则为 0。

【例 10.11】 将 a.dat 中的数据输出显示。

```
/* p10_11.c */
#include<stdio.h>
void main()
{
FILE *fp;
    char ch;
    if((fp=fopen("a.dat","r"))==NULL)      /*打开文件并判断是否成功*/
    {
        printf("a.dat failed to open!");
        getch();
        exit(0);
    }
```

```
        ch=getc(fp);
    while(!feof(fp))                        /*用 feof 函数检测文件是否结束*/
    {
        putchar(ch);
        ch=getc(fp);
    }
    putchar('\n');
        fclose(fp);                         /*关闭文件*/
}
```

10.6 应用与提高

本章开篇的时候，提出了这样一个问题：将某同学的 C 语言成绩保存到文本文件中（永久保存）。通过这一章的学习，我们已经能够利用文件的相关函数很好地处理它。那么，我们在前面的各章节应用提高篇中完成的成绩管理系统，是否也可以将学生的成绩数据保存到文本文件中呢？答案是肯定的。

在前 9 章中，我们完成了成绩录入、成绩删除、成绩查询、成绩修改、成绩插入、成绩统计、成绩排序和成绩输出等功能的设计及代码编写。但是，以上所有功能生成的数据都是“一次性”的，并没有永久保存。每次启动系统，都必须先录入成绩（原始数据），然后才能对成绩（数据）做相应的操作。在本节中，我们将改变这一状态，完成数据（原始数据或处理后的数据）的文件读取和文件保存。

（1）功能要求如下。

① 成绩读入：完成对初始数据的读取。

如果系统原来已经处理过学生成绩并以文件形式保存在系统指定的位置，系统再一次启动后，系统会自动将原来处理过的学生成绩读入到链表中。

② 成绩保存：完成对处理后数据的保存，便于下次读取。

用户在对学生成绩进行处理后，可以直接选择保存功能将处理后的成绩保存在指定的文件中，或用户在退出系统前根据系统的提示保存已处理过的学生成绩。

（2）设计如下。

① openFile( )。

函数原型：void openFile(Link stu)。

函数功能：将文件中的学生成绩记录读入到链表中。

② Save ( )。

函数原型：void Save(Link stu)。

函数功能：将链表中的学生成绩记录保存至文件。

（3）代码实现。

```
/*数据保存到文件*/
void Save(Link stu)
{
    FILE* fp;
    Node *p;
    int count=0;
```

```
    fp=fopen("c:\\performance management\\student","wb");
      /*以只写方式打开文件 student */
    if(fp==NULL)     /*如果打开文件失败则返回函数调用处*/
    {
        printf("\n    系统提示：数据文件打开错误!\n");
        getchar();
        return ;
    }
    p= stu ->next;
    while(p)
    {
        if(fwrite(p,sizeof(Node),1,fp)==1)/*每次写一条记录或一个节点信息至文件*/
        {
            p=p->next;
            count++;
        }
        else
            break;
    }
    if(count>0)
    {
        getchar();
        printf("\n    系统提示：文件保存完成,保存记录总数:%d\n",count);
        getchar();
        saveflag=0;
    }
    else
    {
        printf("    系统提示：没有要保存的记录!\n");
        getchar();getchar();
    }
    fclose(fp);
}
/*打开文件，并将文件中成绩记录保存在链表中*/
void openFile(Link stu)
{
    FILE *fp;
    Node *p, *r ;
    int count=0; /*保存取出记录的数量*/
    fp=fopen("c:\\performance management\\student ","ab+");
    if(fp==NULL)
    {
        printf("\n    系统提示：文件打开失败!\n");
        exit(0);
    }
    r= stu;
    while(!feof(fp))
    {
        p=(Node*)malloc(sizeof(Node));
        if(!p)
        {
```

```
            printf("    系统提示：内存申请失败！\n");
            exit(0);
        }
        if(fread(p,sizeof(Node),1,fp)==1)      /*每次从文件中读取一条学生记录*/
        {
            p->next=NULL;
            r->next=p;
            r=p;                               /*r 指针向后移一个位置*/
            count++;
        }
    }
    fclose(fp);
    printf("\n    系统提示：文件已成功打开！共有 %d 条记录 。\n",count);
    getchar();
}
/*主函数，在主函数中调用了前面各章节编写的各功能函数及本节完成的 2 个函数*/
void main()
{
    Link stu;                          /*定义链表*/
    int select;                        /*保存用户输入的功能模块编号*/
    char ch;                           /*保存用户输入的"是否保存" 标志：y,Y,n,N*/
    stu=(Node*)malloc(sizeof(Node));
    if(!stu)
    {
        printf("\n    系统提示：内存申请失败！");
        return ;                       /*返回主界面*/
    }
    stu ->next=NULL;
    openFile(stu);                     /*打开文件，并将文件中的记录保存到 stu 链表中*/
    menu();
    while(1)
    {
        menu();
        printf("\n    系统提示：请输入您的选择(0~9):");          /*显示提示信息*/
        scanf("%d",&select);
        if(select==0)
        {
        if(saveflag==1)              /* saveflag 为全局变量，标记数据是否有修改*/
            {
                getchar();
                printf("\n    系统提示：是否保存修改?(Y/N):");
                scanf("%c",&ch);
                if(ch=='y'||ch=='Y')
                Save(stu);
            }
            printf("    感谢您使用学生成绩管理系统!");
            getchar();
            break;
        }
```

```
        switch(select)
        {
            case 1:Add(stu);break;                  /*增加*/
            case 2:Del(stu);break;                  /*删除*/
            case 3:Qur(stu);break;                  /*查询*/
            case 4:Modify(stu);break;               /*修改*/
            case 5:Insert(stu);break;               /*插入*/
            case 6:Tongji(stu);break;               /*统计*/
            case 7:Sort(stu);break;                 /*排序*/
            case 8:Save(stu);break;                 /*保存*/
            case 9: Disp(stu);break;                /*显示*/
            default: Wrong();getchar();break;       /*按键有误，必须为数值 0~9*/
        }
    }
}
```

10.7 本章小结

文件是程序设计中一个非常重要的概念，本章介绍了文件的基本概念，文件的打开方式，文件读写函数与错误检测函数的功能。

在 C 语言中，对磁盘文件的操作必须先打开，后读写，最后关闭。文件的打开和关闭用 fopen 函数、fclose 函数实现。常用的顺序读写函数有：字符读写函数 fgetc（getc）和 fputc（putc），字符串读写函数 fgets 和 fputs，格式化读写函数 fscanf 和 fprintf，数据块读写函数 fread 和 fwrite。

文件的位置指针指出了文件当前的读写位置，每读写一次后，位置指针自动指向下一个新的位置。一般文件的读写都是顺序读写，就是从文件的开头开始，按从前往后的顺序读写数据（以追加方式打开文件时，则是从文件尾开始写数据）。实际问题中，我们常常需要进行随机读写，这时需要通过移动文件的位置指针来定位读写位置。常用的随机读写函数有：重返文件头函数 rewind，指针位置移动函数 fseek，取指针当前位置函数 ftell。

常用的出错检测函数有：ferror、clearerr、feof。

希望读者能够掌握并灵活运用这些函数。

习题十

一、选择题

1. 若 fp 是指向某文件的指针，且已读到文件的末尾，则表达式 feof（fp）的返回值是（　　）。

A. EOF　　B. 1　　C. 非零值　　D. NULL

2. C 语言可以处理的文件类型是（　　）。

A. 文本文件和数据文件　　B. 文本文件和二进制文件

C. 数据文件和二进制文件　　D. 数据代码文件

3. C 语言中文件的存取方式（　　）。

A. 只能顺序存取　　B. 只能随机存取

C. 可以顺序存取，也可以随机存取　　D. 只能从文件的开头存取

4. 若要打开 D 盘上 user 子目录下名为 date.txt 的文本文件进行读、写操作，下面函数调用正确的是（　　）。

A. fopen("D:\user\date.txt", "r")　　B. fopen("D:\\user\\date.txt", "r+")

C. fopen("D:\user\date.txt", "rb")　　D. fopen("D:\\user\\date.txt", "w")

5. 以下程序的输出结果是（　　）。

```
#include<stdio.h>
main()
{
    FILE *fp;
    int i,k=0,n=0;
    fp=fopen("t.dat","w");
    for(i=0;i<4;i++)fprintf(fp,"%d",i);
    fclose(fp);
    fp=fopen("t.dat","r");
    fscanf(fp,"%d%d",&k,&n);
    printf("%d,%d\n",k,n);
    fclose(fp);
}
```

A. 0,0　　B. 0123,0　　C. 123,0　　D. 0,1

6. 以下程序的输出结果是（　　）。

```
#include<stdio.h>
main()
{
    FILE *fp;
    int i,a[4]={1,2,3,4},b;
    fp=fopen("data.dat","wb");
    for(i=0;i<4;i++)fwrite(&a[i],sizeof(int),1,fp);
    fclose(fp);
    fp=fopen("data.dat","rb");
    fseek(fp,-2L*sizeof(int),2);
    fread(&b,sizeof(int),1,fp);
    printf("%d\n",b);
    fclose(fp);
}
```

A. 4　　B. 3　　C. 2　　D. 1

二、填空题

1. 以下程序由终端输入一个文件名，然后把终端输入的字符一次存放到该文件中，以#作为结束输入的标志。

```
#include<stdio.h>
main()
{
    FILE *fp;
    char ch,fname[20];
    printf("Input name of file\n");
    gets(fname);
```

```
    if((fp=________)==NULL)
    {
        printf("Cannot open file\n");
        getch();
        exit(0);
    }
    printf("Enter Data\n");
      while((ch=getchar())!='#')
        fputc(________,fp);
    fclose(fp);
}
```

2. 以下程序用来统计文件中字符的个数。

```
#include<stdio.h>
main()
{
    FILE *fp;
    long num=0;
    if((fp=fopen("t1.txt","r"))==NULL)
    {
        printf("Cannot open file\n");
        getch();
        exit(0);
    }
    while(________)
    {
        fgetc(fp);
        num++;
    }
    printf("num=%d\n",________);
    fclose(fp);
}
```

三、编程题

1. 编写程序：求100以内的素数，分别将它们输出到显示器屏幕和x.txt文件中，要求每行6个数。

2. 编写程序：读出上题中x.txt中的数据，将它们以每行6个数输出到屏幕，并计算和显示输出它们的和。

附录A 常用字符与ASCⅡ代码对照表

ASCⅡ值	字符	控制字符	ASCⅡ值	字符	ASCⅡ值	字符	ASCⅡ值	字符
000	(null)	NUL	032	(space)	064	@	096	'
001	☺	SOH	033	!	065	A	097	a
002	●	STX	034	"	066	B	098	b
003	♥	ETX	035	#	067	C	099	c
004	♦	EOT	036	$	068	D	100	d
005	♣	END	037	%	069	E	101	e
006	♠	ACK	038	&	070	F	102	f
007	●	BEL	039	'	071	G	103	g
008	◘	BS	040	(	072	H	104	h
009	○	HT	041	)	073	I	105	i
010	■	LF	042	*	074	J	106	j
011	♂	VT	043	+	075	K	107	k
012	♀	FF	044	,	076	L	108	l
013	↙	CR	045	-	077	M	109	m
014	♬	SO	046	.	078	N	110	n
015	¤	SI	047	/	079	O	111	o
016	►	DLE	048	0	080	P	112	p
017	◄	DC1	049	1	081	Q	113	q
018	↨	CD2	050	2	082	R	114	r
019	!!®	DC3	051	3	083	S	115	s
020	¶	DC4	052	4	084	T	116	t
021	§	NAK	053	5	085	U	117	u
022	▬	SYN	054	6	086	V	118	v
023	↨	ETB	055	7	087	W	119	w
024	↑	CAN	056	8	088	X	120	x
025	↓	EM	057	9	089	Y	121	y
026	→	SUB	058	:	090	Z	122	z
027	←	ESC	059	;	091	[	123	{
028	∟	FS	060	<	092	\	124	|
029	♦	GS	061	=	093	]	125	}
030	▲	RS	062	>	094	^	126	~
031	▼	US	063	?	095	_	127	⌂

续表

ASCⅡ值	字符	ASCⅡ值	字符	ASCⅡ值	字符	ASCⅡ值	字符
128	€	160	á	192	└	224	A
129	ü	161	í	193	┴	225	B
130	é	162	ó	194	┬	226	Γ
131	â	163	ú	195	├	227	π
132	ä	164	ñ	196	─	228	Σ
133	à	165	Ñ	197	┼	229	σ
134	å	166	ª	198	╞	230	μ
135	ç	167	º	199	╟	231	τ
136	ê	168	¿	200	╚	232	Φ
137	ë	169	⌐	201	╔	233	θ
138	è	170	¬	202	╩	234	Ω
139	Ï	171	½	203	╦	235	δ
140	Î	172	¼	204	╠	236	∞
141	Ì	173	¡	205	═	237	∮
142	Ä	174	«	206	╬	238	∈
143	Å	175	»	207	╧	239	∩
144	É	176	░	208	╨	240	≡
145	Æ	177	▒	209	╤	241	±
146	Æ	178	▓	210	╥	242	⩾
147	Ô	179	│	211	╙	243	⩽
148	Ö	180	┤	212	╘	244	⌠
149	Ò	181	╡	213	╒	245	⌡
150	û	182	╢	214	╓	246	÷
151	ù	183	╖	215	╫	247	≈
152	ÿ	184	╕	216	╪	248	°
153	Ö	185	╣	217	┘	248	•
154	Ü	186	║	218	┌	250	·
155	¢	187	╗	219	█	251	√
156	£	188	╝	220	▄	252	Π
157	¥	189	╜	221	▌	253	Z
158	Pts	190	╛	222	▐	254	■
159	ƒ	191	┐	223	▀	255	(blank 'FF')

附录 B 基本库函数

B.1 数学函数

使用数学函数时，应该在源文件中使用以下文件包含命令：#include <math.h>或#include " math.h "。

函数原型	用途
int abs(int i)	返回整型参数 i 的绝对值
double exp(double x)	返回指数函数 e^x 的值
double log(double x)	返回 $\log_e x$ 的值
Double log10(double x)	返回 $\log_{10} x$ 的值
double pow(double x double y)	返回 x^y 的值
double sqrt(double x)	返回$+\sqrt{x}$ 的值
double acos(double x)	返回 x 的反余弦 cos−1(x)值，x 为弧度
double asin(double x)	返回 x 的反正弦 sin−1(x)值，x 为弧度
double atan(double x)	返回 x 的反正切 tan−1(x)值，x 为弧度
double cos(double x)	返回 x 的余弦 cos(x)值，x 为弧度
double sin(double x)	返回 x 的正弦 sin(x)值，x 为弧度
double tan(double x)	返回 x 的正切 tan(x)值，x 为弧度
double ceil(double x)	返回不小于 x 的最小整数
double floor(double x)	返回不大于 x 的最大整数
int rand()	产生一个随机数并返回这个数
double fmod(double x, double y)	返回 x/y 的余数

B.2 字符串函数

ANSI C 标准要求在使用字符串函数时，在源文件中使用文件包含命令：#include <string.h>或#include " string.h "。但有的 C 编译不遵循 ANSI C 标准的规定，而用其他的名称的头文件，使用时请查阅有关资料。

函数原型	用途
char stpcpy(char *dest,const char *src);	将字符串 src 复制到 dest
char strcat(char *dest,const char *src);	将字符串 src 添加到 dest 末尾
char strchr(const char *s,int c);	检索并返回字符 c 在字符串 s 中第一次出现的位置
int strcmp(const char *s1,const char *s2);	比较字符串 s1 与 s2 的大小，并返回 s1–s2
char strcpy(char *dest,const char *src);	将字符串 src 复制到 dest
size_t strcspn(const char *s1,const char *s2);	扫描 s1，返回在 s1 中有，在 s2 中也有的字符个数
int stricmp(const char *s1,const char *s2);	比较字符串 s1 和 s2，并返回 s1–s2
size_t strlen(const char *s);	返回字符串 s 的长度
char strlwr(char *s);	将字符串的内容转换成小写，并返回转换后的字符串
int strncmp(const char *s1,const char *s2,size_t maxlen);	比较字符串 s1 与 s2 中的前 maxlen 个字符
Char strncpy(char *dest,const char *src,size_t maxlen);	复制 src 中的前 maxlen 个字符到 dest 中
char strnset(char *s,int ch,size_t n);	将字符串 s 的前 n 个字符置于 ch 中
char strrev(char *s);	逆序输出字符 s
char strstr(const char *s1,const char *s2);	扫描字符串 s2，并返回第一次出现 s1 的位置
char strupr(char *s);	将字符串的内容转换成大写，并返回转换后的字符串

B.3 时间日期函数

使用日期函数时，应该在源文件中使用以下文件包含命令：#include <time.h>或#include " time.h "。

函数原型	用途
char *ctime(long *clock)	本函数把 clock 所指的时间（如由函数 time 返回的时间）转换成下列格式的字符串:Mon Nov 21 11:31:54 1983\n\0
char *asctime(struct tm *tm)	本函数把指定的 tm 结构类的时间转换成下列格式的字符串: Mon Nov 21 11:31:54 1983\n\0
double difftime(time_t time2,time_t time1)	计算结构 time2 和 time1 之间的时间差距（以秒为单位）
struct tm *gmtime(long *clock)	本函数把 clock 所指的时间（如由函数 time 返回的时间）转换成格林威治时间,并以 tm 结构形式返回
void getdate(struct date *dateblk)	本函数将计算机内的日期写入结构 dateblk 中以供用户使用
void setdate(struct date *dateblk)	本函数将计算机内的日期改成由结构 dateblk 所指定的日期
void gettime(struct time *timep)	本函数将计算机内的时间写入结构 timep 中，以供用户使用
void settime(struct time *timep)将计算	本函数机内的时间改为由结构 timep 所指的时间
long time(long *tloc)	本函数给出自格林威治时间 1970 年 1 月 1 日凌晨至现在所经过的秒数,并将该值存于 tloc 所指的单元中
int stime(long *tp)	本函数将 tp 所指的时间（例如由 time 所返回的时间）写入计算机中

B.4 类型转换函数

函数原型	用途
double atof(char *nptr)	将字符串 nptr 转换成浮点数并返回这个浮点数
double atoi(char *nptr)	将字符串 nptr 转换成整数并返回这个整数
double atol(char *nptr)	将字符串 nptr 转换成长整数并返回这个整数
char *ecvt(double value,int ndigit,int *decpt,int *sign)	将浮点数 value 转换成字符串并返回该字符串
char *gcvt(double value,int ndigit,char *buf)	将数 value 转换成字符串并存于 buf 中，返回 buf 的指针
char *ltoa(long value,char *string,int radix)	将长整型数 value 转换成字符串并返回该字符串，radix 为转换时所用基数
char *itoa(int value,char *string,int radix)	将整数 value 转换成字符串存入 string，radix 为转换时所用基数
double atof(char *nptr)	将字符串 nptr 转换成双精度数，并返回这个数,错误返回 0
int atoi(char *nptr)	将字符串 nptr 转换成整型数，并返回这个数，错误返回 0
long atol(char *nptr)	将字符串 nptr 转换成长整型数，并返回这个数,错误返回 0
double strtod(char *str,char **endptr)	将字符串 str 转换成双精度数，并返回这个数
long strtol(char *str,char **endptr,int base)	将字符串 str 转换成长整型数，并返回这个数

B.5 存储分配函数

ANSI C 标准建议设 4 个有关的动态存储分配的函数：calloc()、malloc()、free()、realloc()。但有的编译系统实现时，增加到 7 个，如下表所示。ANSI C 标准建议在调用存储分配函数时，对应源文件中使用文件包含命令：#include <stdlib.h>或#stdlib " math.h "。但许多编译要求使用：#include <malloc.h>或#stdlib " malloc.h "。读者在具体应用时，请查阅有关手册。

函数原型	用途
int setblock(int seg,int newsize)	本函数用来修改所分配的内存长度，seg 为已分配内存的内存指针，newsize 为新的长度
char *sbrk(int incr)	本函数用来增加分配给调用程序的数据段的空间数量，增加 incr 个字节的空间
unsigned long coreleft()	本函数返回未用的存储区的长度，以字节为单位
void *calloc(unsigned nelem,unsigned elsize)	分配 nelem 个长度为 elsize 的内存空间并返回所分配内存的指针
void *malloc(unsigned size)	分配 size 个字节的内存空间，并返回所分配内存的指针
void free(void *ptr)	释放先前所分配的内存，所要释放的内存的指针为 ptr
void *realloc(void *ptr,unsigned newsize)	改变已分配内存的大小，ptr 为已分配有内存区域的指针，newsize 为新的长度，返回分配好的内存指针

B.6 输入输出子程序

凡使用输入输出函数的源文件，应该使用#include<stdio.h>或#include " stdio.h "把头文件stdio.h 包含到源程序文件中。

函数原型	用　途
int　kbhit()	本函数返回最近所敲的按键
int　fgetchar()	从控制台（键盘）读一个字符，显示在屏幕上
int　getch()	从控制台（键盘）读一个字符，不显示在屏幕上
int　putch()	向控制台（键盘）写一个字符
int　getchar()	从控制台（键盘）读一个字符，显示在屏幕上
int　putchar()	向控制台（键盘）写一个字符
int　getche()	从控制台（键盘）读一个字符，显示在屏幕上
int　ungetch(int c)	把字符 c 退回给控制台（键盘）
char *cgets(char *string)	从控制台（键盘）读入字符串存于 string 中
int　scanf(char *format[,argument...])	从控制台读入一个字符串，分别对各个参数进行赋值
int　puts(char *string)	发送一个字符串 string 给控制台（显示器），使用 BIOS 进行输出
void　cputs(char *string)	发送一个字符串 string 给控制台（显示器），直接对控制台做操作，比如显示器即为直接写频方式显示
int　printf(char *format[,argument,…])	发送格式化字符串输出给控制台（显示器），使用 BIOS 进行输出参数从 Valist param 中取得
int rename(char *oldname,char *newname)	将文件 oldname 的名称改为 newname

B.7 文件函数

凡使用以下文件函数的源文件，应该使用#include<stdio.h>或#include " stdio.h "把头文件stdio.h 包含到源程序文件中。

函数原型	用　途
int　creat(char *filename,int permiss)	建立一个新文件 filename，并设定读写性。permiss 为文件读写性，可以为以下值：S_IWRITE 允许写；S_IREAD 允许读；S_IREAD|S_IWRITE 允许读、写
int　_creat(char *filename,int attrib)	建立一个新文件 filename，并设定文件属性。attrib 为文件属性，可以为以下值：FA_RDONLY 只读；FA_HIDDEN 隐藏；FA_SYSTEM 系统
int　creatnew(char *filenamt,int attrib)	建立一个新文件 filename，并设定文件属性。attrib 为文件属性，可以为以下值：FA_RDONLY 只读；FA_HIDDEN 隐藏；FA_SYSTEM 系统

续表

函数原型	用　途
int　creattemp(char *filenamt,int attrib)	建立一个新文件 filename，并设定文件属性。attrib 为文件属性，可以为以下值：FA_RDONLY 只读；FA_HIDDEN 隐藏；FA_SYSTEM 系统
int　read(int handle,void *buf,int nbyte	从文件号为 handle 的文件中读 nbyte 个字符存入 buf 中
int　_read(int handle,void *buf,int nbyte)	从文件号为 handle 的文件中读 nbyte 个字符存入 buf 中，直接调用 MSDOS 进行操作
Int　write(int handle,void *buf,int nbyte)	将 buf 中的 nbyte 个字符写入文件号为 handle 的文件中
int　dup(int handle)	复制一个文件处理指针 handle，返回这个指针
int　dup2(int handle,int newhandle)	复制一个文件处理指针 handle 到 newhandle
int　eof(int *handle)	检查文件是否结束，结束返回 1，否则返回 0
long　filelength(int handle)	返回文件长度，handle 为文件号
int　setmode(int handle,unsigned mode)	本函数用来设定文件号为 handle 的文件的打开方式
long　lseek(int handle,long offset,int fromwhere)	本函数将文件号为 handle 的文件的指针移到 fromwhere 后的第 offset 个字节处。SEEK_SET 文件开关；SEEK_CUR 当前位置；SEEK_END 文件尾
long　tell(int handle)	本函数返回文件号为 handle 的文件指针，用字节表示
int　isatty(int handle)	本函数用来取设备 handle 的类型
int　lock(int handle,long offset,long length)	对文件共享做封锁
int　unlock(int handle,long offset,long length)	打开对文件共享的封锁
int　close(int handle)	关闭 handle 所表示的文件处理，handle 是从_creat、creat、creatnew、creattemp、dup、dup2、_open、open 中的一个处调用获得的文件，处理成功返回 0，否则返回-1，可用于 UNIX 系统
int　_close(int handle)	关闭 handle 所表示的文件处理，handle 是从_creat、creat、creatnew、creattemp、dup、dup2、_open、open 中的一个处调用获得的文件，处理成功返回 0，否则返回-1，只能用于 MSDOS 系统
FILE *fopen(char *filename,char *type)	打开一个文件 filename,打开方式为 type，并返回这个文件指针，type 可为以下字符串加上后缀
int　getc(FILE *stream)	从流 stream 中读一个字符，并返回这个字符
int　putc(int ch,FILE *stream)	向流 stream 写入一个字符 ch
int　getw(FILE *stream)	从流 stream 读入一个整数，错误返回 EOF
int　putw(int w,FILE *stream)	向流 stream 写入一个整数
int　ungetc(char c,FILE *stream)	把字符 c 退回给流 stream，下一次读进的字符将是 c
int　fgetc(FILE *stream)	从流 stream 处读一个字符，并返回这个字符
int　fputc(int ch,FILE *stream)	将字符 ch 写入流 stream 中
char *fgets(char *string,int n,FILE *stream)	从流 stream 中读 n 个字符存入 string 中
int　fputs(char *string,FILE *stream)	将字符串 string 写入流 stream 中
int　fread(void *ptr,int size,int nitems,FILE *stream)	从流 stream 中读入 nitems 个长度为 size 的字符串，存入 ptr 中

续表

函数原型	用　途
int fwrite(void *ptr,int size,int nitems,FILE *stream)	向流 stream 中写入 nitems 个长度为 size 的字符串，字符串在 ptr 中
Int fscanf(FILE *stream,char *format[, argument,…])	以格式化形式从流 stream 中读入一个字符串
int vfscanf(FILE *stream,char *format,Valist param)	以格式化形式从流 stream 中读入一个字符串，参数从 Valist param 中取得
Int fprintf(FILE *stream,char *format[, argument,…])	以格式化形式将一个字符串写给指定的流 stream
int vfprintf(FILE *stream,char *format, Valist param)	以格式化形式将一个字符串写给指定的流 stream，参数从 Valist param 中取得
int fseek(FILE *stream,long offset,int fromwhere)	函数把文件指针移到 fromwhere 所指位置的向后 offset 个字节处， fromwhere 可以为以下值：EEK_SET 文件开关；SEEK_CUR 当前位置；SEEK_END 文件尾
long ftell(FILE *stream)	函数返回定位在 stream 中的当前文件指针位置，用字节表示
int rewind(FILE *stream)	将当前文件指针 stream 移到文件开头
int feof(FILE *stream)	检测流 stream 上的文件指针是否在结束位置
int fileno(FILE *stream)	取流 stream 上的文件处理，并返回文件处理
int ferror(FILE *stream)	检测流 stream 上是否有读写错误，如有错误就返回 1
void clearerr(FILE *stream)	清除流 stream 上的读写错误
void setbuf(FILE *stream,char *buf)	给流 stream 指定一个缓冲区 buf
int fclose(FILE *stream)	关闭一个流，可以是文件或设备（例如 LPT1）
int fcloseall()	关闭所有除 stdin 或 stdout 外的流
int fflush(FILE *stream)	关闭一个流，并对缓冲区作处理。处理即对读的流，将流内内容读入缓冲区；对写的流，将缓冲区内内容写入流。成功返回 0
int fflushall()	关闭所有流，并对流各自的缓冲区作处理。处理即对读的流，将流内内容读入缓冲区；对写的流，将缓冲区内内容写入流。成功返回 0
int access(char *filename,int amode)	本函数检查文件 filename 并返回文件的属性，函数将属性存于 amode 中，amode 由以下位的组合构成：06 可以读、写；04 可以读；02 可以写；01 执行（忽略的）；00 文件存在。如果 filename 是一个目录，函数将只确定目录是否存在，函数执行成功返回 0，否则返回-1
int chmod(char *filename,int permiss)	本函数用于设定文件 filename 的属性，permiss 可以为以下值：S_IWRITE 允许写；S_IREAD 允许读；S_IREAD|S_IWRITE 允许读、写
int _chmod(char *filename,int func[,int attrib])	木函数用于读取或设定文件 filename 的属性，当 func=0 时，函数返回文件的属性；当 func=1 时，函数设定文件的属性。若为设定文件属性，attrib 可以为下列常数之一：FA_RDONLY 只读；FA_HIDDEN 隐藏；FA_SYSTEM 系统